中　外　物　理　学　精　品　书　系

中外物理学精品书系

前沿系列 · 45

超弦史话

（第二版）

李淼 著

图书在版编目(CIP)数据

超弦史话/李淼著.—2版.—北京:北京大学出版社,2016.4
(中外物理学精品书系)
ISBN 978-7-301-26654-0

Ⅰ.①超…　Ⅱ.①李…　Ⅲ.①超弦—物理学史　Ⅳ.①O572.2-09

中国版本图书馆CIP数据核字(2015)第309569号

书　　名	超弦史话(第二版) CHAOXIAN SHIHUA
著作责任者	李　淼　著
责任编辑	刘　啸
标准书号	ISBN 978-7-301-26654-0
出版发行	北京大学出版社
地　　址	北京市海淀区成府路205号　100871
网　　址	http://www.pup.cn
电子信箱	zpup@pup.cn
新浪微博	@北京大学出版社
电　　话	邮购部62752015　发行部62750672　编辑部62752021
印　刷　者	北京中科印刷有限公司
经　销　者	新华书店
	730毫米×980毫米　16开本　12.5印张　238千字
	2005年10月第1版
	2016年4月第2版　2017年12月第2次印刷
定　　价	37.00元

序　言

物理学是研究物质、能量以及它们之间相互作用的科学。她不仅是化学、生命、材料、信息、能源和环境等相关学科的基础,同时还是许多新兴学科和交叉学科的前沿。在科技发展日新月异和国际竞争日趋激烈的今天,物理学不仅囿于基础科学和技术应用研究的范畴,而且在社会发展与人类进步的历史进程中发挥着越来越关键的作用。

我们欣喜地看到,改革开放三十多年来,随着中国政治、经济、教育、文化等领域各项事业的持续稳定发展,我国物理学取得了跨越式的进步,做出了很多为世界瞩目的研究成果。今日的中国物理正在经历一个历史上少有的黄金时代。

在我国物理学科快速发展的背景下,近年来物理学相关书籍也呈现百花齐放的良好态势,在知识传承、学术交流、人才培养等方面发挥着无可替代的作用。从另一方面看,尽管国内各出版社相继推出了一些质量很高的物理教材和图书,但系统总结物理学各门类知识和发展,深入浅出地介绍其与现代科学技术之间的渊源,并针对不同层次的读者提供有价值的教材和研究参考,仍是我国科学传播与出版界面临的一个极富挑战性的课题。

为有力推动我国物理学研究、加快相关学科的建设与发展,特别是展现近年来中国物理学者的研究水平和成果,北京大学出版社在国家出版基金的支持下推出了"中外物理学精品书系",试图对以上难题进行大胆的尝试和探索。该书系编委会集结了数十位来自内地和香港顶尖高校及科研院所的知名专家学者。他们都是目前该领域十分活跃的专家,确保了整套丛书的权威性和前瞻性。

这套书系内容丰富,涵盖面广,可读性强,其中既有对我国传统物理学发展的梳理和总结,也有对正在蓬勃发展的物理学前沿的全面展示;既引进和介绍了世界物理学研究的发展动态,也面向国际主流领域传播中国物理的优秀专著。可以说,"中外物理学精品书系"力图完整呈现近现代世界和中国物理科学发展的全貌,是一部目前国内为数不多的兼具学术价值和阅读乐趣的经典物理丛书。

“中外物理学精品书系”另一个突出特点是,在把西方物理的精华要义“请进来”的同时,也将我国近现代物理的优秀成果“送出去”。物理学科在世界范围内的重要性不言而喻,引进和翻译世界物理的经典著作和前沿动态,可以满足当前国内物理教学和科研工作的迫切需求。另一方面,改革开放几十年来,我国的物理学研究取得了长足发展,一大批具有较高学术价值的著作相继问世。这套丛书首次将一些中国物理学者的优秀论著以英文版的形式直接推向国际相关研究的主流领域,使世界对中国物理学的过去和现状有更多的深入了解,不仅充分展示出中国物理学研究和积累的“硬实力”,也向世界主动传播我国科技文化领域不断创新的“软实力”,对全面提升中国科学、教育和文化领域的国际形象起到重要的促进作用。

值得一提的是,“中外物理学精品书系”还对中国近现代物理学科的经典著作进行了全面收录。20世纪以来,中国物理界诞生了很多经典作品,但当时大都分散出版,如今很多代表性的作品已经淹没在浩瀚的图书海洋中,读者们对这些论著也都是“只闻其声,未见其真”。该书系的编者们在这方面下了很大工夫,对中国物理学科不同时期、不同分支的经典著作进行了系统的整理和收录。这项工作具有非常重要的学术意义和社会价值,不仅可以很好地保护和传承我国物理学的经典文献,充分发挥其应有的传世育人的作用,更能使广大物理学人和青年学子切身体会我国物理学研究的发展脉络和优良传统,真正领悟到老一辈科学家严谨求实、追求卓越、博大精深的治学之美。

温家宝总理在2006年中国科学技术大会上指出,“加强基础研究是提升国家创新能力、积累智力资本的重要途径,是我国跻身世界科技强国的必要条件”。中国的发展在于创新,而基础研究正是一切创新的根本和源泉。我相信,这套“中外物理学精品书系”的出版,不仅可以使所有热爱和研究物理学的人们从中获取思维的启迪、智力的挑战和阅读的乐趣,也将进一步推动其他相关基础科学更好更快地发展,为我国今后的科技创新和社会进步做出应有的贡献。

“中外物理学精品书系”编委会　主任

中国科学院院士,北京大学教授

王恩哥

2010年5月于燕园

第二版序

本书的第一版出版至今已经有差不多十年了，十年来，弦论虽然不再是一个非常热门的研究领域，但仍然是钟情于理论物理的年轻人们喜爱并且热望从事的。在过去十年间，弦论第三次革命没有像我早先预言的那样发生，却也有零零星星的新进展。这些新进展可能更适合作为另一本高级科普的内容，而不是本书再版时可以新增的内容，因此我偷懒干脆完全忽略了新进展。我只是在每章的适当地方加了一些修订和补充说明，如果有必要。

弦论的第三次革命迟迟没有发生。如果在我退休之前不发生，大概永远不会发生了。或者，它的命运会像不幸的希腊原子论，需要等两千年以上才能在一个新外衣之下重生，并且大获全胜。

我仍寄望于欧洲大型强子对撞机（LHC）。或许，它在发现上帝粒子之后，还会为我们带来惊喜，甚至为我们带来超对称的信息。如若不然，弦论将作为一种纯粹理性的追求被一代又一代人研究下去，它在其他领域，如凝聚态、宇宙学、粒子物理以及数学中的应用是这种理性追求的动机之一。

多年来，我的研究兴趣已经从弦论领域转移到宇宙学，现在在中山大学与同仁一道恢复中山大学的天文学研究，力图光大这里的天文学，旁及空间科学。可是，我的一只眼永远会注视弦论，以及引力理论的发展。它的追求依然是物理学最高追求之一：理解量子引力，理解物理学定律的统一与起源。

李　森

2015 年 4 月 13 日

第一版序

我在开始写本书的时候，格林（Brian Greene）在《纽约时报》长期排名靠前的畅销书《优美的宇宙》（The Elegant Universe）在中国还没有翻译本。这个发现是促使我写《超弦史话》的主要原因。后来，李泳翻译了格林的书，取名为《宇宙的琴弦》。这是一部很好的普及弦论的书，那时台湾地区有人翻译，可惜翻译者的物理和中文都不够好，格林本人请一个既懂中文又懂弦论的人看了一下，自然不同意台湾地区的出版商出版。我也只好打消买它十几本送人的愿望，自己着手写一本书。

格林此书的特点是通俗易懂。读者应该是一个受有良好教育的人，不必是物理本科毕业生。

而本书的读者应该是一个物理本科毕业生，最好是有从事物理研究意向的人，所以写得比较专业，但尽量不用公式。这本书本来是在网上一节一节写的，每节大概有三千字，所以，读者不难发现这本书每三千字左右是一个逻辑上比较连贯的段落，每一节谈一个主题。感谢高怡泓先生创办的那个专门讨论与超弦理论相关问题的网站，因为本书一开始是在那里一节一节地上贴的。后来由于一些原因那个网站关了，但我始终以为就讨论科学的专业中文网站而言，那是一个成功的模式。

最后，感谢《北京大学物理学丛书·理论物理专辑》的编委们邀请我将此书作为其中的一本由北京大学出版社出版。感谢责任编辑顾卫宇有益的建议和认真的校对。

李　淼

2005 年 9 月

超弦史图

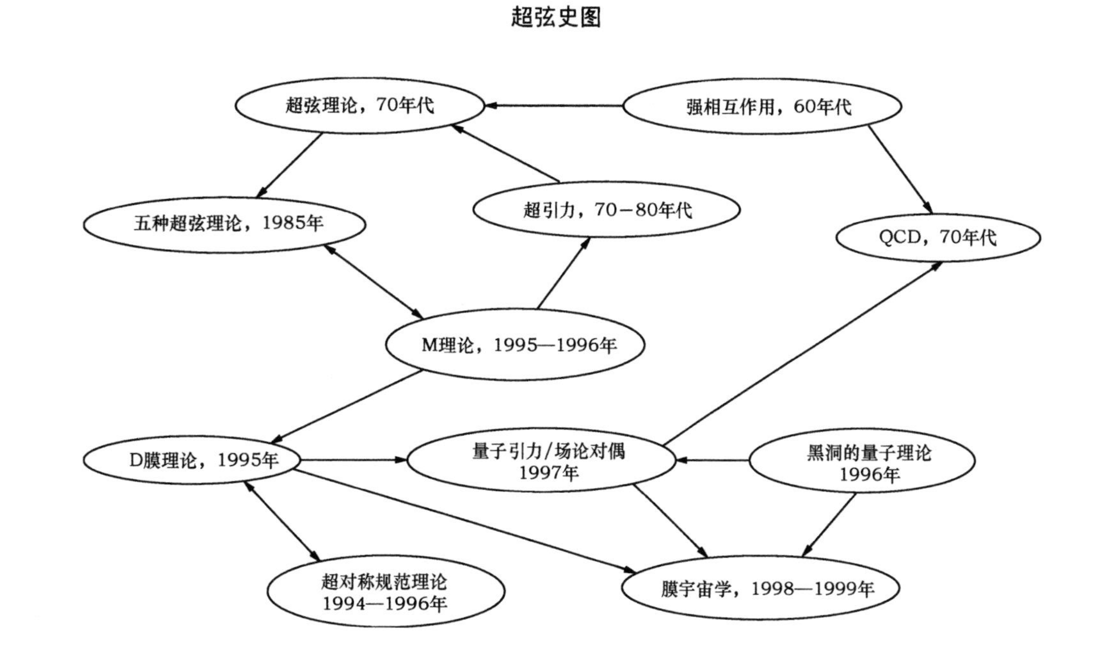

超弦理论，70年代
强相互作用，60年代
五种超弦理论，1985年
超引力，70－80年代
QCD，70年代
M理论，1995—1996年
D膜理论，1995年
量子引力/场论对偶
1997年
黑洞的量子理论
1996年
超对称规范理论
1994—1996年
膜宇宙学，1998—1999年

目　录

第一章　从弦论到M理论

弦论的发现不同于过去任何物理理论的发现。一个物理理论形成的经典过程是从实验到理论，在爱因斯坦广义相对论之前的所有理论无不如此。一个系统的理论的形成通常需要几十年甚至更长的时间。牛顿的万有引力理论起源于伽利略的力学及第谷、开普勒的天文观测和经验公式。一个更为现代的例子是量子场论的建立。在量子力学建立(1925—1926年)仅仅两年之后，就有人试图研究量子场论。量子场论的研究以狄拉克(P. Dirac)将辐射量子化及写下电子的相对论方程为开端，到费曼(R. Feynman)、施温格(J. Schwinger)和朝永振一郎(S. Tomonaga)的量子电动力学为高潮，而以威尔逊(K. Wilson)的量子场论重正化群及有效量子场论为终结，其间经过了四十余年，包含了数十人甚至可以说是数百人的努力。广义相对论的建立似乎是个例外，尽管爱因斯坦一开始已经知道水星近日点进动，但他却以惯性质量等于引力质量这个等效原理为基础，逐步以相当逻辑的方式建立了广义相对论。如果爱因斯坦一开始对水星近日点进动反常一无所知，他对牛顿万有引力与狭义相对论不相容的深刻洞察也会促使他走向广义相对论。尽管同时有其他人，如亚伯拉罕(M. Abraham)、米(G. Mie)也试图修正牛顿万有引力，但爱因斯坦从原理出发的原则使得他得到了正确的理论。

弦论发现的过程又不同于广义相对论。弦论起源于20世纪60年代的粒子物理研究。当时关于强相互作用的一连串实验表明，存在无穷多个强子，质量与自旋越来越大、越来越高。这些粒子绝大多数是不稳定粒子，所以叫做共振态。当无穷多的粒子参与相互作用时，粒子与粒子的散射振幅满足一种奇怪的性质，叫做对偶性。1968年，一位在麻省理工学院工作的意大利物理学家韦内齐亚诺(G. Veneziano)翻了翻数学手册，发现一个简单的函数满足对偶性，这就是著名的韦内齐亚诺公式。应当说，当时还没有实验完全满足这个公式。很快人们发现这个简单的公式可以自然地解释为弦与弦的散射振幅。这样，弦理论起源于一个公式，而不是起源于一个或者一系列实验。据说加州大学伯克利分校的铃木(H. Suzuki)也同时发现了这个公式，遗憾的是他请教了一位资深教授并相信了他，因而从来没有发表这个公式。所有弦论的笃信者都应该为韦内齐亚诺没有做同样的事感到庆幸，尽管他在当时同样年轻。

韦内齐亚诺,意大利物理学家,现在日内瓦的欧洲核子中心工作,弦论研究的开拓人。他在1968年发现了韦内齐亚诺散射公式,从而开创了弦论这个现代物理学中的一个庞大分支。目前他的主要研究兴趣是极早期宇宙学,特别是超弦宇宙学。他和他的合作者们致力于所谓的前大爆炸的研究,试图用弦论来避免早期宇宙中的空间奇点。

弦论又可以说是起源于一种不恰当的物理理论和实验。后来的发展表明,强相互作用不能用弦论,至少不能用已知的简单的弦论来描述和解释。强相互作用的最好的理论还是场论,一种最完美的场论:量子色动力学。在后面的某一章内我们会发现,其实弦论与量子色动力学有一种非常微妙,甚至可以说离奇的联系。作为一种强相互作用理论的弦论的没落可以认为是弦论的运气,使它有可能在后来被拿来作为一种统一所有相互作用的理论,或者也可以说,是加州理工学院施瓦茨(J. Schwarz)的运气。想想吧,如果弦论顺理成章地成为强相互作用的理论,我们可能还在孜孜不倦地忙于将爱因斯坦的广义相对论量子化。不是说这种工作不能做,这种工作当然需要人做,正如现在还有相当多的人在做。如果弦论已经成为现实世界理论的一个部分,施瓦茨和他的合作者,法国人舍克(J. Scherk)也不会灵机一动地将一种无质量、自旋为2的弦态解释为引力子,将类似韦内齐亚诺散射振幅中含引力子的部分解释为爱因斯坦理论中的相应部分,从而使得弦论一变而为量子引力理论!正是因为弦论已失去作为强相互作用理论的可能,日本的米谷明民(T. Yoneya)的大脑同时做了同样的转换,建议将弦论作为量子引力理论来看待。他们同时还指出,弦论也含有自旋为1的粒子,弦的相互作用包括现在成为经典的规范相互作用,从而弦论可能是统一所有相互作用的理论。这种在技术上看似简单的转变,却需要足够的想象力和勇气,一个好的物理学家一辈子能做一件这样的工作就足够了。

施瓦茨在早期弦论的发展中起到不可估量的作用，他不但是超对称弦论的创始人，更是不断推动弦论发展的主要人物。弦论中的几个重要发现都和他的名字分不开，最令人敬佩的是，他和萨斯坎德是超弦第二次革命中的两位年纪比较大但做出极大贡献的人。

我们说施瓦茨的运气同时又是弦论的运气是因为施瓦茨本人的研究历史几乎可以看成弦论的小历史。施瓦茨毫无疑问是现代弦论的创始人之一。自从1972年离开普林斯顿大学助理教授位置到加州理工学院任资深博士后研究员，他十年如一日，将弦论从只有几个人知道的理论做成如今有数千人研究的学问。他也因此得以摆脱三年延长一次的研究员位置，终于成了加州理工学院的正教授。因为他早期与格林(M. Green)的工作，他与现在已在剑桥大学的格林获得了美国物理学会数学物理最高奖——2002年度海因曼奖(Heineman prize)。

我记得，正当弦论火得不能再火，几乎每一位身在美国的粒子物理学家、宇宙学理论家都不敢忽视这个理论的时候，施瓦茨就做了很有远见的预言："不用几年，弦论又将发展到瓶颈，又会有人站出来说，这是一个没有任何用处的理论。"时至今日，弦论确实又发展到了一个低谷。欧洲的大型强子对撞机在2012年夏天宣布发现希格斯粒子，希格斯(P. W. Higgs)本人以及比利时人恩格勒(F. Englert)也因为预言这个粒子获得了2013年度的诺贝尔物理学奖，但弦论的任何预言还没有在这个机器上被发现。也许，这一次弦论进入了一个长期低谷，甚至长到我们在有生之年都没有希望看到它被实验验证。

按照流行的说法，弦论本身经过两次"革命"。经过第一次革命，弦论流行了起来。一些弦论专家及一些亲和派走得很远,远在1985年即第一次革命后不久,他们认为终极理论就在眼前。有人说这就是一切事物的理论(TOE,Theory of Everything),欧洲核子中心理论部主任埃利斯(J. Ellis)是这一派的代表。显然,这些人在那时过于乐观,或者说对弦的理解还较浮于表面。为什么这么说呢?弦论在当时被理解成纯粹的弦的理论,即理论中基本对象是各种振动着的弦,又叫基本自由度。现在看来这种理解的确很肤浅,因为弦论中不可避免地含有其他自由度,如纯粹的点状粒子、2维的膜等等。二十多年前为数不多的人认识到弦论发展的过程是一个相当长的过程。著名的威腾(E. Witten)与他的老师格罗斯(D. Gross)相反,以他对弦的深刻理解,一直显得比较"悲观"。表明这种悲观的是他的一句名言:"弦论是21世纪的物理偶然落在了20世纪。"(这使我们想到一些19世纪的物理遗留到21世纪来完成,如湍流问题)也许,威腾还是有点乐观了,弦论的最坏命运可能像古希腊的原子论,需要等上两千年才会被意想不到的实验所证实。

第一次革命后一些人的盲目乐观给反对弦论的人留下口实,遗患至今犹在。现在回过头来看,第一次革命解决的主要问题是如何将粒子物理的标准理论在弦论中实现。这个问题并不像表面上看起来那么简单,我们在后面会回到这个问题上来。当然,另外一个基本问题至今还没有解决,这就是所谓宇宙学常数问题。二十多年前只有少数几个人包括威腾在内意识到这是阻碍弦论进一步发展的主要问题。

第二次革命远较第一次革命延伸得长(1994—1998年),影响也更大、更广。有意思的是,主导第二次革命的主要思想,即不同理论之间的对偶性(请注意这不是我们已提到的散射振幅的对偶性)出现于第一次革命之前。英国人奥立弗(D. Olive)和芬兰人蒙托宁(C. Montonen)早在1977年就猜测在一种特别的场论中存在电和磁的对称性。熟悉麦克斯韦电磁理论的人知道,电和磁是互为因果的。如果世界上只存在电磁波,没有人能将电和磁区别开来,所以此时电和磁完全对称。但有了电荷,电场由电荷产生,而磁场则由电流产生,因为不存在磁荷,二者便有了区别。而在奥立弗及蒙托宁所考虑的场论中,存在多种电荷和多种磁荷。奥立弗-蒙托宁猜想是,这个理论对于电和磁完全是对称的。这个猜想很难被直接证明,原因是虽然磁荷存在,它们却以一种极其隐蔽的方式存在——它们是场论中的所谓孤子解。在经典场论中证明这个猜想已经很难,要在量子理论中证明这个猜想是难上加难。尽管如此,人们在1994年前后已收集到很多支持这个猜想成立的证据。狄拉克早在20世纪40年代就已证明,量子力学要求电荷和磁荷的乘积是一个常数。如果电荷很小,则磁荷很大,反之亦然。在场论中,电荷决定了相互作用的强弱。如果电荷很小,那么场论是弱耦合的,这种理论通常容易研究。此时磁荷很大,也就是说从磁理论的角度来看,场论是强耦合的。奥立弗-蒙托宁猜想蕴涵着一个不可思议的结果:一个弱耦合的理论完全等价于一个强耦合的理论。这种对偶性通常叫做强弱对偶。

许多人对发展强弱对偶做出了贡献。值得特别提出的是印度人森(A. Sen)。1994年之前,当大多数人还忙于研究弦论的一种玩具模型——一种活动在2维时空中的弦时,他已经在严肃地检验十多年前奥立弗和蒙托宁提出的猜测,并将其大胆地推广到弦论中来。这种尝试在当时无疑是太大胆了,只有很少的几个人觉得有点希望,而施瓦茨正是这几个人之一。要了解这种想法是如何的大胆,看看威腾的反应。一个在芝加哥大学做博士后研究员的人在一个会议上遇到威腾。威腾在做了自我介绍后问他(这是威腾通常的做法)在做什么研究,此人告诉他在做强弱对偶的研究,威腾思考一下之后说:"你在浪费时间。"

另外一个对对偶性做出很大贡献的人是洛特格斯大学(Rutgers University)新高能物理理论组的塞伯格(N. Seiberg)。他也是1989—1992年间研究2维弦论(又叫老的矩阵模型)非常活跃的人物之一。然而他见机较早,回到了发现矩阵模型以前第一次超弦革命后遗留问题之一的超对称及超对称如何破坏的问题。这里每一个专业名词都需要整整一章来解释,我们暂时存疑,留下这些重要词汇在将来适当的时候再略加解释。弦论中超对称无处不在,如何有效地破坏超对称是将弦论与粒子物理衔接起来的最为重要的问题。塞伯格在1993—1994年间的突破是,他非常有效地利用超对称来限制场论中的量子行为,在许多情形下获得了严格结果。这些结果从普通量子场论的角度来看几乎是不可能的。

值得一提的是,在弦论第二次革命尘埃落定数年之后,当多数弦论家还在研究弦论中的一些纯理论问题时,塞伯格又回到了超对称本身,因为那时大型强子对撞机即将运行,他希望这台机器能够发现超对称破缺之后的一些证据。这一次,我们还不知道运气是否再一次光临他。

科学史上最不可思议的事情之一是,起先对某种想法反对最激烈或怀疑最深的人后来反而成为对此想法的发展推动最大的人。威腾即是这样的人,这在他来说不是第一次也不是最后一次。所谓的塞伯格-威腾理论将超对称和对偶性结合起来,一下子得到自有4维量子场论以来最为动人的结果。这件事发生在1994年夏天。塞伯格飞到当时在亚斯本(Aspen)物理中心举行的超对称讲习班传播这些结果,而他本来并没有计划参加这个讲习班。《纽约时报》也不失时机地以几乎一个版面的篇幅报道了这个消息。这是一个自第一次弦论革命之后近十年中的重大突破。这个突破的感染力慢慢扩散开来,大多数人的反应是从不相信到半信半疑,直至身不由己地卷入随之而来的量子场论和弦论长达四年之久的革命。很多人都会记得从1994年夏到1995年春,洛斯阿拉莫斯专门张贴高能物理理论文章的hep-th电子"档案馆"多了很多推广和应用塞伯格-威腾理论的文章,平淡冷落的理论界开始复苏。塞伯格和威腾后来以此项工作获得1998年度美国物理学会的海因曼奖。

真正富于戏剧性的场面发生在1995年3月。从20世纪80年代末开始,弦的国际研究界每年召开为期一个星期的会议。会议地点不尽相同,第一次会议在德克萨斯农机(A&M)大学召开,1995年的会议转到了南加州大学。威腾出人意料地报告了他的关于弦论对偶性的工作。在这个工作中他系统地研究了弦论中的各种对偶性,澄清了过去的一些错误的猜测,也提出了一些新的猜测。他的报告震动了参加会议的大多数人。在接着的塞伯格的报告中,塞伯格一开始是这样评价威腾的工作的:"与威腾刚才报告的工作相比,我只配做一个卡车司机。"然而他报告的工作是关于不同超对称规范理论之间的对偶性,后来被称为塞伯格对偶,也是相当重要的工作。施瓦茨在接下来的报告中说:"如果塞伯格只配做卡车司机,我应当去搞一辆三轮车来。"他则报告了与森的工作有关的新工作。

1995年是令弦论界异常兴奋的一年。一个接一个令人大开眼界的发现接踵而来。施特劳明格(A. Strominger)在上半年发现,塞伯格-威腾1994年的结果可以用来解释超弦中具有不同拓扑的空间之间的相变,从而把看起来完全不同的真空态连结起来。他用到一种特别的孤子,这种孤子不是完全的点状粒子,而是3维的膜。威腾1995年3月的工作以及两个英国人赫尔(C. Hull)和汤森(P. Townsend)在1994年夏的工作中,就已用到各种不同维数的膜来研究对偶性。这样,弦论中所包含的自由度远远不止弦本身。

在众多结果中,威腾最大胆的一个结果是,10维的一种超弦在强耦合极限下会成为一种11维的理论。汤森在1995年1月份的一篇文章中做了类似的猜测,但他没有明确指出弦的耦合常数和第11维的关系。威腾和汤森同时指出,10维中的弦无非是其中1维绕在第11维上的膜。汤森甚至猜想最基本的理论应是膜论,当然这极有可能是错误的猜想。施瓦茨在随后的一篇文章中根据威腾的建议将这个11维理论叫成M理论,M这个字母对施瓦茨来说代表"母亲"(mother),后来证实所有的弦理论都能从这个"母亲"理论导出。这个字母对不同的人来说有不同的含义,对一些人来说它代表"神秘"(mystery),对于另外一些人来说代表"膜"(membrane),对于相当多的人来说又代表"矩阵"(matrix)。不同的选择表明了不同爱好和趣味,仁者乐山智者乐水,萝卜青菜各有所爱。总的说来,M理论沿用至今而且还要用下去的主要原因是,我们只知道它是弦论的强耦合极限,而对它的动力学知之甚少,更不知道它的基本原理是什么。当时还在中科院理论物理研究所的弦论专家朱传界(很久以前他已经转移到了中国人民大学,再过几年我自己到了中山大学)说,对于M理论我们像瞎子摸象,每一次只摸到大象的一部分,所以M理论应当叫做"摸论"。当然"摸"没有一个对应的以字母M打头的英文单词,如果我们想开 M 理论的玩笑，我们不妨把它叫做按摩理论，因为按摩的英文是 massage。我们研究 M 理论的办法很像做按摩，这里按一下，那里按一下。更有人不怀好意地说，M 是威腾第一个字母的倒写。

1995 年的所有的兴奋到 10 月达到高潮。加州大学圣巴巴拉分校理论物理所的泡耳钦斯基(J. Polchinski)发现，弦论中很多膜状的孤子实际上就是他在 6 年前与他的两个学生发现的所谓 D 膜。字母 D 的含义是狄利克雷(Dirichlet)，表示 D 膜可以用一种满足狄利克雷边界条件的开弦来描述。施特劳明格用到的 3 维膜就是一种 D 膜。这个发现使得过去难以计算的东西可以用传统的弦论工具来做严格的计算。它的作用在其后的几年中发挥得淋漓尽致。又是威腾第一个系统地研究了 D 膜理论，他的这篇重要文章的出现仅比泡耳钦斯基的文章迟了一个星期。威腾非常欣赏泡耳钦斯基的贡献，他在哈佛大学所做的劳布(Loeb)演讲中建议将 D 膜称为泡耳钦斯基子，很可惜这个浪漫的名称没有流传下来。

讲到这里，我们已给了读者一个关于 M 理论的模糊印象。下面我们将从引力理论和弦论的基本东西谈起，这将是一个非常困难的任务。我们不得不假定读者已有了大学物理的基础，即便如此，一些概念也很难用大学已学到的东西来解释。我希望读者有足够的耐心，如果一些东西我没有讲清楚，也许是我自己的问题，也许是理论本身的问题。弦论或 M 理论还在它发展的“初级阶段”，如果追根究底，有些问题实际上还没有很好的答案，例如这么一个简单的问题：到底什么是弦论，什么是 M 理论？如果能吸引哪怕是一两个读者自己继续追问这个问题从而最终成为一个弦论专家，我已达到目的。

第二章　经典的极致

如果说现代物理开始于量子物理,经典物理则终结于爱因斯坦的广义相对论。广义相对论的时空观无疑彻底改革了牛顿的时空观,但牛顿本人很清楚他的时空观的局限。爱因斯坦用相对论的因果律代替了牛顿的绝对时空中的因果律,所以说爱因斯坦的时空概念与因果概念仍然是经典的,广义相对论是经典物理的极致。这个经典物理中的最高成就一直拒绝被量子物理所改造。所有相信弦论的人都认为引力已被成功地量子化,至少在微扰论的层次上,但一些执著于几何是一切的人则认为还不存在一个成功的量子引力理论。他们在一定程度上承认弦论的成功,霍金(S. Hawking)以及特霍夫特(G. 't Hooft)可以被看成这方面的代表,虽然前者较之后者更积极地支持弦论。我们希望读者在本章的结尾时看到,弦论家的观点和弦论同情者的观点都有一定道理。而第三派则采取鸵鸟政策,认为引力还是原来的引力,星星还是那颗星星,这样有助于他们继续发表各色各样的理论。

爱因斯坦,20世纪最伟大的物理学家,影响遍及物理的所有领域。他是量子论特别是相对论的创始人,也是现代宇宙学的创始人。这张照片摄于他创造力最旺盛的时期,广义相对论就是在这个时期建立起来的。

我们假定读者已学过狭义相对论，甚至学过一点广义相对论，这样我们就可以相对自由地从不同角度来看广义相对论。广义相对论的基本原理是等效原理：在引力场中，在时空的任何一点都可以找到一个局域惯性系，物理定律在这个局域惯性系中与没有引力场时完全相同。爱因斯坦本人更喜欢将局域引力比喻成局域加速所引起的结果。这样，局域惯性系类似于黎曼流形中一点的切向空间，加速则可以用一个二次坐标变换来消除。引力可以用黎曼几何中的度规来描述。在一个局域惯性系中，度规变成狭义相对论中的闵可夫斯基度规。爱因斯坦进一步说，如果引力效应可以用一般的坐标变换来消除，则该引力场完全等价于无引力场。如此则一个非平庸的引力场必须具有曲率。爱因斯坦的引力理论是标准的场论，而他相信物理的基本要素就是场，这是他高度评价麦克斯韦工作的原因。

一个试验粒子在引力场中的运动轨迹是测地线，而运动方程可以由变分原理得到。这个变分原理说，连结时空两点的粒子轨迹使得总的粒子的固有时成为极大（粒子的固有时是欧氏空间中测地线长度在闵氏空间中的推广）。这种几何变分原理早就用在光学中，光行进的轨道使光程取极小值，即费马原理。当地球环绕太阳运动时，人们可以想象，太阳产生的引力场使得太阳周围的时空发生一点点弯曲，从而使得地球的测地线发生弯曲。在时空中，这个测地线并非是闭合的。一般说来，它在空间中的投影也不是闭合的，这样就有了水星近日点进动（这里，时空同时弯曲起了关键作用）。同样，一个无质量的粒子（如光子）在引力场中的测地线也是弯曲的，尽管光的固有时总是为零，光的测地线的变分原理稍稍有点复杂。爱因斯坦在广义相对论完成之前就预言了光线在引力场中的弯曲，他仅用了等效原理，这等价于仅仅用了度规的时间分量，这样算出的弯曲角度是正确结果的一半。要算出正确的结果，必须计及空间的弯曲。

决定时空曲率的是物质的能量和动量分布，这就是爱因斯坦著名的引力场方程。在方程的左边是一种特殊的曲率，现在叫做爱因斯坦张量；在方程的右边是能量-动量张量。爱因斯坦经过八年断断续续的努力，在1915年尾才最终写下正确的场方程。（从1907到1911年有三年半的时间，他发表了关于经典辐射理论、狭义相对论、临界弥散的文章，甚至尝试修改麦克斯韦方程以期得到光量子，就是没有发表关于广义相对论的文章）1915年11月25日，爱因斯坦在普鲁士科学院物理-数学部（那时的科学没有今天专业化得厉害，今天的一些物理学家往往以不能与数学家沟通为自豪）宣读了一篇题为《引力的场方程》的文章。他说："相对论的一般理论作为一个逻辑体系终于完成。"

1915年11月，爱因斯坦每一个星期完成一篇文章。11月4日，在一篇文章中他写下不完全正确的一种场方程，该方程线性化后成为牛顿-泊松方程。11月11日，他写下另一个场方程，方程的左边是里奇（Ricci）张量，方程的右边是能量-动量张量,他还要求度规的行列式等于1。11月18日,爱因斯坦仍然相信度规的行列式必须等于1。对爱因斯坦非常幸运的是太阳的中心力场对应的度规的行列式的确等于1——施瓦茨希尔德(K. Schwarzschild)于次年1月发现了严格解,5月即死于在俄罗斯前线得的一场病。在18日的文章中,爱因斯坦发现了两个重要效应。爱因斯坦发现的第一个效应是水星近日点进动。勒韦里耶(J. J. Le Verrier)1859年观察到的水星每百年45秒的进动完全可以用爱因斯坦的新的理论来解释。这个发现是如此令人激动,爱因斯坦此后一连几天都不能平心静气地回到物理上来。第二个发现是,他以前计算的光线弯曲比正确的结果小一半,这时他计及了度规的空间部分。11月25日,爱因斯坦写下了一直沿用至今的引力场方程。爱因斯坦放弃了度规行列式等于1的物理要求,但将它作为对坐标选取的一种条件。爱因斯坦当时还不知道场方程的左边满足比安基等式,从而方程右边自动满足能量动量守恒定律。能量动量守恒定律被爱因斯坦看成一个条件。

由于引力常数很小,引力往往在一个很大的系统中才有可观测效应。相互作用的大小通常可以用动能与势能之比来定,对于处于束缚态的系统,这个比例大约是1,所以我们常常说束缚态是非微扰的。不需要计算,我们知道地球在太阳引力场中的势能大约等于它的动能。同样,电子在氢原子中的电势能大约等于它的动能。可是电子-氢原子的原子核-质子之间的引力相互作用就非常非常小了,它与电子的动能之比大约是10^{-40}!所以我们常常说引力是自然界中最弱的相互作用。用广义相对论的语言说,时空非常难以弯曲。看一看爱因斯坦的场方程,它的左边是曲率,右边是牛顿引力常数乘以能量-动量张量。能量-动量张量引起时空弯曲,而牛顿引力常数则很小,可以说时空的强度很大,比任何金属都要大得多。

在谈到广义相对论的实验验证时,人们常提到的是三大经典验证:引力红移、光线弯曲和水星近日点进动。时至今日,广义相对论所通过的验证远远不止这些。即使在验证还很少时,人们已经认为广义相对论是有史以来最完美和最成功的物理理论。恐怕即使今天人们还可以这样说。广义相对论的最完美之处在于它是一种原理理论,即整个理论建立在一些简单的原理之上。尽管它是一个物理理论,它的逻辑结构几乎可以媲美于欧几里得几何。它也是有史以来最成功的理论之一,它解释了所有已知的宏观的包含引力的系统,这包括整个可观测宇宙在内。其精度经常在万分之一,在等效原理情形,精度已达10^{-13}!

广义相对论的完美主要来源于它所用的基本语言——几何。可以说爱因斯坦的直接继承人,今天仍然活跃的,即那些在gr-qc电子档案馆贴文章的人,仍然坚持用这种语言。这种语言似乎与量子力学有着本质的冲突,从而也与粒子物理学家所惯用的语言有着本质的冲突。这里我们不想强调这种冲突,但了解这种冲突的存在是有好处的。20世纪60年代之前在相对论界和粒子物理界之间存在的对话很少，这在一个费曼的小故事中很好地体现出来。费曼有一次去参加在北卡罗来纳州召开的相对论界的会议，出发之前他忘记了带详细地址，所以下飞机后向人打听有没有看到一些相对论专家去了何处。人家问他相对论专家是一些什么样的人，他说，就是一些嘴里不停地念叨“gmunu”的人。

广义相对论与粒子物理的语言冲突在温伯格(S. Weinberg)的名著《引力论与宇宙论——广义相对论的原理与应用》(*Gravitation and Cosmology: Principles and Applications of the General Theory of Relativity*)中也显示出来。温伯格尝试用粒子物理的方法重新表达广义相对论，仅取得部分成功。温伯格与费曼最早试图由自旋为 2 的无质量粒子及相互作用推出广义相对论，今天我们知道，人们的确可以证明广义相对论是唯一的自旋为 2 的无质量粒子的自洽相互作用理论。但这个证明是一级一级的证明，很难看出其中的几何原理。

广义相对论与粒子物理本质的不同还可以从引力波效应的计算中看出。早在 1916 年爱因斯坦就指出在他的理论中存在引力波，到 1918 年，他给出了引力辐射与引力系统的四极矩关系的公式。不同于电磁系统，自旋为 2 的粒子的辐射与偶极矩无关。电磁系统的辐射公式从来就没有人怀疑，而不同于电磁系统，引力系统的引力波辐射是否完全由四极矩公式给出长期存在争论。争论的原因是，引力是一个高度非线性理论，引力势能本身也会影响引力波辐射。爱因斯坦本人在 1937 年曾短暂地怀疑过引力波的存在。有趣的是，关于引力波辐射的第一级效应的争论直到 1982 年才完全得到解决：爱因斯坦的四极矩公式是正确的。当然，引力波辐射的效应已在脉冲双星系统中被间接地观察到，这个工作也已获得诺贝尔奖。迄今为止，引力波还没有被直接探测到，但位于美国的引力波天文台 LIGO 正在升级，也许 2016 年后能够直接观测到引力波。不过，引力波的存在已经被宇宙学家观测到了，而且他们看到的是宇宙大爆炸那一瞬间的引力波。这些时空皱纹在宇宙微波背景辐射上留下痕迹，而被美国在南极的 BICEP2 辐射计观测到了，他们是在 2014 年 3 月 17 日宣布这个轰动物理与天文学界的结果的。今后几年，引力波可能被引力干涉仪直接观测到，这将成为继最近的宇宙学中激动人心的观测之后又一令人激动的天文观测，必将极大推动相对论界与粒子物理界之间的对话。

广义相对论应用最成功的领域是宇宙学。历史上断断续续地有人考虑过用牛顿理论研究包括整个宇宙的力学体系，但从来没有一个比较完备的理论，原因之一是很难用牛顿理论得到一个与观测相吻合的宇宙模型。如果假定在一定尺度之上宇宙中的物质分布大致是均匀的，从牛顿理论导出的泊松方程没有一个有限的解。如果我们被迫假定物质的质量密度只在一个有限的空间不为零，则会回到宇宙中心论。即便如此，这个有限的引力体系也是不稳定的，终将不断地塌缩。

独立于牛顿理论的另外一个困难是奥尔贝斯(Olbers)佯谬。如果物质的主要成分是发光的星体,那么天空的亮度将是无穷大。每颗星对亮度的贡献与它对地球的距离平方成反比,而在径向上恒星的线密度与距离平方成正比,所以总亮度以线性的方式发散。假如恒星分布在一个有限区域,尽管亮度有限,但白昼黑夜的存在说明这个亮度远小于太阳的亮度,所以这个有限区域不能太大。

现代宇宙学开始于爱因斯坦。他在1917年2月给出的宇宙学虽然不完全正确,却一举解决了上面的两个问题。爱因斯坦当然知道用牛顿理论建立宇宙论的困难,他的出发点却全然不同。爱因斯坦在许多重要工作中,往往从一个很深的原理,或者从一个在他人看来只是一种不切实际的信仰出发,而常常能够达到解决实际问题的目的。这一次他的出发点是马赫原理。马赫原理大致是说,一个质点的惯性质量在一定程度上取决于其周围的物质分布,换言之,所谓惯性系实际上就是那些相对于宇宙平均物质分布匀速运动的系统。对于爱因斯坦来说,这意味着度规完全取决于物质的密度分布,而不是密度先决定曲率,然后再决定度规。

为了实现马赫原理,爱因斯坦首先引入宇宙学原理——宇宙是均匀和各向同性的。要得到物质密度分布决定度规的结果,他发现必须修改他的场方程,这样他引进了宇宙学常数。宇宙学常数项是一个正比于度规的项,在大尺度上如果忽略曲率项,则能量-动量张量完全决定于度规。在小尺度上,宇宙学常数项可以被忽略,这样广义相对论原来的结果还成立。宇宙学常数项在牛顿理论中有一个简单的对应。可以在泊松方程中加一个正比于引力势的项,相当于给这个标量场一个质量。如果物质密度是一个常数,则引力势也是一个常数,正比于物质密度,正比系数是牛顿引力中的宇宙学常数的倒数。爱因斯坦就是从这个修正的牛顿理论出发从而避免了无穷大的困难。

爱因斯坦1917年的宇宙模型是一个封闭、静态的模型。他错误地认为在没有宇宙学常数项的情形下场方程没有满足宇宙学原理的解。他也许相信在没有物质,只有宇宙学常数的情形下也没有解。这些后来都被证明是错误的。德西特尔(W. de Sitter)在爱因斯坦的文章发表后很快就发现只有宇宙学常数情形下的解,这就是德西特尔空间。弗里德曼(A. Friedmann)于1922年发现了没有宇宙学常数的解,这是一个膨胀宇宙模型。哈勃(E. P. Hubble)于1929年发现宇宙学红移,从而证实了膨胀宇宙模型。哈勃是观测宇宙学的鼻祖,他在1924年首先证实一些星云存在于银河系之外,从而大大扩大了宇宙的尺度。爱因斯坦后来很为当初引进宇宙学常数从而没能预言宇宙的膨胀后悔,后来他终于放弃了马赫原理。爱因斯坦没能预见到宇宙学常数是非常可能存在的,这个他那时认为是他一生中所犯的最大错误也许会成为他的最大成就之一(他的最大成就也太多了,近年有一个获得诺贝尔奖的实验也与他的名字有关)。我们将在讨论弦论如何对待宇宙学常数问题时再介绍最近的宇宙学常数的天文观测。

宇宙学在20世纪60年代之前是一门高雅的学问，这方面发表的文章不多，但质量很高。60年代末彭齐亚斯(A. Penzias)和威尔逊(R. Wilson)偶然发现了宇宙微波背景辐射，宇宙学遂成为一门大众学问，也就是说它成为一门主流学问，大学物理系和天文系开始有了专门研究宇宙学的教授(我们不妨在这里做一下广告:我在读大学的时候，全国只有两个天文系，宇宙学专业几乎没有。现在，全国有七个天文系或学院，中山大学刚刚成立了天文与空间科学研究院，其中重点发展的方向之一就是宇宙学)。早在40年代伽莫夫(G. Gamow)等人已经将广义相对论与粒子物理和统计物理结合起来，预言了核合成与微波背景辐射。标准宇宙模型开始形成。大爆炸宇宙无论从什么角度看都是唤起公众想象力的最好的东西，它却是爱因斯坦理论的一个应用，一个并不是最深刻但肯定是最重要的应用。

迪克(R. Dicke)在我看来是一个很了不起的人。他对广义相对论的实验和理论都做出过很有原创力的贡献。在实验上他的贡献如等效原理的精确检验。当人们满足于宇宙学原理是一种第一原理时(爱因斯坦早期认为是马赫原理的一个推论)，他开始怀疑均匀各向同性应是早期宇宙动力学过程的结果。宇宙学原理只是他提出来的标准宇宙模型不能解答的三个问题之一。另外两个问题是:为什么在宇宙早期空间曲率与物质密度相比非常非常小;为什么早期相变的遗迹几乎不可观察到，如磁单极。正是他在康奈尔大学的演讲促使古思(A. Guth)提出暴涨宇宙论(Inflation)，从而一举解决了宇宙论中的三个"自然性"问题。记得1982年我考到中国科学技术大学做硕士研究生，那时暴涨宇宙论提出仅一年。我的老师从杨振宁的石溪理论物理研究所访问回来，刚刚写了一篇这方面的与相变有关的文章。他在很多场合宣传暴涨宇宙论，他的大弟子从剑桥回来也谈相变时的泡泡碰撞。这对一个刚刚接触理论物理的研究生来说是非常新鲜的话题。不过我心里也有点嘀咕，这个利用最新粒子物理进展的宇宙模型要解决的问题也太哲学了，有可能被观测所证实吗？过了近十年，暴涨宇宙论的第一个间接的、有点模糊的证据才出现，这就是轰动一时的柯比(COBE)实验。该实验发现宇宙微波背景辐射有非常小的大约为1/100000的涨落，暴涨宇宙论的大尺度结构形成理论需要这么大的涨落。霍金曾说柯比实验是20世纪最重要的发现，这倒不免有些夸大。令人兴奋的是，最近的宇宙微波背景辐射的功率谱的测量说明宇宙是平坦的，即宇宙目前的空间曲率几乎为零，这正是暴涨宇宙论的预言之一，而功率谱曲线的形状也与暴涨宇宙论的预言一致。在我准备第二版的时候，BICEP2的原初引力波的发现，几乎证实了暴涨论。可以预见，古思不久即将获得诺贝尔物理学奖，某些实验家也许也将获奖。

做类似宇宙微波背景辐射的功率谱的测量要花很多钱，与如今的高能物理实验相比，却又少得多。台湾大学物理系曾与台湾"中央研究院"天文研究所合作，斥资数亿台币建造微波天文望远镜,很可惜,他们没有成功。在中国大陆还没有进行类似的实验,而且至今也没有任何探测宇宙微波背景辐射的计划,但我认为很值得去规划进行,至少这类实验需要的投资要小于其他很多大型国家计划。

暴涨宇宙论中大尺度结构的形成起因于量子涨落。由于在暴涨期每个量子涨落模的波长随着共动尺度一起迅速增长,波长会很快超出当时的视界,这样由于涨落的两端失去联系,涨落就被固定下来。大部分暴涨宇宙模型预言涨落在波长上的分布是幂律型的。很多人喜欢谈宏观量子效应,宇宙的大尺度结构(如银河系、星系团)是最大的宏观量子效应。一个不容忽视的问题是,暴涨宇宙论中的涨落可能起源于非常小的尺度,这些尺度可能比普朗克尺度还要小。进一步研究涨落的谱可能会揭示量子引力的效应,这也包括弦论中的量子效应。

暴涨宇宙论对研究弯曲空间中的量子场论起到了推动作用。对此研究起到推动作用的另一重要发现是霍金的黑洞量子蒸发理论。从 20 世纪 70 年代中期直到 80 年代,弯曲空间中的量子场论是广义相对论界一个很活跃的领域。这个领域的进展对理解量子引力并没有带来多大的好处,原因是广义相对论和量子场论在这里的结合多少有点生硬,在很多情形下,该领域的专家也没有解决一些概念问题,如什么是可观测量等等。即便如此,这里获得的一些计算结果可以用到暴涨宇宙论中去,而一些诸如共形反常的计算在弦论的发展过程中也起过一定的作用,在将来的弦论发展中还会起一定的作用。我们把这个话题留到后面再谈,我们现在先谈谈广义相对论中的一个最吸引人的话题——黑洞。

贝肯斯坦(J. D. Bekenstein)于 1972 年发表黑洞与热力学关系的时候,他还是普林斯顿大学的研究生。在 1973 年发表于《物理评论 D》(*Physical Review* D)的文章中,他明确指出,黑洞的熵应与它的视界面积成正比,这个正比系数是普朗克长度平方的倒数。普朗克长度的平方又与牛顿引力常数和普朗克常数成正比,所以黑洞熵的起源既与引力有关,又与量子有关。在贝肯斯坦之前,所有与黑洞有关的研究都是经典的,贝肯斯坦改变了一切。

贝肯斯坦现在以色列的希伯莱大学(Hebrew University)工作。他是那种所谓的单篇工作物理学家,在 1973 年的工作之后,一直在做与黑洞的量子物理有关的工作。除了黑洞熵之外,他另一个有名的工作是熵与能量的关系,叫贝肯斯坦上限,我们这里不打算介绍。有人想出一种说法来贬低那种一生只在一个方向上做研究的人,叫做:他还在改进和抛光他的博士论文。贝肯斯坦的工作决不能作如是观,他是那种不断有新的物理想法的人。尽管他的所有工作中最困难的数学也就仅是积分,这并不说明他的文章易读——他的物理思想要求你有足够的直觉。例如我就曾闻知有人在一个物理论坛上说泡耳钦斯基的文章难以理解,这说明了一个问题,那就是我们要训练自己的物理直观,而不能满足于理解那些有明确数学定义的东西。

黑洞可能存在是很容易理解的,拉普拉斯早就做过这样的猜测。在牛顿引力中,如果一个物体的动能不足以用来克服引力场中的势能,这个物体就无法逃逸出去。如果光也不能逃逸出去,对一个远处的观察者来说,产生这个引力场的物体就是黑洞。以拉普拉斯时代对光的理解,光的动能正比于光速的平方,而光的势能由牛顿引力给出,这样,如果径向距离小于 $2GM/c^2$,势能的绝对值就大于光的动能,光就无法逃逸。如果一个引力系统的半径小于这个值,这个系统就成为黑洞。这个特别的、与质量和牛顿引力常数成正比的长度叫做施瓦茨希尔德半径。施瓦茨希尔德去世前三个月在他的第二篇关于广义相对论的文章中讨论了这个半径。

虽然拉普拉斯得到了正确的结果,但他的方法并不正确。正确的方法要用到爱因斯坦的光子能量公式,而光子的能量不能认为是正比于光速的平方的,光子的有效质量则为能量除以光速的平方。这样,这个现代的拉普拉斯计算用到两个爱因斯坦最为著名的结果。普朗克常数最终会消掉,虽然我们在中间过程中用到它。另一个等价的方法是用引力红移的公式,施瓦茨希尔德半径是引力红移成为无限大的地方。有趣的是,爱因斯坦当初讨论引力红移时有意避开他的光量子公式。爱因斯坦竭力避免把他的一个大胆想法和另一个大胆想法搅在一起。

牛顿理论中的黑洞和爱因斯坦理论中的黑洞除了都有视界外,其他并无共同之处。在牛顿的黑洞中,原点是一个奇点,但这个奇点与经典电子的原点作为库仑势的奇点在本质上并无不同。在爱因斯坦理论的黑洞中,径向坐标在视界上发生本质的变化。在视界之外,径向坐标是类空的;在视界之内,径向坐标是类时的,所以光锥在视界上才可能变为向内。“坐标原点”的奇点是在时间上的一个奇点,经过塌缩的物质都撞到这个奇点上,对于它们来说,时间完全终结了。所以人们说,黑洞的奇点是类空的,很像大爆炸宇宙中的奇点,只不过在黑洞中这个奇点是时间的终结,而大爆炸宇宙中的奇点是时间的开始。

虽然黑洞的存在在理想实验中很容易实现,要证明它们在现实世界中存在却不是一件很容易的事。钱德拉塞卡(S. Chandrasekhar) 1934 年的计算表明,当一个引力系统有足够大的质量时,自然界不存在其他相互作用能阻止引力塌缩。钱德拉塞卡的这个结果要经过许多年才能被大家接受,部分原因是埃丁顿(Sir A. Eddington)从一开始就非常反对这个结论。对于白矮星来说,当质量大于某个质量限值时,不稳定性就会发生,这个质量极限叫做钱德拉塞卡极限。中子星相应的极限叫做奥本海默-沃尔可夫(Oppenheimer-Volkoff)极限。这些极限都与太阳的质量相差不远。钱德拉塞卡的物理生涯起始于黑洞,也终结于黑洞,他去世前的最后一本研究著作是关于黑洞的,主要研究黑洞周围的扰动。他于 1982 年完成这本书,时年 71 岁。

黑洞的存在是毋庸置疑的，我们的银河系中间就有一个巨大的黑洞。可以肯定，有十分之一的星系和活动星系核的中心都是黑洞。这些黑洞的起源还是一个谜。

我们前面说过，贝肯斯坦发现黑洞有一个不为零的熵，根据统计物理，这说明给定一个黑洞，应该有很多不同的物理态，态数的对数等于熵。这些态不能用经典物理来解释。事实上，在广义相对论中可以证明一个所谓的无毛定理：黑洞的状态由少数几个守恒量完全决定，如质量、角动量和电荷，每个守恒量对应一个局域对称性。整体对称性所对应的守恒量，如重子数，在引力塌缩过程中是不守恒的。贝肯斯坦的熵的起源必须在量子物理中寻找，因为他的熵公式含有普朗克常数。但这个熵对于普朗克常数来说是非微扰的，当普朗克常数为零时，黑洞熵是无限大，而不是经典物理中的零。由此可见，我们不能指望用微扰量子引力来解释黑洞的熵。

在 1973 年，贝肯斯坦并无量子引力理论可以利用，他是如何得到他的熵公式的呢？他用的是非常简单的物理直觉。首先，那时有大量的证据证明在任何物理过程，如黑洞吸收物质、黑洞和黑洞碰撞中，黑洞视界的面积都不会减小。这个定律很像热力学第二定律，该定律断言一个封闭系统的熵在任何过程中都不会减少。贝肯斯坦于是把黑洞视界的面积类比于熵，并且说明为什么熵应正比于面积，而不是黑洞视界的半径或半径的三次方等等。为了决定熵与面积的正比系数，他用了非常简单的物理直观。设想我们将黑洞的熵增加 1(这里我们的熵的单位没有量纲，与传统的单位相差一个玻尔兹曼常数)，这可以通过增加黑洞的质量来达到目的。如果熵与面积成正比，则熵与质量的平方成正比，因为施瓦茨希尔德半径与质量成正比。这样，如要将熵增加 1，则质量的增加与黑洞的原有质量成反比，也就是与施瓦茨希尔德半径成反比。现在，如何增加黑洞的熵呢？我们希望在增加黑洞熵的情形下尽量少地增加黑洞的质量。光子是最“轻”的粒子，同时由于自旋的存在具有数量级为 1 的熵。这样，我们可以用向黑洞投入光子的方法来增加黑洞的熵。我们尽量用能量小的光子，但能量不可能为零，因为光子如能为黑洞所吸收，它的波长不能大于施瓦茨希尔德半径。所以，当黑洞吸收光子后，它的质量的增加反比于施瓦茨希尔德半径，这正满足将黑洞熵增加 1 的要求。对比两个公式的系数，我们不难得出结论：黑洞熵与视界面积成正比，正比系数是普朗克长度平方的倒数。

贝肯斯坦的方法不能用来决定黑洞熵公式中无量纲的系数，尽管他本人给出过一个后来证明是错误的系数。霍金听到关于贝肯斯坦的工作的消息时产生了很大的怀疑。霍金在此之前做了大量关于黑洞的工作，都是在经典广义相对论的框架中的，所以有很多经验，或不妨说是成见。类似我们在第一章中提到的威腾之于对偶，他的怀疑导致他研究黑洞的热力学性质，从而最终导致他发现了霍金蒸发并证明了贝肯斯坦的结果。应当说，1973 年当他与巴丁(J. M. Bardeen)、卡特(B. Carter)合写那篇关于黑洞热力学四定律的文章时，他是不相信贝肯斯坦的。此后不久，霍金发现了黑洞的量子蒸发，从而证明黑洞是有温度的，由此简单地应用热力学第一定律，就可以导出贝肯斯坦的熵公式，并可以定出公式中的无量纲的系数。由于霍金的贡献，人们把黑洞的熵又叫成贝肯斯坦-霍金熵。霍金的最早结果发表在英国的《自然》(*Nature*)杂志上，数学上更完备的结果后来发表于《数学物理通讯》(*Communications in Mathematical Physics*)。在简单解释霍金蒸发之前，我们不妨提一下关于中文中“熵”这个字的巧合。在热力学第一定律的表述中，有一项是能量与温度之比，也就是商，所以早期翻译者将 entropy 翻译成“熵”。黑洞的熵恰恰也是两个量即视界面积和普朗克长度的平方的商。

霍金蒸发很像电场中正负电子对的产生，而比后者多了一点绕弯(twist)。在真空中，不停地有虚粒子对产生和湮没。由于能量守恒，这些虚粒子对永远不会成为实粒子。如果加上电场，而虚粒子对带有电荷，正电荷就会沿着电场方向运动，负电荷就会沿着与电场相反的方向运动，虚粒子对逐渐被拉开成为实粒子对。电场越强电子对的产生几率就越大。现在，引力场对虚粒子对产生同样的作用，在一对虚粒子对中，一个粒子带有正能量，另一个粒子带有负能量。在黑洞周围，我们可能得出一个怪异的结论：由于正能被吸引所以带有正能的粒子掉入黑洞，而带有负能的粒子逃离黑洞，黑洞的质量变大了。事实是，在视界附近由于引力的作用正能粒子变成负能粒子，从而可能逃离黑洞，而负能粒子变成正能粒子，从而掉进黑洞。对于远离黑洞的人来说，黑洞的质量变小了；对于视界内的观察者来说，掉进黑洞的粒子具有正能量，也就是实粒子。黑洞物理就是这么离奇和不可思议。

霍金蒸发是黑体谱，其温度与施瓦茨希尔德半径成反比，黑洞越大温度就越小，所以辐射出的粒子的波长大多与施瓦茨希尔德半径接近(这很像我们上面推导贝肯斯坦熵时用的光子)。当辐射出的粒子变成实粒子后，它们要克服引力作用到达无限远处，所以黑体谱被引力场变形成灰体谱。霍金在《时间简史》中坦承，当发现黑洞辐射时，他害怕贝肯斯坦知道后用以去支持其黑洞熵的想法。

黑洞的量子性质无疑是广义相对论与量子论结合后给量子引力提出的最大的挑战。虽然我们可以用霍金蒸发和热力学第一定律推导出黑洞熵，但这并不表明我们已理解了黑洞熵的起源。最近弦论的发展对理解一些黑洞熵起了很大的作用，但我们还没有能够理解施瓦茨希尔德黑洞的熵。另外，黑洞蒸发后遗留下来的是一个量子纯态，还是一个混合态，就像黑体谱一样？如果是后者，那我们就不得不修改量子力学。弦论家们大都认为量子力学不必修改，后来霍金也改变了他过去的看法,加入弦论家的行列。黑洞的量子物理过去对弦论的发展起到过很大的作用,将来也许注定对弦论的发展会起更大的作用。

前面提到,2014 年,宇宙学领域发生了一件大事,原初引力波的痕迹被发现,从而暴涨理论有望得到证实。另外,形形色色的引力理论没有找到任何证据,爱因斯坦理论比以前显得更加正确了。

第三章　超对称和超引力

场论与量子力学的结合产物是量子场论。量子场论早期遇到的困难是紫外发散。发散对物理学家来说并不陌生，洛伦兹和庞加莱在古典电子论中已经遇到了发散，就是电子的无限大自能。他们假定电子的半径不为零，这样就得到了有限的结果。非常令人惊奇的是，如果假定电子的能量完全来自自能，他们的结果与爱因斯坦的著名的质能关系几乎一样。而洛伦兹的结果出现在 1904 年，比爱因斯坦发现狭义相对论早了一年。另外一种发散导致普朗克早几年引进量子的概念，这就是黑体辐射的紫外灾难。

紫外灾难与电子的无限大自能的不同之处在于，后者是由于电荷集中在无限小的区域，而造成前者的原因是一个固定的相空间区域有无限多个态。普朗克引进量子使得每一个态占据一定的相空间，因此黑体辐射作为一种自由理论变为有限。量子论并没有解决相互作用的发散问题，因为这种发散的根源是，在一个固定的空间区域有无穷多个自由度。换言之，对应一个有限的空间区域，其相空间为无限大，我们必须计及无限大的动量空间。所以，普朗克的量子“正规化”了相空间，并没有将空间“正规化”。

一种人为的正规化办法是在动量空间引进截断，也就是说我们在做计算的时候假定有一个最大的动量。通过测不准原理，这样做等价于在空间上做一个小距离截断。从场论的观点讲，这等于我们假定所有的场在小于一定的距离上没有变化。这样做既排除了经典上的发散，如电子的无限大自能，也排除了新的量子发散。新的量子发散来自小距离上的量子涨落，如正负电子对的产生和湮没。当截断被去除后，通常我们还是得到无限大的结果，这就迫使人们引进“重正化”。重正化的办法是引进所谓裸参数，如电子的质量和电荷，这些裸参数是截断的函数。而物理参数仅是物理过程涉及的能量的函数，其来源分成两部分，一部分是裸参数，另一部分来自介于截断和物理能量之间的量子涨落。如果所有的无限大都能用重正化来消除，我们则称该量子场论是可重正的。

以上的重正化观念是老的观念，也就是费曼、施温格和朝永振一郎所采用的办法，现在又叫粒子物理的重正化观念。现代有效量子场论并不要求这种可重正性。在有效量子场论中，如果我们仅仅对一定能量以下的物理现象感兴趣，我们可以将高能的模“积掉”，也就是说高能模对低能模的效应可以由低能模的有效哈密顿量(Hamiltonian)或者拉格朗日量(Lagrangian)完全体现出来。不同的高能拉氏量可能产生相同的低能拉氏量，如果我们仅对一定能量以下的物理感兴趣，高能的行为就无关紧要了。一个不可重正的理论在高能区需要越来越多的参数，所以，用现代量子场论的观点来看，可重正性等价于高能区有一个不动点，这就是可重正性的可预言性的全部含义。

所以，我们并没有理由要求我们的粒子模型一定是可重正的。粒子物理的标准模型恰恰是可重正的，严格来说，这并不意味着标准模型有一个紫外（高能）不动点，但肯定意味着标准模型可以被放进一个更大的、有紫外不动点的理论。这个事实本身，从有效量子场论的角度来看，已经耐人寻味。如果把引力包括进来，我们有理由要求整个理论是可重正的，因为引力本身已经蕴涵着一个能量极限，也就是普朗克能量。当然我们也可以假定在普朗克能量之上还不断地有新的物理上有兴趣的内容，但这种哲学与统一观点背道而驰。也许，标准模型的可重正性以及弦论作为可重正的（其实是有限的）引力理论的存在是对持统一观点的人的极大支持。

有两种方式判定一个理论是否是可重正的。通常用的办法是微扰展开，就是从一个自由理论，即没有相互作用的理论出发，再加上一些相互作用项，而每一项有一个对应的参数，通常叫做耦合常数。如果某个参数带有长度量纲或长度量纲的正幂次，我们称该项为无关项（irrelevant term）；如果对应的参数带有长度量纲的负幂次，则称该项为相关项（relevant term）。通过量纲分析可以知道，无关项在低能区会变得不重要（“无关”因此得名）而在高能区变得重要，原因是其影响可通过一个无量纲参数，即耦合常数乘以能量的正幂次来确定。如果某一无关项在一能区存在，那么它在更高的能区会引出更多的不同的无关项，所以无关项是不可重正的。

引力所对应的耦合常数是牛顿引力常数的平方根，所以引力是不可重正的。这个事实可以用以下的简单方法看出：爱因斯坦理论是非线性的，它的第一个相互作用项是度规场的立方项，其对应的耦合常数是牛顿引力常数的平方根。在 4 维中，如同任何一个玻色场，引力场带有质量量纲，即长度量纲的倒数。立方耦合项一定含有两次微分，这同样可以通过量纲分析来看出，因为耦合常数有长度的量纲。一个相互作用项所含的微分次数越高，它对量子涨落的发散的贡献越大，因为该项在高能区变得越来越大——每增一次微商，就多了一个能量因子。为了消除这些发散，我们就不得不引进越来越多的无关项，这样引力没有一个在高能区有好的定义的理论。

顺便提一下，我们前面说引力的最简单的相互作用项含有两次微商，这与引力子是自旋为 2 的粒子有关。一般的规范场所对应的量子自旋为 1，其简单的相互作用项含有 1 次微商。更为一般的结论是，自旋为几的粒子所对应的相互作用必定含有几次微商。所以，一个含有自旋为 3 粒子的理论一定是不可重正的。在 4 维中，可以证明，可重正的量子场论最多只含自旋为1的粒子，这是20世纪70年代初量子场论的重要结果。人们实际上得到更强的结论，所有可重正的、含有自旋为1的粒子的量子场论必为规范理论，即杨-米尔斯理论。

我们上面提到，以威尔逊(K. Wilson)的现代场论观点来看，我们没有理由要求引力是可重正的。也许真实的图像是，当我们不断地提高能量时，物理理论会变得越来越复杂，而爱因斯坦的理论只不过是一个低能有效理论。虽然我们不能完全排除这种可能，但我们提到的普朗克能量的存在暗示着在高能区存在一个简单的量子引力理论。黑洞的存在也支持这个可能性。设想我们用带有很高能量的粒子束来探测小距离上的时空结构，如果没有引力，海森伯测不准原理告诉我们能量越高，我们能探测的距离越小。引力介入后，过去很多人，特别是惠勒(J. A. Wheeler)，相信越高的能量会带来越大的时空涨落，如所谓的时空泡沫(spacetime foams)。时空泡沫指的是在普朗克距离上时空的拓扑不确定，有许多虫洞(wormholes)结构。黑洞的形成使得这些如时空泡沫的结构能否被观察到成为很大问题。能量越高，形成的黑洞就越大，其事件视界(event horizon)也就越大，所有可能的复杂的时空结构都被视界所掩盖。而视界之外的时空却非常光滑，能量越高，视界之外的曲率就越小，那么低能的有效理论也就越适用。如此，对于一个外部观察者来说，高能的量子引力行为就不可能被复杂的拉氏量中的无关项所主导。我们这里所描述的可能性现在叫做紫外/红外对应，即量子引力中的紫外行为与红外物理相关。

如此，我们相信在一个有引力的量子理论中，高能理论不会像有效量子场论所指出的那样，在高能区存在许多不可预测的可能性。量子引力本身必定是有简单定义的理论，换言之，量子引力是一个更大的、可重正的甚至是有限的理论的一部分。这个理论不太可能是爱因斯坦理论的简单量子化，因为我们已知道爱因斯坦理论不可能被简单地量子化。这就迫使我们寻找一个更大的，至少是可重正的理论。我们将被历史地，在某种程度上也是逻辑地带到超对称。

超对称作为一种理论上的可能的发现是一段饶有趣味的科学史。在读完前面关于场论中的无限大之后，也许我们会想当然地猜测超对称的发明是为了消除无限大。20世纪70年代初超对称不同的发现者有不同的理由发明超对称，却没有一个理由是为了将无限大驱逐出量子场论。

苏联物理学家高尔芳(Y. A. Golfand)早在20世纪60年代末就开始寻找介于玻色子与费米子之间的对称性，他的动机是解决弱相互作用！当时温伯格-萨拉姆(Weinberg-Salam)模型还没有建立，温伯格关于弱电统一的文章发表于1967年。根据高尔芳的学生，他后来的超对称合作者利希特曼(E. Likhtman)的回忆，高尔芳在1968年春已得到4维的超庞加莱代数(super-Poincaré algebra)，这比西方发现超对称早了三年,比西方发现4维的超对称早了六年。可惜高尔芳并没有立即发表这个结果,因为他虽然克服了所谓的柯尔曼-满杜拉止步定理(Coleman-Mandula no-go theorem),但还没有构造好实现这一对称的场论。这与目前信息时代的物理学家的发表态度形成鲜明的对比。我们可以在前天看到同行在网上贴出的文章,昨天做了一点推广式的计算,今天草就一篇大作,明天就可在网上见面。顺便提一下,当我和人聊起超对称的发明的时候,常常有人错误地将之归功于数学家盖尔芳(I. Gelfand)。盖尔芳比高尔芳有名得多,是第一届沃尔夫数学奖得主,生于1913年,比高尔芳大9岁。盖尔芳还活着且仍在发表文章(网上能查到的最新文章出于2001年9月),而高尔芳已于1994年辞世。

也是原苏联物理学家,现今在明尼苏达大学的谢夫曼(M. Shifman)曾组织人为高尔芳出了一本纪念文集。读了谢夫曼写的前言,我才知道高尔芳在1973年至1980年之间失了业。他与利希特曼的第一篇关于4维超对称场论的文章发表于1971年(比西方第一篇4维超对称场论的文章早了3年),是关于(用现代的术语讲就是)超对称量子电动力学的。那么,高尔芳为什么在发表了如此重要的文章后被列别捷夫物理研究所(Lebedev Physical Institute)解聘呢?谢夫曼提供了两个可能的原因。一是,朗道发现了所谓的朗道极点之后苏联很少有人相信场论(在整个20世纪60年代,西方的大多数粒子物理学家对场论也失去了信心,原因是弱相互作用不可重正,而强相互作用更是一团乱麻),他们比西方人更为保守。其二是,有人认为高尔芳根本不懂他研究的东西,尽管他早在20世纪50年代末就做过重要工作。高尔芳因此就成了苏联科学院"精简-创新"的牺牲品。我们在这里猜测,如果外斯(J. Wess)、朱米诺(B. Zumino) 1974年的文章早发表两年,如果西方早两年就重视超对称,也许高尔芳的运气要好一些。高尔芳1990年举家去了以色列。

在西方,超对称的发现顺着完全不同的思路,最早的超对称的发现竟源于弦论。拉蒙(P. Ramond)当时在费米实验室工作。1971年,弦论被正式确认只有一年,他考虑如何在弦论中引进带半奇数自旋的激发态(即费米子)。作为狄拉克矩阵的推广,他在弦运动起来的世界面上引进了费米场,并令其满足周期条件。非常类似狄拉克,拉蒙的理论中所有弦的激发态都是时空中的费米子。注意,这里我们有意将时空与世界面区别开来,前者是弦运动的舞台,而后者类似粒子的世界线,虽然拉蒙的理论中只有时空中的费米子,而弦的世界面上既有费米场,也有玻色场。这些我们留到后来再详加解释。同年,吉尔维(J. Gervais)和崎田文二(B. Sakita)发现,如果将拉蒙的理论写成世界面上的作用量,则这个作用量具有2维的超对称。这是出现在西方的第一个超对称作用量,与苏联人几乎同时。拉蒙的理论现在又叫拉蒙分支(Ramond sector),因为它是两种可能的分支之一。

作为一个小插曲,我们谈一点关于拉蒙的掌故。拉蒙并没有因为第一个研究

拉蒙，超对称弦论的创始人之一，离开费米实验室后一直在佛罗里达大学工作。虽然是弦论的创始人，但他后来的工作集中在粒子唯象学上，特别是中微子物理。除了唯象学外，他对群论的应用一直很有兴趣，同时也对物理界的一些掌故有兴趣。这张照片摄于亚斯本物理中心，他每年夏天去的地方。

费米弦而得以永久留在费米实验室，尽管他在弦论中第一次引入费米的名字。现在费米实验室理论部的有些人谈到这件往事时往往半自嘲、半开玩笑地说，我们费米实验室从来不做弦论，我们已将超弦的创始人之一给解聘了。拉蒙是很有幽默感、很健谈的人，也很喜欢谈掌故。我记得有一年夏天在亚斯本遇到拉蒙，在一次午饭聊天中，他向一些年轻人讲我们在前面提到的威尔逊(K. Wilson)的故事。有人问他，如果威尔逊没有发现重正化群和临界现象的重正化群理论，谁会发现它？(在此之前拉蒙已谈到一些量子场论中的大人物，为了不得罪人，我们姑且将姓名隐去)他说，坎(Ken，威尔逊的名字)。再问一次，他仍然说坎。可见他对威尔逊的佩服程度。当然，绝大部分真正懂威尔逊理论的人都很佩服他，不懂就无从佩服起了。拉蒙也是自己的名字在一个专业名词中出现两次的少数人之一，这个名词就是超弦中的拉蒙-拉蒙分支。有一次他访问芝加哥，参加一个超弦的学术演讲。当时他是听众之一，我也有幸在场。当演讲者提到拉蒙-拉蒙分支时，听众中的哈维(J. Harvey)扭头问他："皮埃尔，另外一个拉蒙是谁？"全场大乐。

写到这里，真想再一次遇到他，尤其在我写这个史话的时候，这样可以从他那里贩卖一些关于弦论的掌故。像现在这样写下去,迟早要抖尽肚皮里的一点点存货。

以上是大家爱听的"八卦",现在是谈一谈到底什么是超对称的时候了。我们先从大家熟悉的对称性讲起。日常的对称性有分立对称性和连续对称性,前者如一个正四边形,将之转动90°,还是原来的正四边形;后者如一个球面,以球心为原点,无论怎么转,还是原来的球面。这是一个物理系统固有的对称性,或一个物理态的对称性。在物理理论中,还有一种动力学的对称性。例子是,假如一个态本身不是转动不变的,但我们将之转动后,同时还转动用以描述它的坐标,这样这个态的一切动力学性质和转动之前完全一样,这表明空间本身的各向同性跟物理系统本身与空间的方向无关联性。在一个物理理论中,一个转动操作对应于一个算子,它将一个态映射到另一个态。现在,前面例子中的两个性质可以翻译成数学语言。空间本身的各向同性等同于真空本身作为一个特别的态在这个算子的作用下不变;物理系统本身与空间的方向无关联性等同于这个算子与哈密顿量对易(量子力学)或它与哈密顿量的泊松括号为零(经典力学)。

量子力学的法则告诉我们,一个算子如与哈密顿量对易,则它所对应的物理量是守恒的。对应一个转动算子,我们还没有一个物理量,原因是,这个转动算子是保长的,即保持态的内积不变,如我们提到的真空态。这样的一个算子叫幺正算子,而一个物理量算子是厄米算子。连续群的定理保证我们可以用厄米算子构造幺正算子,对于转动来说,相应的厄米算子就是角动量。如果真空在幺正算子作用下不变,那么它在相应的厄米算子的作用下为零,也就是说真空没有角动量。我们可以将不同的态分类成角动量的本征态,但是一个任意态未必是本征态。

在量子场论中,有一类算子永远没有物理的本征态,尽管它们可以是厄米的,这一类算子就是费米算子。怎么理解一个费米算子?可以将所有物理态分成两类,一类是玻色态,另一类是费米态。现在,定义一个费米算子,它将一个玻色态映射到一个费米态,将一个费米态映射到一个玻色态。这还不是全部定义,我们再加上一个条件,就是,任一个可实现的物理态不是玻色态就是费米态,而不能是一个玻色态和一个费米态的混合。这样,很明显,一个费米算子就没有物理的本征态。根据量子力学,一个费米算子就不是一个可观测量。

尽管如此,一个费米算子可能与哈密顿量对易,也就是说在它的作用下,动力学是不变的,这就是一个超对称。超对称之所以是超的,原因是它将一个"超选择分支"(super-selection sector)映射到另一个"超选择分支"。最简单的情形是,它将一个玻色子转动成一个费米子。这个性质与通常的对称性很不相同,通常的对称性是将两个态联系起来,这两个态完全可以通过动力学过程互相转变。如一个向上自旋的电子,通过转动变成向下自旋的电子,这个转动完全可以通过一个物理过程来实现。而一个超对称变换可以将一个电子变成一个标量粒子,但一个电子本身永远不会通过一个物理过程变成一个无自旋的粒子。我想,这种性质对一个初学超对称的人来讲是一个最大的困惑,因为我们太习惯于普通的对称了。我们可以想象转动一个正方形,但不能想象将一个正方形转成一个"超正方形",如果后者果真存在的话——因为这种转动不是一个物理过程,该转动不是可观测量!

超对称除了"超"(没有对应的物理过程,也不是可观测量)外,具有一切与普通对称相同的性质。例如,如果一个玻色系统(如两个玻色子或两个费米子或十个费米子)有一定的能量,在超对称变换后,我们得到一个费米系统,这个费米系统无论与前面的玻色系统怎样不同,都与之有着相同的能量。再如,如果我知道两个玻色子在一个束缚态中的相互作用能量,通过超对称变换,我就知道变换后的一个费米子和一个玻色子在一个束缚态中的相互作用能量。原因很简单,就是这个超对称保持动力学不变,它与哈密顿量对易。

通过上面的解释我们看到,超对称既有类似于一般对称性的地方,也有很不相同的地方。这种不相同的地方往往会引起初学者的迷惑,由此可知对于发明超对称的人来说,非凡的想象力和胆量是不可或缺的。

那么,既然超对称原则上可以存在,什么样的超对称可以在相对论量子场论中实现呢?对于一般对称性来说,我们要求有一个群结构或李代数结构。一个转动后再做一个转动,我们还是得到一个对称转动,这是群的结构。这个要求在无穷小的变换下就可翻译成李代数的要求。现在,我们将这个要求加于一个对称元和一个超对称元,我们得到的结论是,这个对称元和一个超对称元的对易子必是另一个超对称元。如果我们想用超对称元来构造群,我们就得用一种新的数,相互间是反对易的,叫格拉斯曼(Grassman)数,原因还是因为超对称不是通过物理过程实现的对称,所以其对应的转动参数不是实数或复数,否则我们可以问这个参数的物理含义是什么,就像通常转动的转动角一样。

以上所写,已经不很通俗了,我还没有更简单的办法,如有,就得像费曼写QED(量子电动力学)一样,上面的一段话将被拉长几倍或几十倍。所以为了节省大家的时间,特别是作者自己的时间,我们还是假定读者已有一定物理背景,或是天才儿童。

回到原来的话题,什么样的超对称是允许的。我们已说到一个超对称元和一个对称元的对易子必是一个新的超对称元,把所有这样的对易子放到一起,我们发现超对称元的集合形成对称李代数的一个表示。在相对论量子场论中,最重要的对称就是庞加莱对称,所以超对称元形成庞加莱代数的一个表示。在 4 维中,最简单的费米子表示就是旋量了。超对称中有几个这样的旋量,我们就说这是 N 等于几的超对称。高尔芳和利希特曼 1971 年发表的场论就是 N 等于 1 的超对称场论。

在西方,最早的超对称是在弦的世界面上发现的,这就是1971年的吉尔维-崎田文二2维超对称场论。弦论中的时空超对称的发现是很后来的事,我们等一会儿再谈。朱米诺似乎是注意弦论中时空超对称的第一人,这也许启发他后来与外斯一道发现4维的超对称和超对称场论。1974年,外斯和朱米诺构造了4维时空中最简单的超对称场论,这个场论只含一个基本的旋量场(只有两个自旋为1/2的粒子,形成一个旋量表示),两个标量场。之所以有两个标量场也是由于有超对称,因为根据我们之前所说的道理,有多少费米态就应当有多少玻色态。这个最简单的超对称场论一般称为外斯-朱米诺模型,是两个外斯-朱米诺模型之一。另外一个外斯-朱米诺模型完全与超对称无关。

朱米诺,和外斯一同发现了4维超对称,也是超引力理论的发现人之一。他由于超对称的发现获得了意大利国际理论物理中心的狄拉克奖章。朱米诺的有名工作几乎都是与外斯一同完成的,除了超对称之外,著名的外斯-朱米诺作用量在现代场论中占有显著的位置。朱米诺是那种大器晚成的典型,发现超对称时已超过50岁,现在还非常活跃。

朱米诺应是所有年纪稍大而事业上尚无大成的人的榜样,因为他是一个大器晚成的人。我经常以朱米诺的例子来期许自己和他人,也许我最终也难成大器,但这仍不失为取法其上得乎其中的办法。在1973年底,他和外斯完成4维超对称的理论时,已超过50岁,外斯也接近40岁了。他与外斯的另一重要工作,即另一外斯-朱米诺模型也不过是1971年的作品。毫无疑问，超对称是他一生中最重要的工作。我还不知道在粒子物理这一竞争激烈的领域，是否有第二个人能在五十开外做出他一生最重要的工作。

朱米诺和外斯在同一年将他们的超对称场论推广到含有自旋为1的粒子，即光子的情形，这也就是三年前高尔芳和利希特曼构造的理论。朱米诺和外斯还研究了这个理论的量子性质，发现超对称有助于使紫外发散减弱，当然他们在第一篇文章中已讨论过量子行为。

接触过量子场论的人都知道，任何场论中都有发散的零点能。对于一个自由场论来说，场的每个傅里叶模是一个谐振子，根据量子力学的测不准原理，谐振子不可能处于能量为零的状态，它的最低能不为零，这就是零点能。当谐振子处于第一个激发态时，对应于一个基本的量子，或粒子，其动量和能量与这个模相同，而零点能只有一个粒子的一半，所以不能将它解释成一个可观察到的物理态。我们因此将之归于真空的能量。将所有模加起来，这个能量是无限大。这个无限大显然来自紫外的模，我们在本章中提到过，这对应于空间在小尺度上没有截断。奇怪的是，来自一个玻色子的零点能是正的，而来自一个费米子的零点能是负的。如果对应一个玻色子存在一个有相同质量的费米子，那么两者的零点能就完全抵消。超对称理论恰恰有这种性质，所以超对称理论中，我们无需人为地扔掉自由场的零点能。

对于每一个场，如果我们引进动量上的截断，零点能的密度则是这个截断的4次方，这是4维场论中最大的发散。考虑一个可重正的场论，如果理论中没有标量场，除去零点能外，最严重的发散是对数发散，如量子色动力学。标准模型含有标量场，就是希格斯(Higgs)场，标量场涉及的最严重的发散是二次发散。这种发散带来所谓的等级(hierarchy)问题。等级问题最简单的描述是这样的：标准模型中的最大能标是弱电自发破缺能标，大致可以看成是希格斯场的一个耦合参数，数量级大约是100 GeV(吉电子伏)。考虑在标准模型之上还存在一个新能标，如普朗克能标，假定在弱电能标和这个新能标之间没有另外能标，通过重正化流，这个新能标会在标准模型的各个参数中体现出来，如弱电能标。由于标量场的二次发散性，弱电能标含有一个与新能标的平方成正比的项，另一项是弱电能标这个耦合参数在新能标上的“裸”参数。我们要求弱电能标是100 GeV，我们就必须要求其“裸”参数与新能标的平方几乎抵消，这就是所谓的微调问题(fine tuning)。有了超对称，与新能标的平方成正比的项不再存在，所以20世纪80年代初很多人研究超对称大统一理论。这是超弦集团之外的唯象粒子物理学家相信超对称存在的主要原因之一。

超对称的生成元越多，无限大的抵消就越成功，但人们为此付出的代价是模型越来越不现实。当理论有8个超对称元,也就是 N 等于2的超对称情况下,极小理论中的费米子增加到4个,不再是具有唯一手征的理论,但是标准模型中的弱相互作用破坏宇称,必须是带手征的。如果我们暂时不管这个实际问题,一直增加超对称的数目,就会发现当超对称元的个数超过16时,我们不得不引进自旋为2的粒子以构造超对称多重态,这样就引进了引力。所以不包括引力的最大超对称有16个元,也就是 N 等于4的超对称。实现这个超对称的场论一定包含规范场。这类场论几乎是唯一的,只有两个参数可以改变,一个是规范群参数,亦即群的种类和阶数,另一个是耦合常数。这类极大超对称场论在20世纪80年代初被三组不同的人证明是完全有限的。而实现 N 等于2的超对称场论在微扰论中只有单圈发散。

N 等于4的超对称规范理论的有限性在当时看来是唯一的。记得有一位德高望重的人说,他当时相信这个理论一定有很大的用处,因为上帝造出这么完美的理论而不加利用是不可能的。不过他等了几年,人们并没有发现这些理论与粒子物理有什么关系,他从此就再也不相信超对称理论有什么用处了。N 等于4的超对称规范理论的确有许多与众不同的地方,后来它们在超弦发展中起了很大作用,如强弱对偶,反德西特尔空间上的量子引力与超对称场论的对偶(AdS/CFT 对偶)等。

也是在1974年,萨拉姆(A. Salam)和斯特拉思迪(J. Strathdee)在看到外斯、朱米诺的工作后很快发现了超空间表示。发现这一点似乎不需要太多的想象力,如果通常的对称性与可观察到的时空有关,如空间的平移和空间中的转动,那么超对称就应和超空间有关。的确,萨拉姆和斯特拉思迪证明超对称变换可以被看成超空间中的平移。这些超空间的坐标是格拉斯曼数,从而是不可观察到的,这正类似于超对称变换不是实验室中可实现的变换。但是,如果人们将来发现超对称粒子,就等于间接地发现了超空间。我为了写这段话查了一下萨拉姆和斯特拉思迪当年的文章,发现虽然预印本是1974年11月的,发表该文的《核物理》(*Nuclear Physics*)的那一期竟也是1974年的。可见发表的速度实在与是否处在电子信息时代无关。虽然我说发现超空间不需太多的想象力,但这并不意味着对于一个新手来说超空间是很容易接受的。记得当年年轻气盛,考研后问我的老师什么是最时髦最有前途的研究方向,老师随手从书架上拿了一本法耶(P. Fayet)和费拉拉(S. Ferrara)1976年写的超对称综述。我拿回去之后发狂猛啃,很坐了一段飞机。现在回想,如在昨日。当年对超对称的生吞活剥也许在日后起了一点作用。

谈过超对称量子场论之后,我们回到弦论中的超对称这个话题。毕竟超对称在西方的发现源于弦论,所以应当追溯一下历史以了解超对称、超引力在西方发展的脉络。这样做正符合孔夫子所说的温故而知新。

萨拉姆，因发现弱电统一理论与温伯格和格拉肖分享1979年度诺贝尔物理学奖。他创办了位于意大利的利雅斯特的国际理论物理中心，并担任中心主任，1996年去世。除了他的获奖工作外，萨拉姆与斯特拉思迪引进的超空间概念是他许多贡献中最著名的。

我们曾谈到拉蒙在弦论中引入了费米子，所有弦的模式在时空中的体现都是费米子，因为他在弦的世界面上引入了类似狄拉克矩阵的东西。世界面上因此有了超对称，但时空中没有超对称，因为只有费米子。从某种意义上来说，狄拉克1928年引入狄拉克矩阵就等于在粒子的世界线上引进了超对称。狄拉克算子的平方是达朗贝尔算子，就如同超对称算子的平方等于哈密顿量。1974年，法国人内沃(A. Neveu)和我们在第一章就提到的施瓦茨希望能在拉蒙的模型中加入时空中的玻色子。为了避免狄拉克矩阵的出现，他们要求拉蒙的世界面上的费米场没有零模，这样所有的模的阶就必须是半奇数，换句话说，世界面上的费米场满足反周期条件。这样构造出的弦的激发态都是时空中的玻色子。这个新的分支叫内沃-施瓦茨分支，独立于拉蒙分支。注意，对于内沃-施瓦茨分支来说，世界面上仍有超对称，因为世界面上的超对称是局域的。当然，1974年还没有人知道什么是局域超对称，在超引力发现之后，1976年布林克(L. Brink)、蒂韦基亚(P. di Vecchia)、豪(P. Howe)等人才发现原来的2维世界面上的超对称其实是局域的。后文更详细地谈超弦的时候，我们还要回过头来谈2维局域超对称的重要性。

将费米弦的两个分支——拉蒙分支和内沃-施瓦茨分支加起来，似乎就有了时空超对称，可事情并没有这么简单，超对称的一个基本要求还没有被满足，就是给定一个质量，必须有同样多的玻色子和费米子。要等到1976年，也就是外斯-朱米诺工作的两年之后,一个“意法英联军”,廖齐(F. Gliozzi)、舍克和奥立弗(就是那位奥立弗-蒙托宁对偶中的奥立弗)发现可以将两个分支中的一些态扔掉而不破坏理论的自洽性,这样得到的理论有同样多的玻色子和费米子。他们还不能立刻证明时空超对称,但他们做了这样的猜想。要再等五年,这个经过所谓的廖舍奥投射(GSO projection)的拉蒙-内沃-施瓦茨理论才由格林(M. Green)和施瓦茨证明具有完全的时空超对称。他们也同时证明,这些超弦理论包含相应的时空超引力。

超对称被发现之后,对一部分人来说,超引力的存在就是显而易见的事了。杨-米尔斯构造规范理论不久,内山菱友(R. Utiyama)就用规范对称重新解释了爱因斯坦的引力理论。对于内山来说,引力场无非是对应于时空平移的规范场,也就是说,如果我们要求时空平移不仅仅是整体对称性,同时也是局域对称性,我们就要引进引力场来使平移“规范化”。超对称是时空对称性的推广,特别是,两个超对称元的反对易子给出一个时空平移。这样,如果我们将时空平移局域化,我们就不得不将超对称也局域化,反之亦然。如此得到的理论就是超引力。在这个理论中,对应于时空平移的引力场仍在,对应于超对称的规范场是自旋为 3 /2 的场,通常叫做引力微子,是一个费米场。有一个简单的方法来判断规范场的自旋:如果局域对称性是一种内部对称性,也就是说对称元不带时空指标,那么相应的规范场比对称元多一个时空的矢量指标,相应的粒子自旋为 1;如果对称元带一个空间矢量指标,则规范场带两个空间矢量的指标,这就是引力场;进一步,如果对称元带一个旋量指标,如超对称,那么规范场就多带一个空间的矢量指标,这个场就是引力微子场了。

首先在 4 维时空中构造超引力的三位中有两位当时在纽约州立大学石溪分校。1976 年以前,三位仁兄各做各的事情。范纽文豪生(P. van Nieuwenhuizen)基本做引力的微扰量子化,明显是受了他的老师韦尔特曼(M. Veltman)的影响,弗里德曼(D. Z. Freedman)大约是个唯象学家,费拉拉(S. Ferrara)则是唯一专心做超对称的。当然他们都有研究唯象学的底子。据范纽文豪生说,他们的第一个超引力模型,4 维的 N 等于 1 的超引力,一半是靠手算,一半是靠计算机折腾出来的。记得我当年于生吞活剥法耶-费拉拉之后,接着去找来范纽文豪生的超引力综述,这回更是云山雾罩:什么 1 阶方式(first order formalism),2 阶方式,最后又搞出 1.5 阶方式。1 阶方式大约是说,你将度规场和联络场都看成是独立的场,2 阶方式则将联络看成是度规的函数,天知道 1.5 阶方式是什么,有兴趣可参看范纽文豪生的综述。

一个最简单的、经典的超引力已将人折腾得七荤八素,更不用说复杂的超引力了。N 等于 2 以上的都叫推广的超引力(extended SUGRA),当然这种翻译有点勉强。我当时觉得还是称泛超引力来得简洁些,省了两个汉字,现在看来,干脆就叫超引力算了。4 维中有很多不同的泛超引力，一直到 N 等于 8。当 N 超过 8 时，就必须引进自旋大于 2 的场了，这从场论的角度来看似乎是危险的，因为人们不知道如何构造自洽的场论。N 越大，对称性越高，场的数目就越多。广义相对论中只有 10 个场，就是度规的分量，在 N 等于 8 的超引力中，仅标量场就有 70 个。场多了的好处是，有可能将标准模型中所有的场都纳入一个超对称多重态中，坏处是作用量越来越复杂，不是专家不可能写对作用量。从统一的角度看，N 等于 8 的超引力还是不够大，因为规范群是 O(8)，还不能将标准模型的规范群放进去。超引力除了可以在 N 的方向推广，也就是引进越来越多的超对称，也可以在 D 的方向推广，就是引进越来越高的维数。D 最大的可能是 11，再大就要引进高自旋场。这两个方向实际上是相关的，低维的泛超引力可以由高维的简单一点的超引力通过维数约化(dimensional reduction)得到，如 4 维的一些 N 等于 2 的超引力可以由 6 维的 N 等于 1 的超引力得到。而 4 维的 N 等于 8 的一些超引力可以由 11 维超引力通过维数约化或紧化(compactification)得到。所以一时之间，很多人认为 11 维超引力就是终极理论了。霍金曾说，基于谨慎乐观的态度，有理由相信，一个完备的理论已经逐渐成形，理论物理快到头了。

超引力与超对称场论一样，紫外发散比没有超对称时来得轻得多。超对称的数目越多，紫外行为越好。在任何一个 4 维超引力中，单圈和双圈图都是有限的，这个性质在超引力出现一年之后就被发现。虽然紫外发散要在三圈才出现，在超引力时代还没有人敢计算三圈图(想一想，经典作用量已经那么复杂!)，很久以后才有人计算三圈图，而用到的技巧居然是弦论中的技巧。后来的结果表明，极大超引力的两圈图直到 6 维都是有限的。也就是说，11 维超引力仅仅在单圈才是有限的，所以从重正化的角度看，11 维超引力比爱因斯坦的理论好不了多少。之后又有结果表明，4 维的极大超引力可能在四圈上也是有限的，这比老结果要好。

无论超引力的紫外行为多么好，或迟或早总要遇到发散，这使得人们渐渐对超引力失去了信心。当然，终结超引力 8 年疯狂时代的是第一次超弦革命。

我念研究生时恰逢超引力时代的尾巴，已经强烈感受到热力，把研究生仅有的一点经费都用来复印超引力的文章，后来装订成厚厚的几大本，成天把脑袋埋在超引力的张量计算中。我甚至在科大的研究生杂志上写过一篇介绍超引力的文章，开头用了“上帝说要有光，于是就有了光”，可见信心十足。

超引力造就了一代不畏冗长计算的人。超引力的三位创始人都是天然计算机。以范纽文豪生为例，当时他是领导潮流的人。美国超弦的公众人物之一加来道雄(M. Kaku)在他的科普作品《超空间》(*Hyperspace*)中有一段描写，不妨转述如下：范纽文豪生生得高大威猛，最适合做防晒油的广告明星。研究超引力需要非凡的耐心，而范纽文豪生是最非凡的一个。温伯格曾说：“看一看超引力，在过去的十年中研究超引力的人个个杰出,有些人比我年轻时认识的任何人都更为杰出。”范纽文豪生用一个硕大无朋的夹纸板,每次演算,从左上角开始用蝇头小草一直写到右下角,写满后翻过一页接着写。他可以一直这样演算下去,中间唯一的间隙用来将铅笔放进电动削笔刀中削尖,接着继续演算,直到数小时后大功告成。有一段时间,纽约州立大学石溪分校物理系的研究生竞相仿效,每人夹着一个大夹纸板在校园中走来走去,不可一世。

超引力风流一时,而超引力中的领袖人物也领导潮流于一时。超引力在我们的史话中还会出现,还在起很大的作用。尽管如此,过去的风流人物大多已不再活跃,不免使人生出许多感慨:江山代有人才出,各领风骚三五年。

话虽这么说,前两年超引力又回来了,因为有人猜测 $N=8$ 泛超引力也许真的是有限的,也就是说,不需要重正化,还真可能应了很多年前霍金的想法。只是,很多人认为即使泛超引力是有限的,它也不可能是完整的理论,因为里面含有弦啊什么的。但是,最后的结果又有谁知道呢?上帝总有意想不到的东西藏在口袋里。

第四章　第一个十五年

从1968年韦内齐亚诺发表以他的名字命名的散射振幅公式到1984年的超弦第一次革命，弦论的初级阶段大概延续了十五年。转眼之间，弦论的第二和第三个十五年也已过去。我们仅用这一章来谈第一个十五年，而第二个十五年将是本书的主要话题。

我们早在第一章就已提过，弦论起源于20世纪60年代的强相互作用的研究。60年代粒子物理主流是强相互作用，原因很简单，因为加速器的能量正好处在探测强相互作用的能区，即几个GeV和几十GeV之间。建在加州大学伯克利分校的同步加速器所达到的能量是6.2 GeV，在50年代末和60年代初提供了大量的关于强相互作用的数据，不断地产生新的强子。伯克利的丘(G. F. Chew)近水楼台先得月，成了60年代粒子物理领导潮流的人。由于新强子的不断产生，人们很快认识到当时的场论无法用来描述强相互作用。由于高自旋强子共振态的存在，场论无法避免一些令人不快的性质，如不可重正性。朗道等人也早就证明即使是最成功的量子场论——量子电动力学，在根本上也是不自洽的。量子电动力学是可重正的，但是它的耦合常数随着能量的提高而变大，且在一定的能量上达到无限大。这个能量叫朗道极点。朗道极点的来源是有限的电子质量和在这个能量上有限的耦合常数。如果我们希望将朗道极点推到无限大，那么低能的耦合常数只能是零，这就是著名的莫斯科之零。

由于以上所说的原因，在20世纪60年代有一大批人将量子场论看成是过时的玩意。丘等人强调场本来就是不可观测量，只有散射振幅是可观测的，所以散射矩阵理论成了60年代的时尚，而坚持研究量子场论的人寥若晨星。我记得丘当年的一个学生谭崇义经常告诉我，那时就连盖尔曼(M. Gell-mann)都不得不跟随潮流，可见丘及其跟随者的影响力。谭崇义在提到这些往事时是得意的，因为丘不仅影响大，而且看问题有一定的哲学深度。韦尔特曼后来的话很好地体现了研究场论的人少到什么程度：他自己是恐龙时代少数的量子场论哺乳动物。公理化场论的创始人怀特曼(A. Wightman)在他普林斯顿的办公室门上贴了张纸条，上书：本办公室应丘的指令已经关闭。

散射矩阵理论当时被很多人看做是唯一可以描述粒子物理的理论。散射矩阵理论拒绝讨论任何局域可观察量，虽然不排除适当的局域性。散射矩阵理论首先要求绝对稳定的粒子态存在，这些粒子态和相应的多粒子态形成渐近态集合。散射矩阵无非是从渐近态集合到渐近态集合的一个线性映射。散射矩阵满足数条公理:对称性、幺正性和解析性。对称性无非是说散射矩阵元在一些对称变换之下不变,最一般的对称性就是庞加莱对称性,一些内部对称性也是允许的。幺正性就是量子力学中的几率守恒。解析性是散射矩阵理论中最有意思,也是最不容易理解的性质。所谓解析性是指一个散射矩阵元作为一些动力学量如质心能量、交换能量、角动量的函数是解析函数。对于一些简单的散射过程,人们可以证明解析性是相对论性因果律的推论,最早的色散关系就是这样导出的。事实上,离开局域量子场论,人们只能假定一般的解析性是宏观因果律的推论。

最常见的,也是分析得最透彻的是两个粒子到两个粒子的散射振幅。两个粒子当然可以通过散射变成许多不同的粒子,把所有这些过程都包括的结果叫遍举过程(inclusive process),而仅考虑两个粒子散射成两个固定的粒子的过程叫单举过程(exclusive process)。解析性通常只是针对单举过程而言。这样一个过程,除了各个粒子本身的标记,可变动力学量只有两个,就是两个粒子在质心系的总能量和粒子散射过程中的能量转移。第二个量在质心系中又和粒子的散射角有关,这两个动力学量是更一般的所谓曼德尔施塔姆(Mandelstam)变量的一种特殊情形。若将粒子散射振幅看做曼德尔施塔姆变量的函数,并将这个函数延拓到每个变量的复平面上,则除了一些特殊的点之外,散射振幅是每个曼德尔施塔姆变量的解析函数。利用这个重要特征在很多情况下可以几乎完全决定整个散射振幅。

60 年代的实验表明,很多两个粒子到两个粒子的散射振幅满足一种对偶性,这种对偶性叫 s-t 道对偶,也就是说散射振幅作为两个曼德尔施塔姆变量 s 和 t 的函数是一个对称函数。物理上,这等于说散射振幅的 s 道贡献等于 t 道的贡献。我们现在解释一下何为 s 道贡献,何为 t 道贡献。在粒子散射过程中,如果两个散射粒子先结合成第三个粒子,然后第三个粒子再分裂成两个粒子,这个过程就叫 s 道过程。我们举两个 s 道过程的例子。第一个例子是光子与电子的散射,也就是康普顿散射。在这个散射过程中,电子先吸收光子变成一个不在质壳上的电子,然后发射出一个光子再回到质壳上去。另一个例子是,一个电子与一个正电子湮没成一个光子,然后这个光子再分裂成一个电子和一个正电子。我们将这样的过程称为 s 道过程的原因是中间过程中的第三个粒子的能量就是质心系中的总能量,也就是 s。t 道物理过程的定义是,在两个粒子的散射过程中,这两个粒子并无直接接触,而是通过交换一个粒子进行相互作用。这个被交换的粒子的能量就等于交换能量,也就是 t,所以这种过程叫 t 道过程。

通过以上的描述,我们看到 s 道和 t 道的贡献完全不同,直觉告诉我们这两个道对一个散射振幅的贡献不可能相等。如果我们用量子场论来计算,s 道贡献和 t 道贡献的确不等,所以如果 s-t 道对偶在强相互作用中是严格的,那么强相互作用就不可能用量子场论来描述。当然我们可以推广量子场论使其包括无限多个场，这样每个道都有无限多个过程，虽然s道中的每一个过程不与t道中的某一个过程相等，这两个无限多过程之和却有可能相等。

1968年，韦内齐亚诺猜到了一个简单的但具有s-t道对偶性的散射振幅公式。这个公式的确可以拆成无限多个项，每一项对应一个s道过程，中间第三个粒子的自旋可以任意大，而质量也可以任意大。这个公式同样也可以拆成无限多个t道的贡献，每个被交换的粒子有自旋和质量。对于一个固定的自旋，粒子质量有一个谱，这个谱的下限与自旋有关。数学上，最小质量的平方正比于自旋，这个公式叫雷吉轨迹(Regge trajectory)，是雷吉在分析散射振幅作为角动量的解析函数时发现的。这个发现早于韦内齐亚诺的发现。雷吉轨迹又和雷吉行为有关。雷吉行为是，当质心系中的总能量很大时，散射振幅作为质心系能量的函数是幂律的，这个幂与交换能量成正比。这种行为在t道中有简单的解释：每个t道的贡献与总能量的幂次成正比，幂次就是被交换粒子的自旋，而最大自旋又与该粒子的质量平方成正比，对整个振幅贡献最大的粒子的质量平方接近于交换能量的平方。

韦内齐亚诺公式在当时来说仅适用于一种两个粒子到两个粒子的散射。这个公式在当年和第二年被许多人做了在不同方向上的推广，如佩顿(J. E. Paton)和陈匡武(H. Chen)将它推广到散射粒子带有同位旋量子数的情形，他们引进的同位旋因子在以后构造含有规范对称的开弦中起到了不可或缺的作用。后来做过的里雅斯特国际理论物理中心主任的维拉所罗(M. Virasoro)将韦内齐亚诺公式推广到针对三个曼德尔施塔姆变量完全对称的散射振幅，这个维拉所罗公式后来被证明是闭弦的散射振幅。不下于4组人独立地将韦内齐亚诺公式推广到包括任意多个粒子参与散射的情形。富比尼(S. Fubini)和韦内齐亚诺本人证明这些散射振幅可以分解为无限多个两个散射振幅的乘积，这两个散射振幅通过一个中间粒子连接起来，而这个中间粒子可以表达为谐振子的激发，这离发现弦的表述只有一步之遥。

弦的一般散射振幅被发现满足因式分解的性质后，很明显这些散射振幅实际上是一种树图散射振幅，因为连接两个因子的粒子通常被看做自由粒子。基于这样一种看法，很自然地人们应寻找作为中间态的无穷多个粒子的解释。

自从韦内齐亚诺散射振幅发表之后，匆匆又过两年，所有推广的韦内齐亚诺散射振幅同时被三个人证明是弦散射振幅，这三个人分别是南部阳一郎(Y. Nambu)、萨斯坎德(L. Susskind)和尼尔森(H. B. Nielsen)。不同寻常的是，这三个人都是少有的非常有原创性的人。我有幸在不同的时期和其中两个人有较长时间的接触，而仅在最近才和第三个人有过直接的交谈。我在解释弦的表示后再谈对这三个人的看法。

如同任何一个散射矩阵理论，当初态中的所有粒子的总能量和动量满足一个在壳关系,即总能量和动量可以看做一个理论上存在的粒子的能量和动量时,这个散射矩阵元必须满足分解关系,分解成两个散射矩阵元的乘积,其中间态就是那个粒子。韦内齐亚诺公式正满足这个分解关系。不但如此,它满足无数个分解关系,有无数个可能的中间粒子态,而这些态的质量和自旋可以任意大。

最为不寻常的是,有一个质量为零、自旋为 2 的中间粒子,这和引力子相同。这个重要特征在早期基本上为大家忽略。根据散射矩阵所满足的幺正性,所有出现于中间态的粒子也应为可能的初态,也就是说,包含韦内齐亚诺散射振幅的理论含有无穷多个粒子。这些粒子可以用一组谐振子简单地表达出来。上面提到的三位的工作说明,这组谐振子实际上就是在时空中运动的弦的量子化。

当一根弦在时空中运动起来,如不发生相互作用,它画出的世界面是一个柱面。当然,不同于我们通常所看到的,这个柱面很不光滑,因为弦在运动的过程中,除了振动之外,还有量子涨落。当有相互作用时,弦在运动的过程中可能从中间断开,变成两根弦,也有可能与另一根弦结合成一根弦。从弦自身的角度来看,这种相互作用是局域的,就是说,相互作用总是发生在弦上的某一点,而不是在许多点同时发生作用。从时空的角度讲,这种相互作用有一定的非局域性:比如说,两根闭弦(closed strings)形成一根闭弦,在时空中,我们看到的是一个类似短裤的图,其中两个裤腿是两根初态弦画出的世界面。短裤交叉处应为相互作用点。如果我们拿刀来切,并切出一个八字形,交点处即为相互作用点。可以想象一下,不同的切法会得到不同的八字形,从而得到不同的相互作用点。这些不同的切法有物理对应,即不同惯性参照系中的等时截面。既然相互作用点都不能完全确定,弦的相互作用的确有一定的非局域性。

以上描述的非局域性是弦论相互作用最不同于点粒子相互作用的地方。这种非局域性是导致弦微扰计算没有通常的紫外发散的原因之一。在弦论的微扰论中,一个圈图在拓扑上是一个黎曼面,没有任何奇点。而点粒子相互作用的圈图,即通常的费曼图,每一个相互作用点就是一个奇点。用数学术语说,弦的圈图是流形,而粒子的圈图不是流形,是一个复形(complex)。

韦内齐亚诺振幅是弦论中最简单的包含动力学信息的振幅,它对应一个树图,这是微扰论中的最低一级。所以中间态看起来都是稳定粒子态,这里所谓的粒子无非是弦的一个激发态。如果将圈图包括进来,绝大部分粒子态变成不稳定态。在散射矩阵理论中,不稳定粒子态对应于一个有着复质量的极点,其虚部与该粒子的寿命成反比。

可以证明,我们能够在弦的微扰论中引进一个常数,而保证不破坏散射矩阵的幺正性。这个常数就是耦合常数,每个圈图都与这个常数的一个幂次成正比,幂正比于圈图的圈数。计算圈图是一种很特殊的工作,要用到黎曼面的很多数学理论。

在弦论早期，计算高圈图的唯一的工具是曼德尔施塔姆的光锥规范(light-cone gauge)下的技术，这也仅适用于纯玻色弦。

现在我们简单介绍一下发现弦论的三个人。南部这个人在物理界以非常有原创性著名，他的南部-哥德斯通(Goldstone)定理应为他的最为人熟知的工作，他也是最早提出夸克概念的人之一。有人说过这样的话：你如果想知道十年后物理中流行什么，你只要注意南部现在的工作。这说明南部工作的两个特点，一是他很少追逐流行的东西，二是他想得比很多人远而且深，没有足够的时间他的想法和工作不易为他人所了解。南部是很谦虚的人，如果你第一次见到他，很难相信他是一个对物理学做出那么大贡献的人。我在芝加哥待了三年，现在对他的印象和第一次见到他留下的印象完全一样。

南部阳一郎，汤川秀树和朝永振一郎之后日本最优秀的理论物理学家，对粒子物理和凝聚态物理都有重要贡献，已于 2015 年去世。他是弦论的发现人之一，从韦内齐亚诺公式中发现了弦的运动。许多人曾认为，如果在他有生之年诺贝尔奖委员会没有给他发奖，将是极大遗憾。2008 年，南部终于获得了诺贝尔奖，与他一道分享的是提出第三代夸克的小林诚(M. Kobayashi)和益川敏英(T. Maskawa)。

当南部在一个会议上提出他的弦论的解释时，他的年纪已远不止四十岁。而同时提出弦的概念的萨斯坎德和尼尔森则不到三十，他们分别于最近两年度过了七十。南部和尼尔森在早期涉足弦论后，虽也偶尔回到弦论上来，但大部分工作都是集中于找寻关于强相互作用的弦的解释。萨斯坎德则不同，他除了在唯象上有一些重要工作外，主要的精力放在了弦论和黑洞问题上。萨斯坎德在演讲中的表演才能是人所共知,据说是继承了费曼的衣钵。他有一次自己开玩笑说,他是一个巡回演出的马戏团。关于他最著名的故事是,一次他去康奈尔大学演讲,因脱光衣衫在一个湖中游泳被警察以有伤风化罪拘留。现在来看,已有很大的把握说,萨斯坎德到目前为止最大的贡献是 M 理论的矩阵模型。这是他和另外三个人在 1996 年提出的。那时他也早已过了五十。他目前还是十分活跃,我想这种罕见的学术长寿与他的豁达个性不无关系。

尼尔森个性的特别大概还在萨斯坎德之上,他似乎只有一根神经,就是物理。起码在我看来,他与人讨论或聊天的方式奇怪之极,很不容易把握他说的是什么。我在玻尔研究所时,由于是一个人,往往在所里待到深夜。他当然比我大很多,有一个女友,南斯拉夫人。他不管这些,每天在所里待得比我还晚。有时在休息室喝咖啡遇到他,不免坐下聊天。虽然我只听得懂他所讲物理的百分之二十到三十,出于礼貌,也频频点头。听他讨论物理,对人有催眠作用。

尼尔森的特点是绝不研究潮流问题。由于他的很多想法和见解非常独特,知道他的人都非常尊重他。多年来,他的一个主要想法是,在最微观的层次上,物理的定律是随机的,而我们看到的规律是重正化群向一个不动点流动的结果。这当然与弦论背道而驰。

再回到弦论本身上来。尽管散射振幅的计算技术在早期已发展得相当成熟,但一些重要的基本东西是相对晚些时候才被发现的,如玻色弦只在 26 维才有可能是自洽的,在另外的任何维数中,洛伦兹对称总是被破坏。原因是,自旋为 2 的粒子及其同伴的质量不为零,但粒子数目要小于有质量的粒子应有的数目。只有在 26 维中,这些粒子才是无质量的。

在弦论的早期,最令人困惑的问题是弦的基态和时空的维数。弦的基态质量由雷吉轨迹公式中的一个常数,即所谓的截距(intercept)来决定。在雷吉轨迹公式的左边是质量的平方,右边是对应这个质量的最大的自旋,再加上这个截距。还有一个带质量平方量纲的常数,与弦的张力成正比。截距是时空维度的函数,通常是负的,所以玻色弦的基态的质量平方是负的,也就是快子,说明所谓的真空是不稳定的——真空的“激发态”中包括随时间成指数增长的模。

当时空维度恰为 2 时,所谓的快子变成零质量的粒子。在这个 2 维的玻色弦中,唯一可被激发的粒子就是这个无质量的“快子”,所以这个弦理论很简单。在早期,由于有很多事情要做,并没有人来注意这个 2 维的弦理论。直到 1989 年,当其他的研究放慢时,人们才投入极大的精力来研究这个玩具模型,这是后话。

再说玻色弦为什么只在 26 维中是“自洽”的,这里自洽用引号,原因是我们先忽略快子问题。首先,我们看弦的第一激发态,即自旋为 2 的粒子及其伙伴。我们已经提过,这些激发态只有在 26 维中才是无质量的,才可能成为洛伦兹群的一个表示，从而整个理论才可能有洛伦兹对称性。无质量这一问题在玻利雅可夫(M. Polyakov)的表示中并不明显，因为通过所谓顶点算子(vertex operator)决定出的质量在任意维中都为零。此时的问题是，由于弦世界面上的绝对标度是一个动力学量，顶点算子本身的定义就成问题，因为顶点算子要在世界面上做积分，故世界面上的度量要有好的定义。弦世界面上的绝对标度只有在26维才可以“合法”地被认为可以扔掉，也就是脱耦，我们后面再仔细谈这件事。

如同任何含有高于零的整数自旋的理论一样，弦论也有一个如何脱耦鬼场的问题。这些鬼场的能量可以是负的，在一个量子理论中同样带来稳定性问题。一个“初等”的例子是量子电动力学，其中矢量场的时间分量对应的量子就是鬼场，这里人们利用规范对称性来消除鬼粒子。同样，弦论中有很多鬼场，人们可以用光锥规范，这样鬼场自然消失，但洛伦兹不变性就不能直接看到。如改用协变规范——明显洛伦兹不变的规范，我们就要证明，所有鬼场在物理量中，即散射振幅中不出现。这被哥德斯通等人于1973年证明(P. Goddard, J. Goldstone, C. Rebbi, Charles B. Thorn)，证明中的关键是要用到维拉所罗代数的限制。维拉所罗代数的来源很类似量子电动力学中去掉纵向自由度的限制，起源于在简化南部(非线性的)作用量过程中(从而得到线性作用量)得到的限制。在后来，这些限制联系到弦的世界面上的共形不变性，同样我们在将来再解释。

以上说的是微扰弦论最重要的特点，这些是与通常量子场论的不同之处，可惜这些重要结果不能用更通俗的方法来解释清楚。这大概正可以被拿来说明为什么弦论目前还处在一个初级阶段。

经常有人将超弦的微扰论的有限性质归结于超对称。在场论中，这种说法自然是正确的，请见我们在第三章中的介绍。但是，在弦论中这样说是错误的，超对称只是有限性的一个部分原因。真正重要的原因是弦本身的延展性，就是我们前面早就提过的高能区自由度少于场论中的自由度。表面上看来，这样说正好与弦的一次量子化所得结果相反，因为随着质量的增加，不同粒子的个数与质量是一个指数关系。弦的美妙之处在于，虽然粒子个数无限制地增加，弦的相互作用的方式使得散射振幅在高能区变得越来越小于任何场论中的结果。

这种反直觉的结果有一个非常直观的物理解释。在场论中，当我们提高能量时，我们所用的“探针”，如对撞的粒子能探测到越来越小的空间，这样小距离上的量子涨落会越来越多地影响粒子间的相互作用，从而引起紫外发散，我们在第三章中已谈过。弦的不同之处是，当我们提高能量时，能量的一部分自然用来加速弦的质心，而更多的能量实际是耗费在加大弦的尺度上，所以能量越高我们越不能将能量集中在一个小区域。相反，能量越高我们越可能在探测一个更大的空间。这就是近来大家谈得很多的紫外-红外对应。

举一个例子,最简单的量子贡献是单圈图。这个图就像一个面包圈,有两个半径。当能量很高时,两个圆之一的半径越来越小,这类似于粒子的费曼图,粒子传播的那个圈越来越小。由于世界面上的共形不变性,将这个面包圈放大,则小圆变大,而大圆就更大。将变得更大的大圆看做是弦的传播轨迹,这是红外的单圈图。所以,如果有任何紫外发散,这个紫外发散就应对应于一个红外发散。在量子场论中,通常的红外发散说明我们取的场论的"基态"不是真正的基态,应该修正无质量场的真空取值。当然,如果理论中含有快子场,也会有红外发散。

很快我们就要说到超弦。在超弦中不存在快子,唯一可能的是与无质量粒子相关的红外发散。如果有足够多的超对称,就不会有任何红外发散,从而紫外发散也就可以避免了。

谈谈后话,1988年,格罗斯(D. Gross)和他的学生蒙德(P. Mende)比较系统地研究了弦的散射振幅在高能极限下的行为,发现随着能量的增大,振幅成指数衰减(当散射角固定时),比场论中常见的幂次衰减要快得多。其原因与我们上面说的散射振幅有限的原因一样,散射振幅与弦世界面的面积成指数衰减的关系,能量越大,世界面的面积越大。他们由此得出一个新的测不准关系,即测量的距离不但有一项与能量成反比,还有一项与能量成正比。无疑,这个关系在弦的微扰论中是正确的。

与此几乎同时,日本的米谷民明论证,出于类似的理由,特别是世界面上的共形不变性,应存在一个时空测不准关系。该测不准关系说,测量的纵向距离和测量过程的时间成反比。这是一个很有预见性的工作,在当时并没有受到足够的重视。在弦论的第二次革命中,我和他证明了这个关系实际上在非微扰的层次上也是正确的。我们相信,这个测不准原理应是弦论甚至是M理论中最重要的原理之一。当然,弦论目前的发展还没有很好地体现这一原理。

这个原理也应和目前流行的量子引力的全息原理有深刻的联系。我本人一直很关注这个问题,希望时常能在研究中回到这个问题上来。当然在这个谈超弦的第一个十五年的章节中提这件事不是为了顺便吹嘘一下自己,而是想让读者对我所钟爱的话题留下一个较深的印象。

我们在第三章已讲过超弦的引进,这里做一下简单的回顾。法国人拉蒙,其时在费米实验室工作,首先在弦上引入费米场,这相当于狄拉克矩阵的推广,所以时空中也就有了费米子。内沃-施瓦茨也引入弦上费米场,但满足反周期条件,这样就有了时空中的玻色子。1976年,廖齐、舍克、奥立弗三人引入廖舍奥投射,去掉拉蒙分支以及内沃-施瓦茨分支中一些态,这样时空中就有了超对称,特别是原来的快子也被投射出去,也就没有了真空稳定性问题。

同样基于洛伦兹不变性的要求,超弦所在的时空必须是10维的。10维对于粒子物理学家来说是太大了，对于数学家来说不算什么，但也有点特别。对于研究卡鲁查(Kaluza)-克莱因(Klein)理论的人来说，10 维不算特别大，正好比最高维的超引力低一维，从由紧化而得唯象模型来说也许正好，这是后话，是第二次超弦革命的重要话题之一。

对于开弦来说，廖舍奥投射只有一种可能，因为法则是唯一的，开弦中拉蒙分支和内沃-施瓦茨分支每样只有一个。在韦内齐亚诺公式提出后不久，陈匡武和佩顿于 1969 年指出对每个弦态引入内禀自由度的方法，他们称做同位旋。用现在的眼光来看，无非在开弦的两个端点引进电荷。这是一个关键的概念，这样规范场才有可能在弦论中出现。我们知道，非阿贝尔规范场所带的"电荷"是一个连续群的伴随(adjoint)表示，也就是说，每一个内禀对称性都有一个规范场与之对应。现在，如果开弦的每个端点带一个电荷，那么整个弦的电荷是端点电荷的"直积"。有意思的是，理论上的自洽要求这个直积就是一个群的伴随表示。

理论上的自洽要求对称群是三个系列的一种，这个要求就是散射振幅的因子化。因子化的概念我们也在前面提到过。三个系列的群分别是幺正群、辛群和正交群。幺正群对应的开弦是可定向开弦，即在时空中运动的一个位形对应于两个不同的弦，在弦上有一个箭头。这从端点的电荷，即陈-佩顿电荷来看很容易理解。对于幺正群来说，有两个最基本的表示，它们的电荷"相反"，开弦的一端带"正电荷"，另一端带"负电荷"，所以弦有一个明显的指向，即从"负电荷"到"正电荷"。辛群和正交群则不同，只有一个基本的表示，类似空间中的矢量。在这种情况下弦的两个端点带类似的电荷，弦也就是不可定向的。

开弦的另一个重要特点是，如果有相互作用的话，一个自洽的理论不可避免地要含有闭弦。这是因为开弦的相互作用发生在端点，例如，两个开弦通过端点的连接成为一个开弦。如果这样，一个开弦本身的两个端点也可以连接起来成为一个闭弦，这是比较直观的解释。数学上，当我们计算开弦的单圈散射振幅时，我们会遇到弦的世界面为环面的情形。如果数个弦态进入环面的一个边界，而另外几个弦态由环面的另一个边界出来，则其中间态是一个闭弦。散射矩阵的幺正性要求，任何一个中间态也应成为初始态或末态。由于闭弦态含有引力子，这样一个开弦理论也应包括引力子。而在开弦中，由于规范不变性，有规范粒子。这样在这个理论中自旋为 1 的粒子和自旋为 2 的粒子就统一了起来。

纯粹闭弦的理论中的弦必须是可定向的。这是因为，在闭弦理论中总存在伴随引力子(一种反对称张量粒子)，这些粒子可以认为是对应于弦的规范场，在某种意义上整个弦带有这个规范场的荷，而只有可定向的闭弦能与反对称张量场耦合。闭弦还有一个特点，就是当弦振动时，在弦上向两个方向运动的模完全独立，我们称之为左手模和右手模。对于超对称闭弦来说，就有了两个独立的拉蒙分支和两个独立的内沃-施瓦茨分支,而任一个闭弦态是左手一个分支中的态和右手一个分支中的态的直积。这样就有了4个闭弦分支:拉蒙-拉蒙分支、内沃-施瓦茨-内沃-施瓦茨分支、拉蒙-内沃-施瓦茨分支、内沃-施瓦茨-拉蒙分支。前两个分支中的态都是玻色子,后两个分支中的态都是费米子。

我们在做廖舍奥投射时,左手模和右手模可以独立地做。这样就有了两种可能,一种方法得到的理论称为ⅡA型理论,另一个称为ⅡB型理论,前者从时空的角度看没有手征性,也就是说存在一个弦态就存在其镜像反演态,而后者有手征性。

超弦的低能理论是超引力理论。所谓低能,是指能量低于弦的张力所确定的能标。这样的理论只包括无质量的弦态。有趣的是,几乎所有超引力的发现都在对应的弦论发现之前,只有ⅡB型例外,ⅡB型超引力理论是施瓦茨通过弦论的导引发现的。它的构造不同一般,这里你只能写下超引力的运动方程,传统的东西如作用量和哈密顿量至今还没有人能够写出。

1974年,日本北海道大学的米谷民明(北海道是他的家乡)、加州理工学院的施瓦茨以及在那里访问的法国人舍克独立发现弦论的低能极限是规范理论和爱因斯坦的引力理论。今天看来这也许一点也不奇怪,因为有这样的定理:包含自旋为1粒子的相互作用理论一定是规范理论,而包含自旋为2粒子的相互作用理论一定是广义相对论。在当时并没有这个定理,即便有这个定理,人们也希望通过弦的相互作用直接看到规范理论和引力理论。米谷民明、舍克、施瓦茨所做的恰恰是这些。理论计算已经很复杂,但比计算更令人佩服的是,他们同时建议重新解释弦论,将弦论作为一种量子引力理论,也作为一种统一引力和其他相互作用的理论。在此之前,弦论一直作为一个强相互作用的理论来研究,所以弦的能标是100 MeV(兆电子伏)。如果"自然"地将弦的能标等同于普朗克能标,这样一下子将能标提高了20个数量级。这是相当大胆的一步。

米谷民明当时还非常年轻,应当比他的西方竞争者都年轻。我当然认识他,从第一次在布朗大学见到他到今天也近二十年了。这二十年中他几乎没有变,个子当然还是和原来一样比较矮小,说话轻声,态度谦虚。虽然他是日本人这一行里思考最深刻的人,但从他的谈话中根本感觉不到这一点。这也许是几乎所有日本人的特点,起码在学界中的很多日本人是这样,表面上不是很自信,但如你想改变他们的一个想法通常很难很难。

施瓦茨是在弦论第一次革命之前自始至终研究弦论的唯一的人。在前期,他的主要合作者是舍克;后期,他的主要合作者是格林。当施瓦茨还在普林斯顿做助理教授时,舍克和内沃由法国到普林斯顿做类似博士后的研究。我说类似,原因是法国的博士学位不同于美国的博士学位,虽然有点像。那时当然是舍克物理研究的开始。实际上，内沃和舍克首先发现开弦的低能极限包含规范理论，这种低能极限叫做零斜率极限(zero slope limit)，原因是当弦的张力取为无限大时，雷吉轨迹公式中的斜率，即弦的长度标度的平方趋于零。这个极限是舍克第一个研究的。在舍克诸多贡献中，有上面提到的他与施瓦茨的工作，他与施瓦茨和布林克在不同时空维中构造了超对称规范理论，当然还有廖舍奥投射，他还和施瓦茨研究了一种超对称破缺方法，等等。贯穿于他所有工作的是他的物理想法，他是早期弦论中最强调物理直觉的人。可惜他没有活到弦论的第一次革命从而看到他多年的信念被很多人所接受，他在1979年底去世，应是不堪忍受病痛。在他去世前，他在强调一种反引力，其实就是弦论中反对称张量场和伸缩子(dilaton)引起的反引力，这在弦论的第二次革命中起了重要作用。我们很难想象，如果舍克能活到今天，他会对弦论做出多大的贡献。

施瓦茨在结束和舍克的合作后，和格林开始了第一次合作。他们的第一次合作的结果是证实了廖舍奥等人关于弦论中超对称的猜想。在后来的合作中，他们主要围绕超弦的相互作用、超弦的低能极限开展工作，主要的结果包括超对称的证实、超弦世界面上的直接实现时空超对称、超弦的各种相互作用、超引力作为超弦的低能极限等。当然，他们最为重要的工作是发现了弦论中的反常抵消，从而大大减少了可能的弦理论的数目，把弦论与粒子物理的关系推进了一步，也因此引起了弦论的第一次革命。

第五章　弦论的第一次革命

超弦在1984年之前是少数几个人的游戏。在西方，几乎所有研究超弦的人或多或少都和施瓦茨有关，不是他的合作者，就是他的学生，所以可以毫不夸张地说超弦是施瓦茨和他的朋友们的游戏。虽然米谷民明在1974年也建议用弦论来描述量子引力，但他也摆脱不了潮流的巨大影响，除了在1975，1976两年中还在研究一点弦论外，基本上去研究规范理论和大N展开去了。唯一例外的是1983年中的威腾。他在1983年谢耳特岛（Shelter Island）的第二次理论物理会议上（第一次是二战之后开的）讲卡鲁查-克莱因理论中能否得到在4维中带有手征的费米子问题，得到了否定的答案。这就基本否定了仅在卡鲁查-克莱因理论中得到粒子物理标准模型的可能。他后来说，他本打算谈弦论的，尽管他到那时为止还没有研究过弦论。因为那次已有人讲了弦论，他才打消念头。应当说威腾是从施瓦茨在1982年发表的一篇综述里学到弦论的。卡鲁查-克莱因理论的失败和弦论的可能的有限性使得威腾极其重视弦论，这大概就是为什么继格林-施瓦茨1984年的第一次革命的第一篇文章后，他能和其他三位很快写出第二篇文章的原因。

我们在本章中侧重讲1984—1985年间的第一次弦论革命的三篇最重要的文章，依次为：格林-施瓦茨的关于Ⅰ型弦理论中当规范群为SO(32)时规范反常的抵消，以及后来的关于这个弦理论有限的证明；普林斯顿的“小提琴四重奏组合”关于杂化弦构造的文章；威腾等四人的卡拉比-丘（Calabi-Yau）紧化的文章，该文指出当Ⅰ型弦或杂化弦紧化在一个6维的卡拉比-丘流形上时，得到的4维理论具有N等于1的超对称，以及三代粒子。最后，再谈一谈其他一些重要的进展。

先谈谈反常。这是量子场论中的一个重要话题，但也是一个比较难以用直观的图像来解释的话题。我们来试试能不能不用公式把基本道理讲出来。最好的出发点是一个2维的量子场论，其中有费米场，也有规范场。先谈费米场，这些我们在介绍弦的世界面上的理论时已遇到过。和一个标量场一样，满足2维运动方程的无质量费米场有两个独立的解，也就是向右传播的波和向左传播的波。这种传播的方向性又和费米场的手征有关。如果我们不明白何谓手征性，我们暂时就用传播的方向性代替——向右模和向左模。假定这些模都是复的，那么这个简单的理论有两种对称性。一种对称性是说，将两个模同时用一个相因子转动，所得的结果不变，这种对称性不区分向右或向左，所以叫做矢量对称性（下面就要谈到为何用矢量这个名字）。另一种对称性是向右模和向左模的转动因子恰恰相反，这个变换区别方向性，所以叫做赝矢对称性。

现在再谈 2 维世界中的规范场。最简单的规范场如同电磁场，有两个分量，即是一个矢量。在 2 维中，它只有一个场强，相当于沿着空间方向的电场，没有磁场的原因是因为只有一个空间方向。现在如果我们要求上面谈到的矢量对称性是一个规范对称性，也就是一个局域对称性，我们就必须引进一个规范场与之耦合，这个场是矢量，所以相应的对称性叫矢量对称性。在经典的意义上，上面谈到的赝矢对称性还是一个好的整体对称性，因为运动方程在这个变换下不变。

奇怪的是，当我们有一个不为零的电场场强时，赝矢对称性不再是一个好的量子对称性。也就是说，这个对称性对应的荷在量子力学中不再是守恒的。事实上，我们可以把矢量对称性和赝矢对称性重新归为向右模的转动对称性和向左模的转动对称性，每个对称性都有对应的荷，即向右运动的电荷和向左运动的电荷。现在，我们说的反常是，虽然在经典上这两个荷分别是守恒的，但在量子力学中不再是分别守恒的。此时，只有它们的和是守恒的，这是矢量对称性，而它们的差不再是守恒的，也就是说，赝矢对称性在量子的层次上受到破坏。

这个反常很久前就为斯坦伯格(J. Steinberger)和施温格注意到，在 2 维中也有比较直观的解释。考虑沿着空间方向有一个电场，电场在 1 维空间中当然有明显的指向。在量子场论中，费米场往往有所谓的狄拉克负能海，在没有电场时，这个负能海的能级对于向右模和向左模来说没有区别。当有电场时，就有区别了，因为电场有方向性。这样，向右模和向左模的填充负能海的方式就不同，从而对应的真空也不同。当然，更为妥当的做法是避开狄拉克负能海来解释这个问题，因这个概念不适用于玻色子。这样，向右模和向左模的电荷不再是分别守恒的。

这种反常在我们目前讨论的理论中并没有什么问题，相反，它有很多应用，如量子霍尔效应。但如果我们分别对向右模和向左模引进规范场，问题就来了。规范场存在本身要求对应的荷是守恒的，但反常导致这些荷不再是分别守恒的，所以，比方说，向右荷对应的规范理论本身在量子力学中就没有办法定义。对应于总荷，我们可以定义一个规范理论，这就是上面谈的矢量规范理论，而赝矢规范理论不存在。如果一个 2 维的理论本身只有向右模，这个理论就不能有规范对称性。

在高维中，虽然向右或向左已不是有定义的概念，但在偶数维中存在手征这个概念，从而反常的问题也存在。在 4 维中，最早证明反常存在的是爱德勒(S. L. Adler)、贝尔(J. Bell)和贾克夫(R. Jakiew)。他们的文章都是在 1969 年发表的，内容是通常的量子电动力学，其中一个费米子带有手征性。同样，手征对称性，或即赝矢荷不再守恒。不守恒的量现在不是与电场成正比，而是与电场和磁场的内积成正比。

后来的发展表明，反常现象在所有的偶数维都存在。不仅有我们上面介绍的阿贝尔手征反常,而且所有可能的非阿贝尔手征反常都存在。反常通常可以用一个拓扑不变量来表示,在2维中,就是电场,这在数学中叫第一陈类,在4维中,是电场和磁场的内积,数学上叫第二陈类。有一个很简单的特征,所有这些拓扑不变量都可以表达成一个全微分,这样他们的时空积分只与一个流在边界上的行为有关,而与规范场在时空内的行为无关。这些流其实是一种微分几何里称做形式的东西,本身并不是规范不变的,在4维中,特定的名字是陈-西蒙斯(Chern-Simons)形式。

除了规范场外,引力场的存在也会引起反常。引力场的反常发现比较晚,是1983年的事。发现晚的原因是,引力反常并不是在所有偶数维中都可能发生的。最简单的引力反常发生在2维,下面就是6维,接着是10维,也就是说每隔4个维度才会有,而4维中没有引力反常。系统研究引力反常的文章是1983年中阿尔瓦雷斯-高梅(L. Alvarez-Gaume)和威腾的文章。他们也研究了10维中的引力反常,可见那时威腾本人已很重视弦论了。1983年可以称做反常年,在阿尔瓦雷斯-高梅和威腾之前,已有几组不同的人研究了高维中的规范反常,包括朱米诺、吴咏时和徐一鸿(A. Zee)。反常的非常漂亮的几何解释就是这个时候发现的。所有这些工作是格林-施瓦茨论证Ⅰ型弦论中没有规范反常和引力反常的重要出发点。我们已经强调过威腾的证明,即如果我们从一个不含手征场的高维理论出发,通过紧化不可能得到一个低维的带有手征场的理论,从而也不可能得到粒子理论中的标准模型。这样,我们只能从一个本来就带有手征场的高维理论出发。所有超引力中,含有最大超对称的是10维时空中的ⅡB型超引力。这个理论是施瓦茨通过10维ⅡB型超弦理论的低能极限发现的。他与格林在1983年证明这个理论没有引力反常。但是,10维ⅡB型超弦理论不含任何规范场,而要通过紧化得到标准模型的规范场,10维又不够。

这样就剩下Ⅰ型超弦理论。这个理论的低能极限含有N等于1的10维超引力,其中含有带手征的费米场。不但如此,理论中还含有N等于1的10维超杨-米尔斯理论,规范群是我们前面提到的三个系列,同样,其中的费米场是带有手征的。现在的问题是,在这个手征理论中,各种反常是否可以完全抵消,从而理论本身是自洽的?

这个问题的回答比以前所有的反常抵消都要微妙,因为理论中不但存在引力反常和规范反常,也存在混合反常,即有些反常项同时与引力场和规范场有关。不但如此,理论中的开弦态和闭弦态有混合。比如说,当对规范场做规范变换时,闭弦态之一的反对称张量场也随之而变,完全不同于直觉所告诉我们的。感谢这个特性,格林-施瓦茨证明,所有单圈的反常项,如果不是互相抵消,都可以通过在树图中加入与反对称张量场有关的项来抵消。而这种抵消要求规范群是SO(32),无论是规范反常也好，还是引力反常或混合反常，都要求这个群。这的确是一个几乎是不可思议的结果，因为太多的系数恰恰在这个群的情况下成为零。

格林-施瓦茨还注意到，另一个群也满足这个要求，就是E(8)×E(8)群。这个群还不能用开弦来实现，但他们两人已预言了这个弦理论的存在，后来的杂化弦就实现了这个预言。有趣的是，有好几个人都建议所有反常在这个群的情况下抵消，包括法国人蒂里-米格(J. Thierry-Mieg)。后者不止一次地向别人夸耀他曾向格林-施瓦茨建议这个群。

格林，施瓦茨的重要合作者，1984年和施瓦茨一道证明弦论可以避免反常，从而触发了弦论的第一次革命。他现在是剑桥大学应用数学和理论物理系的教授。

格林-施瓦茨关于反常抵消的讨论的一个重要特点是开弦的反常与闭弦的树图的规范变换的抵消，这种抵消后来统称为格林-施瓦茨机制。这可能是第一次在弦论中实现经典项与量子项的混合。不久，他们两人又证明了过去以为是发散的单圈图，在群为SO(32)时，也互相抵消，这说明Ⅰ型弦论本身是有限的。

格林-施瓦茨的发现启动了弦论的第一次革命。之所以有这种情况，不外乎两个原因：第一，弦论第一次表明自洽的理论的个数很少，不再是无限多个；第二，弦论中有可能实现标准模型，这是人们在研究过很多其他超对称理论后剩下的不多的可能。

我们接着介绍杂化弦。杂化弦的英文是heterotic string，不知谁是始作俑者，估计格罗斯和哈维(J. Harvey)都有可能，因为这两位都有玩弄文字游戏的爱好。杂化的含义是这个新的弦理论是两种弦的杂交，一种是10维的超弦，另一种是26

维的玻色弦。由于后者中的16维是紧化的,而且没有了另一半(下面谈),所以这16维不是物理的空间,这个弦理论还是10维的弦理论。这个杂化构造有两个选择,一种产生的规范群是SO(32),另一种产生的规范群就是格林和施瓦茨预言的E(8)×E(8)群。

杂化弦的四位提出者都在普林斯顿,所以他们被叫做普林斯顿"弦乐四重奏"。"老大"是格罗斯,早已是个著名人物,最有名的工作是与维尔彻克(F. Wilczek)共同发现了量子色动力学中的渐近自由。他在20世纪60年代末70年代初也短暂地研究过弦论。他和施瓦茨是同学,都是丘的学生,又同时在普林斯顿做助理教授,后来只有他成为那里的永久正教授。格罗斯在2004年获得诺贝尔物理学奖,经常穿梭于各大洲之间为世界各国理论物理的建设做贡献,曾是中国科学院理论物理研究所的国际顾问委员会主席,真是精力充沛。弦乐组合的其他三人当时都很年轻,哈维是助理教授,马丁内茨(E. Martinec)是博士后,而罗姆(R. Rohm)是威腾的学生。第一次革命产生了很多超新星,罗姆是其中之一。他是一个真正的超新星,非常亮,但高亮度只持续了很短一段时间,现在已几乎不可见了。

格罗斯,著名理论粒子物理学家,以发现量子色动力学中的渐近自由知名,并因之获得2004年度诺贝尔物理学奖,曾是加州大学圣巴巴拉分校的理论物理所所长。在第一次革命中,他与哈维等人一起构造了杂化弦,使得弦论与粒子物理的结合成为可能。此前和此后他对弦论多有贡献。也许他最大的贡献是作为弦论的代言人不遗余力地支持和宣传弦论。

我听到过一个非正式的故事，说当另三人有了构造杂化弦的想法之前，威腾或者罗姆已经有了类似的想法。不管是谁先有的，威腾建议他的学生研究这个问题，后来知道另三人也在做类似的工作，威腾就建议他们吸收罗姆。这在普林斯顿是难能的，因为有一种说法，普林斯顿高能组的人打印出自己的文章时都是跑步到打印室去的，生怕别人看到这篇文章中的想法。有没有夸大先不管，但普林斯顿研究者之间的竞争的确很厉害，历史上经常有两篇研究同样问题的文章一起出现。

威腾，弦论界的“教皇”。他于1976年获得博士学位，导师是格罗斯，大学时学的专业是历史。他的父亲是比较知名的广义相对论专家，所以他后来转而研究物理并不令人惊讶。在理论物理中，很少有人能够像他一样统治一个领域达二十年以上。他的数学造诣精深，同时物理直觉也很少有人能与之比拟，这种特点使得他成为理论物理界独一无二的人。也许历史会证明，他在数学方面的影响将超过在物理方面的影响。

威腾在后来的一系列发展中起到了关键作用。我们前面提到，他在1982年至1983年之间已非常注意弦论的发展，因为他意识到其他的统一途径基本上行不通，而弦论中的弦的激发态中自动含有引力子的事实对他来说类似于一种启示，这点他后来屡次提到。在格林和施瓦茨发现反常抵消的前后，他已在普林斯顿公开和私下做了很多推动的事情。据当时在普林斯顿做学生的克列巴诺夫(I. Klebanov)后来说，普林斯顿上上下下，除了他之外，都在学习弦论，而动作比较快的“弦乐组合”已有了杂化弦的想法。

这个想法在物理上很简单,而在数学上则需要用到当时大多数研究场论的人不熟悉的相对比较新的东西。物理上,人们利用一个早已知道的事实,即弦的世界面上的两种模,向右运动和向左运动的模是独立的。我们在谈2维中的反常时已谈到过它们。这里,由于所有平坦空间的维度在世界面上是无质量的玻色场,右手模和左手模没有耦合,所以形式上它们可以被看做是独立的场,或自由度。同样,世界面上的费米场的右手模和左手模也是独立的。取10维超弦中的右手模,加上26维玻色弦的左手模,我们就得到杂化弦。26维左手模中的10个维度和10维超弦的右手模中的玻色场共同形成物理的10维时空。换言之,这10维时空没有紧化,这样右手模和左手模合并起来含有10维空间中的引力场。这10维空间是真正的物理空间,因为只有当几何(其激发态是引力子)是可变的时候才是真正意义上的时空。左手玻色场剩下来的16维没有相应的右手模,从而不可能有相应的引力场,这样这16维一旦固定下来,就不会发生动力学变化,从而不能被看做空间。这16维可以类比于量子场论中的内禀空间,它们的存在仅仅导致引入新的自由度而已。

稍早,其他一些人也猜测E(8)×E(8)超弦可以由26维的玻色弦获得,如芝加哥大学的弗罗因德(C P. G. O. Freund)。弗罗因德也知道应当用到一些新的数学,就是我们马上要提到的仿射代数(affine algebra)的顶点算子表示,但他没能有效地将右手和左手分开,所以没有得到大家后来熟知的杂化弦。

现在,仅仅是为了粗糙地理解什么是杂化弦,我们就需要引进一些不熟悉的物理和数学概念,这些和环面有关。我们知道,1维的圆可以叫做1维环面,2维环面大家最熟悉,像一个轮胎的表面。同理,我们可以想象高维的环面。现在假定一些物理的空间是环面,弦在这个环面上运动。再假定这个环面是平坦的,没有曲率,但这个环面可以有不同的形状。比如一个2维环面,可以通过黏结一个平行四边形的两对对边得到,所以这个环面可以有不同的形状。用比较数学化的语言,平行四边形的四个顶点可以看做一个2维晶格上的点,而一个平行四边形本身可以看做这个晶格的一个基本格子。最后,环面是通过把所有平面上的基本格子等价而得到的,因而环面就是一种最简单的平面陪集,其等价群就是晶格所代表的群。同样,我们可以由一个高维的平坦空间出发,加上一个高维的晶格作为等价群,就可以获得任何想要得到的平坦的高维环面。

当弦在环面上运动时,它可以有振动,一般叫做激发,而非激发的状态有两组物理量子数来决定,通常叫做零模。一组零模就是整个弦的沿环面的动量,而另一组是弦在环面上各个方向缠绕的次数,即绕数。这两组量子数很重要,在后面谈到T对偶时会起很大作用。对于一个粒子来说,最简单的波函数是平面波,其中的量子数是动量。对于一个弦来说,最简单的波函数也是平面波,但当弦有绕数时,我们要推广这个平面波。这个推广很简单,就是把平面波中的坐标用弦的整个坐标取代,将右手模和左手模分开,就有了两组动量,而这两组动量是弦的动量和绕数的线性组合。这个平面波波函数当做世界面上的函数看待时,就叫顶点算子。

并不是所有动量和所有绕数都是允许的。我们知道,动量在量子力学中对偶于坐标,由于环面上的周期性,动量必须量子化。结论很简单,就是动量也必须处在一个晶格上,这个晶格对偶于用来构造环面的晶格。当然绕数是自动量子化的,很明显,绕数处在原来的晶格上。

现在,为了构造杂化弦,我们要求去掉16维环面上的右手部分,这就要求右手的动量为零,也就是一些总动量和绕数的线性组合为零。这对原来的晶格以及它的对偶晶格加了一些限制条件。弦的一次量子化又要求弦的动量在壳条件。从顶点算子的角度来说,这个算子的左手反常权重必须是1,这说明晶格上的一些基本长度是偶整数,从而晶格上的任一点的长度都是偶整数。所有这些条件加起来,我们基本上得到一个结论,就是,这个16维的晶格是一个偶的并且是自对偶的晶格(even self-dual lattice)。

巧的是,在16维中,只有两个满足这些条件的晶格,这两个晶格分别对应于两个群,就是SO(32)和E(8)×E(8),晶格恰巧是群的极大环面的晶格,也就是说,这些群每个都有一个极大的平坦环面,维数是16,用来构造这个环面的晶格满足我们上述的条件。这样,在晶格上取长度恰为2的点来构造顶点算子,再把这些算子和右手模结合,会得到一些完整的算子,而这些算子对应于10维时空中的规范场的激发态。另一个巧合是,每个16维的晶格上恰有496个长度为2的点,和应有的规范场的个数相等。

证明这些顶点算子满足相应的李代数要用到在当时来说是相当新的数学,就是仿射代数的顶点算子表示。这个数学分支有一个有趣的历史。在数学方面,先是勒泊斯基(J. Lepowsky)和威尔逊(R. Wilson)开始研究,由弗伦克尔(I. B. Frenkel),卡茨(V. G. Kac)等人完成,再由戈达德(P. Goddard)和奥立弗(D. Olive)用物理的语言在1984年左右表达出来。所有这些工作早年都有物理学家研究过特例,如哈尔彭(M. B. Halpern)。在一次革命之后,产生了很多相关工作,其中威腾的对所谓外斯-朱米诺-威腾模型的研究极大推广了这些工作的物理意义,对后来的发展有很大的影响。

杂化弦的右手部分是10维超弦的一半,所以由此而来的超对称也是10维超弦的一半,就是N等于1的10维超对称。当群为SO(32)时,零质量场的内容和Ⅰ型超弦没有任何区别。这个重要特征并没有引起任何人的重视,因为很自然地人们以为这是两种完全不同的理论。杂化弦是一个纯闭弦的理论,而Ⅰ型弦含有不可定向的开弦和闭弦。

杂化弦左手部分的在环面上的16个玻色子又可以用32个费米子取代,这和2维中(世界面)的"费米化"有关。我们不谈费米化,只简单地介绍一下杂化弦在费米表示下的构造。32个费米子可以分为两部分,对每部分能够独立地加周期或反周期条件(即拉蒙分支或内沃-施瓦茨分支)。在壳条件表明,只有在下述两种情况下才能得到自洽的谱:要么所有32个费米场满足同样的条件,这样得到群为SO(32)的杂化弦;要么32个费米子分成每组16个费米子的两个组,独立地加周期条件。可以很快地得到结论,必须用廖舍奥投射(见第四章)。这样投射的结果是在第一个激发上恰有496个态,可以对应于E(8)×E(8)的规范场。可以证明,不能将32个费米子拆成更多的组。费米子表示的好处是不需要仿射代数的顶点算子知识,这也是它的坏处,因李代数的结构不清楚。费米子表示也说明,16维新的空间的确是内禀空间。

1984年的超弦风暴在很大程度上归功于三篇经典文章中的一篇,就是威腾等人的关于卡拉比-丘紧化的文章。这篇文章大概曾是所有超弦文章中被引用最多的一篇,后来它的引用率仅仅被一篇文章超过,就是马德西纳(J. Maldacena)的关于弦论和规范理论对偶的著名文章。

单从引用率来看,很能说明为什么卡拉比-丘紧化文章重要。首先,这篇文章为弦论在唯象学方面的应用开了一个先河,使人们看到了很多不同的可能;其次,这种全新的紧化方式引发了许许多多低维弦理论的构造;最后,卡拉比-丘紧化使得弦论第一次和现代数学的分支——代数几何发生关系。

我们前面说过,如果从一个高维理论出发,要想得到一个低维的带有手征费米场的理论,这个高维理论本身必须是手征的。现在,弦论已有三个理论在10维中带有手征,就是Ⅰ型超弦,其规范对称性是SO(32),两种杂化弦,规范对称分别是SO(32)和E(8)×E(8)。卡拉比-丘紧化文章首先关心的是,如何从这些理论得到一个4维的手征理论。当然,由于10维超对称的存在,我们首先要问的是,进行紧化后,还要不要超对称?

粒子物理的标准模型中没有超对称,也就是说到目前为止,粒子物理实验还没有看到任何超对称的迹象。我们在超对称和超引力一章中解释了超对称的引入在理论上的意义,也谈了它在解决所谓规范等级问题上的作用,所以,在某个能标以上,超对称的存在是有好处的。很多唯象学家也相信发现超对称是下一阶段粒子物理实验的重要目标之一。那么,唯象学需要多少超对称?从消除发散的角度看,越多越好,而从粒子物理的角度看,4维中N等于1的超对称最合适。如果有更多的超对称,理论推导表明,如果有一个左手的费米子,则存在一个对应的右手费米子,这和弱电相互作用极大破坏手征性矛盾。所以,在某个能标以上,最好只有4

维的 N 等于 1 的超对称。

既然在低能理论中没有超对称，我们能不能一开始就利用紧化破坏所有的超对称呢？这种可能是存在的，但我们一定要在解决规范等级问题的前提下做到破坏所有的超对称。据我所知，目前还不存在这种紧化方式。

所以坎德拉斯（P. Candelas）、霍罗威茨（G. Horowitz）、施特劳明格、威腾等四人的文章假定在紧化后得到一个 4 维的 N 等于 1 的理论。这就要求，卡拉比-丘流形破坏大多数超对称。根据推广的哥德斯通定理，破坏一个超对称就必须有一个对应的零质量的费米子，这些费米子必须从 10 维的引力微子中产生。从超对称变换的角度说，这些费米子对应于超对称变换所产生的引力微子部分。引力微子的超对称变换含有超对称参数的协变微商，要产生不为零的引力微子场，这些协变微商要不为零。我们得出结论，如果只留下一个 4 维的超对称，只有这个超对称对应的协变微商为零。用数学的语言说，整个流形上只有一个基灵旋量（Killing spinor）。

如果将 10 维时空流形看成一个 4 维的平坦时空和一个封闭的 6 维空间的直积，那么这个基灵旋量在 4 维平坦时空上只是一个常数旋量，在 6 维空间上就比较复杂了。很多简单的封闭空间有许多基灵旋量，如一个 6 维的环面，而大多数封闭空间没有任何基灵旋量。可以很快证明，允许基灵旋量存在的空间必须是里奇平坦的，即所有里奇曲率为零。如果只有一个基灵旋量，那么这个里奇平坦的空间也不能过于平坦，如环面是完全平坦的，但有太多的基灵旋量（和旋量的分量个数一样多）。一个空间的平坦程度又可以用一个群论术语来描述。我们知道平移的概念，这个概念在欧氏空间中最简单，也可以推广到一个弯曲的空间中去。当空间弯曲时，一个矢量沿着一个闭合的路径平移回到原点后可能与原来的矢量不同。在一个平坦的空间中，沿着任何闭合路径平移后的矢量还是原来的矢量，我们说这个平坦空间的和乐群（holonomy group）是平庸的。球面则不同，平移后的矢量好像是经过了转动，这个转动依赖于路径。所有可能的转动形成一个群，这个和乐群对于球面来说是整个转动群。现在，只允许一个基灵旋量存在的 6 维空间的和乐群不能太小，也不能太大，必须正好是一个 SU(3)群。

和乐群为 SU(3)的空间是一个复空间，同时又是一个所谓的卡勒（Kähler）空间。这样一个空间叫卡拉比-丘空间，原因是，卡拉比猜测和乐群为 SU(3)的空间一定存在一个里奇平坦的度规——我们前面说过基灵旋量的存在要求里奇曲率为零，而丘成桐证明了这个猜测。这类流形是一类特殊的复流形，卡拉比-丘紧化的文章给出了一些构造。这些构造说明这些流形是代数流形，也就是说可以在复欧氏空间用代数方程来规定一个子流形。虽然我们形式上有了这些流形，但还没有人能写出一个里奇曲率为零的度规，这就说明这些流形的确很复杂。

看起来让人觉得在这种情况下很难研究紧化后的一些物理问题。的确,许多问题的回答要求我们必须知道明确的度规,但幸运的是,很多重要的、低能物理的问题的回答不需要明显的度规表达式。一类问题是,紧化后,有多少4维中的零质量粒子?零质量粒子对应于6维紧化流形上的各种微分算子的零模,比如,一个零质量的标量粒子对应于6维流形上的拉普拉斯算子的零模,一个零质量的旋量粒子对应于6维流形上的狄拉克算子的零模。没有明确的度规表达式,我们不能写出这些零模的明确表达式。但要回答有多少零模,我们不需要明确的表达式。

算子的零模问题和所谓的指标定理有关。给定一个算子,可以定义其指标,这个指标是一个整数,即是这个算子的零模个数减去其对偶算子的零模个数。在很多情况下,对偶算子没有零模,那么原算子的零模个数就等于这个算子的指标。指标定理说,虽然定义中涉及几何,即度规,但一个算子的指标是一个拓扑数,只和流形的拓扑有关,和几何没有关系。指标定理在很大程度上推广了欧拉定理以及后来的黎曼-罗赫定理。

当我们用代数方法构造了卡拉比-丘流形后,就可以利用代数几何的结果来计算各种算子的指标,从而确定对应的无质量粒子的个数。举例来说,狄拉克算子的指标是欧拉示性数的一半。在这里,狄拉克算子的零模定义为左手零模,其对偶零模是右手零模,这样,狄拉克算子的指标等于没有配对的手征零模,而配对了的零模形成一个没有手征的零质量粒子。

所以,粒子理论中的代的个数正好等于狄拉克算子的指标,也就是欧拉示性数的一半。如果能构造出一个欧拉示性数为6的流形,我们就可以得到一个有着三代粒子的4维理论。

标准模型中的一些重要的参数,如费米子与标量粒子的耦合常数,也可以通过代数几何来确定。这些也是一些拓扑不变量,当然是一些比较细致化的拓扑不变量,与复几何有关。

紧化工作的另一个重要部分是决定4维中的规范对称性。非常有意思的是,这也和代数几何有关。如果我们从 N 等于1的10维理论出发,格林-施瓦茨关于反常的工作说明,不是所有的紧化都是自洽的。低能理论要求,6维流形上的一个曲率和规范场必须满足一个方程,这个方程的拓扑意义是说流形的第二陈类等于规范场的第二陈类,当然方程本身的要求比这个表述的要求还要高,相当于无限多个要求。幸运的是,这个要求在卡拉比-丘流形上可以得到满足。以 E(8)×E(8)理论为例,可以把流形的和乐群 SU(3)与 E(8)的一个子群完全等同起来,这样,剩下的规范对称性是所有与这个子群对易的子群,也就是 E(6)×E(8)。我们可以将 E(6)解释为一个大统一对称群,另一个因子 E(8),由于与 E(6)对易,可以解释为不可见的分支。所以,卡拉比-丘紧化从超对称和大统一的角度来看,是一个非常成功的紧化方式。

最后，说一句题外话，历史似乎提示，所有一开始认真研究卡拉比-丘紧化的人，一生都离不开这个题目，如坎德拉斯。1984 年那篇文章的另外三位作者后来都没有将卡拉比-丘流形作为主要研究课题，而在其他方面都做出了重要工作。

1984—1985 年的超弦第一次革命可以说在不到一年的时间内就已完成了，也就是说，今后若干年所围绕、发展的几个问题和重要概念在一年之间已被提出。我们在本章所谈的三篇文章都在一年之间出现。这三篇文章是超弦第一次革命的三篇最重要的文章。其他几篇重要文章也都在一年左右出现。

我们最后谈谈其他一些重要工作。毫无疑问，谈到微扰弦论，首先想到的是 2 维共形场论。我们把关于 2 维共形场论的稍微仔细一点的介绍推迟到下一章，这里，只限于谈一下共形场论对于微扰弦论的重要性，以及在弦论第一次革命期间及之后共形场论在弦论中的几个应用。

顾名思义，共形场论是一类特殊的场论，在其中有共形不变性。共形不变的含义是，量子场论中没有一个内禀的标度，所有物理学量，如关联函数，只和这些物理量本身带来的标度有关。譬如，在一个关联函数中，所有出现的标度只是各算子之间的相对距离。由于没有内禀标度，场论含有较高的对称性，除了我们熟悉的洛伦兹对称性外，还有变换标度不变性。在不同的维度中，标度不变性隐含着更大的对称性，通常叫做共形不变性。粗略地说，共形变换是一种只保持任何一个图形的所有夹角而改变长度的变换。在 2 维中，存在无限多这些变换，所以 2 维共形场论很特殊，在很多情况下可以做解析研究。开这种研究先河的是苏联的几个人，贝拉温(A. Belavin)、玻利雅可夫和查莫罗德契可夫(A. B. Zamolodchikov)，而他们的重要文章，简称 BPZ 文章，是在 1984 年发表的。

这个时间上的巧合也许并不奇怪，因为玻利雅可夫本人对弦论很感兴趣，他在 1981 年已经发表了关于所谓玻利雅可夫弦的重要文章。对于他来说，研究 2 维共形场论有两个目的，一是将其应用到统计物理中的临界现象上，二是应用到弦论中。给定一个时空背景，弦论中的世界面作用量定义了一个 2 维量子场论。这个量子场论必须是一个共形场论，如果不是，我们要遇到两个基本困难：第一，如果没有共形不变性，世界面上的每一个度规都含有一个决定世界面上每一点的长度的标量场，这样定义的散射矩阵破坏了对散射矩阵的一个基本要求，就是幺正性。第二，没有共形不变性，我们也无法定义计算散射矩阵的最基本的东西，即每个散射态的波函数，或即顶点算子。

共形不变的要求在弦论的微扰论中有非常重要的推论。一个看起来不可思议的结论是，要求一个定义在弯曲时空中的世界面上的场论共形不变，等价于要求时空中各个场满足运动方程，特别是广义相对论中的爱因斯坦场方程及其推广。

对于纯粹的玻色弦来说,世界面上的量子场论必须是一个共形场论,而对于超弦来说,这个共形场论还含有更大的对称性,就是一些2维中的超对称,因此这个共形场论也就叫超共形场论。除了一般的超对称外,还有无限多个新的超对称,与无限多个共形不变性类似。而在杂化弦中,场论也是一种杂化,左手模是一个普通的共形场论,而右手模是超共形场论。

可以说,在第一次革命后,研究共形场论占据了许多人的大部分精力。有人甚至把研究共形场论等价于研究弦论的所有动力学,弗里丹(D. Friedan)就是一个典型,他强调将共形场论分类以及深入研究各种世界面的集合——一个无限高维的空间,普适模空间。由于生病和坚持他的这种信念,弗里丹已经脱离弦论的主流多年,基本上没有什么研究了。

另一个重要的研究方向是各种各样的紧化,特别是卡拉比-丘紧化。我们说过,一般的卡拉比-丘流形非常复杂,甚至一个明显的度规都写不出来,因此人们很快想到如何构造一些简单而有用的模型,所谓轨形(orbifold)就是这样被发现的。与更为普遍的流形不同的是,轨形的拓扑通常由一些"奇异"的点来实现,当我们远离这些点的时候,空间是平坦的,拓扑也是简单的。从一个平坦的欧氏空间出发,利用欧氏空间的对称性就可以构造轨形。我们已经谈过如何构造高维的环面,方法就是用欧氏空间中的晶格,将晶格单胞的"对边"等同起来。用数学的术语说,晶格本身是欧氏空间平移对称群的一个离散子群,而环面则是欧氏空间在这个离散子群作用下的等价类。环面是最简单的轨形,在这里,轨形的"轨"有明显的含义,就是,环面上的每一个点是欧氏空间的一个轨迹,这个轨迹由晶格作用在一个点上来生成。在环面的情形,每一个"轨"实际上就是一个晶格,这个"轨"是晶格群的一个忠实的表现。

更为一般的轨形是通过推广环面的构造而获得的。一个晶格群是欧氏空间的对称群的一个子群,欧氏空间的对称性除了平移外,还有转动对称以及反演对称。将晶格扩大为一个更大的离散群,其中包括一些转动元,我们就可以构造一般的轨形了。同样,轨形上的每一点是欧氏空间一个点的"轨"。通常,这个轨所含的欧氏空间的点和这个离散群有一一对应。在这个情况下,轨形上的点是一个普通点,也就是说,在这个点的周围,所有几何与欧氏空间没有什么不同。在特殊的情况下,有的点在离散群的一些元作用下不变,这个点生成的迹也就不会是离散群的一个忠实表示。此时,在轨形上,这个"轨"所对应的点是奇异的,它周围的几何与欧氏空间的一个邻域有所不同。一个最简单的例子是,若用1维晶格来构造1维的圆,再加上关于原点的反演元,则我们构造出的轨形是一个线段,这个线段无非是将圆对折而获得的。线段的两个端点是奇异的,所对应的在直线上的轨比一般的轨少了一半的点。一个稍微有点复杂的轨形是线段在2维的推广。我们同样通过2维的晶格来构造2维环面，形状像一个轮胎，再加上一个针对原点的反演元，我们就得到一个完全不同的轨形，其形状像一个四面体，除了四个顶角外，所有的点都是正常的，而每一个顶角是奇异的，因为绕顶角一周，我们得到的角是180°，而不是360°。四面体的拓扑是一个球面拓扑，与环面完全不同。

不是所有的欧氏空间的离散子群都可以拿来构造轨形，我们要避免构造出怪异的空间。举一个例子，取一个转动元，这个转动元所对应的转动角不是360°的有理数倍，那么一个点在其作用下，无论经过多少次作用，总不会回到原来的地方。这样，这个点仅仅在这个转动元的作用下就生成无限多个点，且集中在一个圆周上，而这个圆周上的另一个点也会生成无限多个点。这两组无限多个点中有些点可以任意接近，然原来的两个“母点”并不接近，这样生成的轨形不是豪斯多夫空间。

弦论在轨形上有很有趣的性质，如有所谓的“扭结弦”(twisted sector)存在。这些扭结弦有很直观的图像。举圆这个最简单的轨形为例，在这里，一个扭结弦无非是一个绕在圆上的弦，可以绕圆一周，也可以绕圆许多周。所以我们通常不说这些弦态是扭结态，而说是绕态(winding modes)，它们是扭结态的特殊情形。可以这样来理解为何称它们为扭结态。从直线出发来构造圆，直线上原来的一些态，通过平移生成无限多个像，这些像加起来对应于圆上的一个普通态(也就是说，一个圆上的普通弦态在直线上也是一个“迹”)。但是，如果有一个弦的两个端点停在一个点的两个像上面，我们会得到一个新的弦态，这个弦态在原来的直线上不存在，因为不是一个闭弦，而在轨形，即圆上就是一个闭弦了。由于相应于每一个晶格群的元，都会有带对应“量子数”的弦存在，我们将这些态叫做扭结态，意为通过用平移元扭结得到。同样，我们说过的反演元也有对应的扭结态。在线段上，有两组新的扭结态，它们起始于某一点，通过端点回来又终结于这一点。扭结态常常是局域化的，如通过线段端点的扭结态，它们不能自由地在线段上移来移去。

扭结态的存在不是人为的。如果你想构造一个弦论，其中没有扭结态，那么通过相互作用，原来的一个非扭结态也可以变成两个量子数相反的扭结态。

卡拉比-丘紧化的另一个方向是研究一些抽象的共形场论，通过共形场论中弦态的谱与卡拉比-丘流形上的谱的对比，可以找出一些对应关系。已经找出的叫做热普内模型(Gepner models)，它是热普内首先发现的。抽象的共形场论的研究比直接研究卡拉比-丘紧化多很多好处，如可以计算严格的顶点算子，在流形上很难做到这一点。很多卡拉比-丘流形的数学性质，如所谓的镜像对称性(mirror symmetry)，先是在共形场论中发现的。因此，物理学家再一次有机会对数学做出独特的贡献，而由于现代科学的分工越来越细致，这些贡献是一个纯数学家不可能做出的。在这个特殊的领域，纯数学家能做的只是对物理学家的发现做出“严格”的论证而已。

第六章 黑暗时代

在科学领域有一个非常有意思的现象：越是较为抽象的学科，它的发展方向和活跃的几个地方越不受流行的东西影响，或者更确切地说，这样的学科中没有流行的东西。而越是接近实用，学科越受流行的左右。前者以数学为代表，后者以物理为代表。而每个学科中，其受流行影响的程度又因分支不同而不同。以数学为例，数理逻辑研究和关心的问题大概数十年不变，而一个比较偏应用的分支，如计算机图形设计就会很快改变其热门方向，完全为时髦的东西左右。同样，即使在物理中，流行的程度也因分支而异。且不说应用物理，以及与应用物理接近的凝聚态物理，高能物理本身也可以大致分为三个受此影响很不同的大方向：第一是唯象理论。所谓唯象，指的是与粒子物理的现象有关。这个分支受潮流的影响极大。例如，前几年流行过一阵子 μ 子(muon)的反常磁矩问题，因为一些实验说观测值偏离理论值达到三个以上的标准误差。这引发一阵不大不小的 μ 子反常磁矩热潮，引发专门文章数十篇。后来，有人发现原始的理论计算有问题，最初两篇理论文章的作者也站出来说他们犯了错误。把这错误纠正过来后，观测值离理论值只有两个标准误差了，这完全不说明问题。这样，这个时髦的话题才冷下来。第二是类似超弦理论的一些比较大的纯理论分支，由于不受实验的直接影响，这些分支相对要稳定些，但也仅仅是相对而已。在这样的学科中，也有潮流，这些潮流主要为一些领导潮流的人把握。大潮流三五年来一次，小潮流一两年来一次。第三是不能独立成为分支的一些数学物理方向，这些方向中不太容易看到潮流。

超弦理论有大小潮流。比大潮流来得更大的是所谓的革命。以往的革命大约是十年来一次，但第三次革命还是迟迟没有到来。我们在上一章中谈了第一次革命。虽然这个革命本身持续时间很短，只有一年工夫，但其影响远远超过一年。当影响越来越小的时候，黑暗也就来了。黑暗的原因和表现有两个方面：其一是，一些主要问题及其推广已经研究得比较成熟，很难再做深入的研究了；其二是，革命过程中带来的未解决的问题还是未解决，并且看来是越来越难。第二个问题会引起领域之外的人的非难，因为即使是一个不太了解弦论的人也会听到这些问题，感觉到这些是比较大的也很关键的问题，如果不解决，弦论谈何成功。一个例子是，弦论的发展带来很多不同"真空"的发现，而微扰弦论不能解决真空选择的问题，那么我们的 4 维的空间是如何来的，4 维中的标准粒子模型是如何来的？这些问题不解决，局外人就会觉得弦论是空对空，不是一个理论，充其量是一种应用数学。

哈佛的格拉肖(S. Glashow)就是这么看的,他嘲笑道:“一个针尖上可以允许多少天使跳舞?”这种看法当然会在各个方面造成对弦论研究的不利影响。年轻的、对弦论还没有很深体会的人可能会因此对弦论产生许多疑问,从而放弃弦论的研究。年长的、在各个学校有影响的人也可能会产生疑问,这样会对从事弦论研究的年轻人的前途产生不利影响。这些因素综合起来,弦论在20世纪80年代末、90年代初就进入了历史上的第二个黑暗时代(第一个黑暗时代是施瓦茨和格林独自研究弦论的时代)。

我记得很清楚,那时我每到一个地方,当有人问起我研究什么的时候,我会有点不好意思地回答是弦论,然后尽量给他人留一个我对物理的其他方面也感兴趣的印象。只有这样,人家才认为你这个人还有救,才会跟你继续谈点什么。

尽管弦论本身处于一个不利位置,大多数成熟的弦论专家还是继续着超弦的研究,所以在黑暗时代,弦论还在进步。在本章中,我们谈谈这段时间中的一些主要的进展,特别是与共形场论和矩阵模型有关的一些研究。

前面已谈到,2维共形场论是微扰弦论的基础,因为弦的一次量子化涉及弦的世界面,而世界面是2维的。2维共形场论的发展和弦论既有关系,也有一定的独立性。其发展,一部分与弦论有关,一部分与场论以及凝聚态物理有关。场论中很早就有人(例如威尔逊)提出了算子乘积的概念,而苏联人玻利雅可夫早在70年代初就研究了算子乘积的共形不变性质,几个苏联人在1984年发表的经典文章则是那个研究的继续。

BPZ的文章对研究超弦的人带来的冲击是即时而又明显的。那时,第一次超弦革命正在发生,苏联也在解冻,有一些苏联人到欧洲去访问。我不知道玻利雅可夫本人那时是否去过丹麦,但BPZ之一的贝拉温和丹麦的玻尔研究所关系密切,肯定在那个时候去过。弗里丹恰好也去访问,所以很快就了解到了BPZ的工作。他回美国后很快与申克(S. Shenker)以及裘宗安写出了后续文章,主要是判定所谓极小模型是否是幺正的。这篇文章本身的影响极大,同时又向西方介绍了苏联人的工作。BPZ的工作先在苏联的一个杂志上发表,然后才在欧洲的《核物理》杂志上发表。

弗里丹本人大学学的是文科,后来才转到物理。他的博士论文研究的是2维的非线性西格马模型(nonlinear sigma models),论文的导师又是一位有名的数学家辛格(I. Singer),所以遭遇之奇在弦论中是少见的。当然,2维的非线性西格马模型是一个物理问题,辛格也是少数几个懂物理的大数学家之一。由于研究2维的非线性西格马模型,弗里丹可谓先天好过很多人,一下子就可以转到弦论上来,因为弦的世界面理论就是一个2维的非线性西格马模型。弗里丹的博士论文很快成为弦论的经典之一,其中得到的一个重要结果就是,一个2维模型共形不变的条件是背景空间上的度规必须满足爱因斯坦场方程。

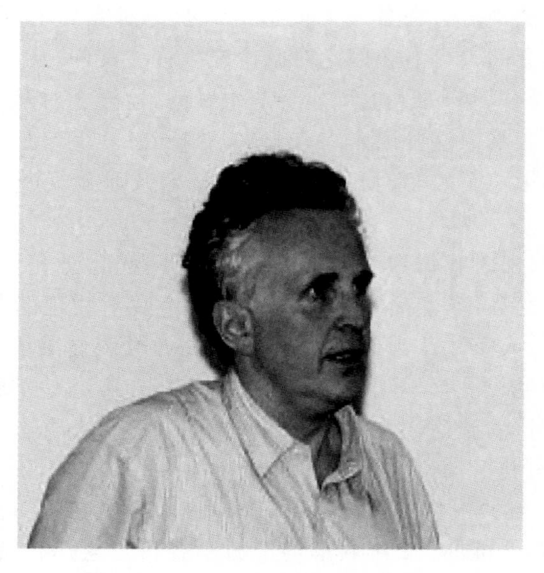

玻利雅可夫,朗道研究所的后朗道学派的著名代表,现为普林斯顿大学教授。他在场论和弦论中都有根本性的贡献,其2维共形场论的工作在两个领域都有很大的影响。他是这个领域最有独创性的研究者之一,很少跟着潮流做研究。在相对年轻时,他的工作往往形成当时的潮流。

我刚接触弦论时,就被逼着学弗里丹的博士论文,当然觉得是囫囵吞枣,能懂多少是多少,这样研究弦论,当然不会赶上潮流。弗里丹等人前进得很快。他不但与申克等人在2维共形场论以及超对称的2维共形场论中做出很多好工作,也与卡伦(C. Callan)等人推广了自己原来的博士工作,系统地研究了玻色弦以及超弦在一般弯曲背景中的自洽条件,也就是背景场应满足的运动方程。这些运动方程包括弦的修正,也就是说,除了爱因斯坦方程之外,还有与弦有关的附加项,这些附加项的大小由弦的长度标度所决定。从弗里丹的故事中我们看到,掌握发展的先机多么重要,在圈外懵懵懂懂,尽管可以做一点研究,却只能永远是边缘的研究。这是我从个人经验中得到的比较痛苦的总结。

在凝聚态物理中,多年来有一个重要问题,就是临界现象。这种现象很早就被发现,如乳光现象、水和蒸气的共存点等。后者是水在变成蒸气的过程中,气压的变化终于使得水气不分。水变成气是一级相变,其特点是很多物理量突然改变,如密度。一级相变有一个终点,在这里,不连续的量成为连续的量,而它们的导数变成不连续的,这就是二级相变。过去描述二级相变的理论是朗道平均场论,比较粗糙。后来,威尔逊发展了重正化群的方法,将所有对涨落有贡献的项都计及,形成了一套非常成功的理论。

当一个系统处在二级相变点，也就是临界点时，涨落的效应最大，因为此时系统（假如是无限大的）已没有能量的间隙，用场论的语言说，所有场都是没有质量的。更严格地说，所有关联函数中没有长度或质量的标度，从而系统本身有标度不变性。只要系统比较正常，那么标度不变性就蕴涵着共形不变性。标度变换仅仅改变整体的标度，而一个普遍的共形变换可能改变形状，所保持的仅仅是原来的所有图形中的角度。很多研究得比较透彻的临界系统都是 2 维的（3 维的系统当然更实际，但很难研究），所以 2 维的共形场论变得非常重要。

在一个局域场论中，局域算子的概念很重要。原则上，给定任何一个空间中的点，列出所有局域算子，相当于在一个闵氏空间中知道了整个希尔伯特空间。不同点之间的算子关系可以通过空间平移来得到，从而相互之间是一个线性关系。知道了一点的算子还不等于了解了系统的所有性质，例如，我们最感兴趣的是关联函数。威尔逊指出，如果知道任意两个定义在不同点的算子的乘积，原则上所有关联函数都被确定了。两个算子的乘积，可以用两个算子的其中一点上的所有算子来展开。这个展开通常是渐近展开，也就是说，当把这个算子乘积代入一个关联函数的时候，得到无限多关联函数之和，这个和是一个渐近级数。由于算子乘积展开中每一项的系数随着两个算子之间的距离变小而变小，这个展开在小距离上非常有效，所以有时人们将算子乘积展开叫成短距展开。

场论的一个特点是，关联函数通常随着距离的减小而变大。这就意味着，在算子乘积展开中，最重要的项随着距离变小而增大，而大多数项随着距离变小而变小，所以我们只须重视有限的几个项就行了。如果是共形场论，我们还可以按照标度来分类算子。在这个分类中，每一个算子在变换尺度时也变换一个因子，该因子通常随着尺度的变小而变大，这正是场论在小尺度上自由度增大的一个反映。对于每一个标度算子来说，那个变化因子是尺度变换的一个幂次。幂通常是负的，取其正数，这个正数叫这个算子的指标。我们可以将空间一点上的所有算子按指标的大小排列。随着指标的增大，算子的数目越来越多。

现在同样可以进行算子乘积展开的研究。所有涉及的算子都有一个固定的指标，这样乘积展开中的每一项算子前的系数就是两个算子距离的一个幂次。随着算子的指标的增大，这个幂次变得越来越正，从而该项变得越来越不重要。展开中有最小指标的算子最重要，通常的情况下，其系数是距离的一个负幂次。

玻利雅可夫早期对共形场论的贡献是，他很早就意识到算子乘积在共形场论研究中的重要性，并且猜测，三个算子乘积的结合性可能是研究共性场论的关键。这个结合性叫做“bootstrap”。这个英文词很难翻译，大意是，这是一个自给自足的系统，这里暂且译成“自助法”。如果能把所有的自助法方程都解了，整个共形场论也就被解了。

1984年的BPZ等人的文章中新添的一个关键点是无限大的共形变换代数。共形群或共形代数在2维中很特别,只有在2维中,有无限多个共形变换。这可以从2维的度规总可以写成一个局域的正交度规看出:取正交度规的复坐标,这样度规只有一项,就是复坐标的无限小变化乘以其复共轭,经过任何局域的全纯(也就是解析)变换,这个正交形式不变。在量子场论中,对应于每一个变换,有一个算子。大家熟知的情形是:在时间平移下,对应的算子是能量,或哈密顿量;在一个空间平移下,对应的算子是这个空间方向上的动量。同样,对应于每一个共形变换,有一个算子,无限多个共形变换有无限多个算子对应。共形变换代数对应于一个无限大的算子代数,同任何量子代数一样,这个代数可能有反常。事实上,这里的确有反常,反常项是一个常数。这个常数正比于一个很重要的量——系统的中心荷,与系统的自由度有关。这个量子代数首先在弦论中出现,由维拉所罗发现,就叫维拉所罗代数。

维拉所罗代数其实是两套代数,一套对应于全纯变换,另一套对应于其复共轭。每一个代数中有一个重要的生成元,这个生成元对应于坐标的标度变换,所以,任何一个标度算子与它的对易子还正比于这个算子,正比的系数就是这个算子的全纯指标。我们以前定义的指标是全纯指标和反全纯指标的和。

由于场论在共形变换下具有对称性,所有算子在共形变换下会回到算子的一个线性组合,也就是说,所有的算子形成维拉所罗代数的一个表示。这个表示是可约的,可以分解成无限多个不可约的表示。当这个分解是有限的时候,该共形场论叫做一个极小共形场论。在每一个可约的表示中,有一个特别的算子,该算子与所谓的正模维拉所罗代数元对易,所以这个算子是这个表示中指标最小的,不然的话它与正模元的对易子将给出带有更小的指标的算子。这个特别的算子叫初级算子(primary operator)。

给定一个初级算子,接下来就是用表示论来研究与初级算子处于同一个表示中的其他算子。其他算子叫做次级算子(secondary operators)。同时,给定初级算子之间的关联函数,次级算子之间的关联函数就可以通过微分等的作用由初级关联函数确定。有一种特别的算子,称为零算子,表面看来不为零,其实应等价于零。这些算子通常通过用维拉所罗代数作用在一个初级算子上获得。将这个算子插入一个关联函数,应得零。但是,一个零算子可以通过用各种微分算子作用在初级算子上获得,这样,我们通过插入零算子的办法就获得了一些关联函数所满足的微分方程。这个结果是BPZ文章的重要结果之一。

BPZ文章中另一个重要结果是对极小模型的分类。极小模型的中心荷必须小于1。一个无质量自由标量场的共形场论的中心荷为1,所以一个极小模型中的自由度小于一个无质量的标量场。极小模型由两个整数所刻画，其中心荷是这两个整数的函数。这些场论有的是幺正的（即没有负指标的算子），有的不是，甚至中心荷都可能是负的。后来，弗里丹等人进一步研究了幺正极小模型的分类，通过研究态之间的内积，他们得到结论：两个整数代表的一类模型中只有一类用一个整数刻画的极小模型是幺正的。

BPZ 文章的第三个重要结果是关于算子乘积的系统的研究。自提升关系可以通过图形来表示，也就是所谓的交叉对称（crossing symmetry）。通过算子乘积展开，一个四点函数又可以拆成全纯函数和反全纯函数的乘积的和。还有一个重要概念，就是聚变规则（fusion rules）。这些规则说，当考虑两个分属不同表示的算子的乘积时，在展开中只有一些表示中的算子才会出现。自提升关系的重要作用是，一旦给定聚变规则，在很大程度上算子的乘积展开就确定了。

还有一种比极小模型范围更广的模型，叫有理共形场论。在一个有理场论中，任何关联函数都是一个有限的和，其中每一项是一个全纯函数和反全纯函数的乘积。有一段时间，在莫尔（G. Moore）和塞伯格等人的倡导下，许多人把精力花在分类有理共形场论以及研究具体的模型上面。

弗里丹，在 20 世纪 80 年代与申克一道成为当时少数几位主导弦论潮流的人。他与威腾一样，是学文科出身的。后来由于太迷信 2 维共形场论的重要性，他不再产出有影响的工作，甚至几乎不发表文章了。他的母亲是著名的女权运动家贝蒂・弗里丹。

说到具体模型，不能不提外斯-朱米诺-威腾模型。威腾在研究玻色化时重新发现了这一大类模型。他证明了不动点，也就是标度不变点的存在。在这一类模型中,除了共形不变外,还有许多其他的对称性,这些对称性写成代数的形式就是过去在粒子物理中出现过的流代数,或者叫卡茨-穆迪(Kac-Moody)代数。我们前面说过,维拉所罗代数的存在会引出一些关联函数满足的微分方程,同样,卡茨-穆迪代数也有对应的微分方程。这些微分方程至今还没有完全研究透彻,方程与数学中的一些重要问题如黎曼-希尔伯特问题有关系。外斯-朱米诺-威腾模型属于有理共形场论。其实,有理共形场论的很多特点都是从这些模型中总结出来的。

说来奇怪,当弦论的第一次革命结束,黑暗的时代到来时,共形场论一枝独秀,使很多人几乎忘记了弦论本身,而以共形场论作为一个独立的研究方向。记得那时出国到意大利,与科大的一位同学一道虔诚地拜访威腾(相信他早已忘了这事),问他几个关于共形场论的问题。问完后,他竟然反问我们,对弦论感兴趣吗?这说明他无时无刻不在想与弦论有关的问题,即使他也在专心研究共形场论。可以说,共形场论的短期繁荣某种程度上弱化了弦论的黑暗时代。

在 1995 年之前,弦论集中研究微扰的行为,所以绝大部分研究与弦的世界面有关。我们前面提到的共形场论就试图从微扰论的角度理解弦论所有自洽的背景。这样做自然是不全面的,会漏掉一些重要的可能性,我们会在谈超弦的第二次革命时回到这一点。有意思的是,漏掉的重要情况并不多。直到今天,弦的微扰论依然是研究弦论和 M 理论的一个最重要的工具。

用微扰论研究弦论,一开始就先天不足,如同用费曼图研究量子场论一样,我们在开始时只有一堆“数据”,要从这堆数据中看到弦论或场论的面貌,要花很多功夫,要有许多直觉。例如,至今我们也无法从费曼图中看出量子色动力学中的禁闭现象。同理,如果想看到弦论的全貌和非微扰性质,要么不可能,要么我们要有很大的运气。当初,许多人以为通过模仿场论来研究弦场论,就会得到弦的非微扰理论。这种想法,在今天看来,不是显得幼稚,也是在理论上存在极大困难的。

所谓弦场论,是将弦类比于粒子,然后进行二次量子化。我们先帮助大家回忆一下粒子的二次量子化。给定一个粒子,一次量子化的时候,我们无非是应用量子力学,描述一个固定的粒子的基本量是粒子的波函数。如果将这个波函数作为基本变量将其量子化,我们就得到一个更大的函数,是原来单粒子波函数的函数。这个泛函,不但有单粒子的信息,还有任意多个多粒子的信息。我们可以用单粒子的函数来展开这个泛函:第一项与单粒子函数无关,是真空,没有粒子;第二项与单粒子的函数成线性关系,是含有一个粒子的态;第三项与单粒子函数成双线性关系,含有两个粒子;等等。弦的一次量子化的波函数也是一个弦的位形的函数,但因为弦的位形本身已经是一个参数的函数,所以单弦的波函数也是一个泛函。如果我们形式上将弦的位形看做一个函数,弦本身的波函数则可以用这个函数来展开:第一项与弦的质心位置有关,是一个快子;弦的波函数不能任意,必须满足一些物理条件的限制，这样，展开的第二项是弦位形的二次项，代表引力子；等等。

弦场论是以上面说的弦位形的泛函作为基本变量的量子理论。在闭弦的情形，情况十分复杂，如果要保持时空的对称性，这个理论的作用量含有无限多个项，要做量子化是基本没有希望的。在定义量子化时，还有另外一个技术上的困难，就是，弦的二次量子化波函数是一个泛函的泛函，没有办法处理这么复杂的东西。第一个困难可以克服，但要牺牲时空中的协变性。其实，在弦论的早期，吉川圭二(K. Kikkawa)等人于1974年已经研究了在光锥规范下的弦场论，发现弦场论的作用量最多含有弦泛函的四次项就可以完全包含弦的微扰论的所有“费曼图”了。由于这个理论不是协变的，很难推广到一般时空背景，从而对弦论做非微扰的研究。吉川圭二已从大阪大学退休，是一个很温文尔雅的人。

开弦场论有一个简单而优美的表述，这就是威腾的三次弦场论。这个理论以陈-西蒙斯的形式出现，同时非交换几何也第一次在弦论中出现。非交换的概念在此出现非常自然，因为弦场的乘积是用两个弦连接成一个弦来定义的，本身是不可交换的。这个理论在1986年被提出后，很快被证明是正确的，即可以用来导出开弦的微扰论。对它的非微扰研究也是较晚才开始的。

在整个20世纪80年代，唯一与弦论的非微扰性质有关的研究是格罗斯和他的印度学生佩里维尔(V. Periwal)关于弦微扰的高阶渐近行为的研究。在场论中，有一个很重要的结果，就是当圈数增加时，高圈效应以圈数的阶乘而增大，所以微扰级数是一个发散级数，也是一个渐近展开。只有当耦合常数很小时，前几项才是重要的。一个渐近展开对应的严格函数通常在原点处有奇点，而且是本性奇点。这个原点，在场论中就是耦合常数等于零的地方。虽然这个结果看起来比较深奥，其实一点也不，在寻常的量子力学中我们已经遇到过这种行为。例如在势垒穿透问题中，穿透的几率随着一个量成指数衰减，这个量和势垒的高度和宽度有关，而高度和宽度又和“耦合常数”有关，后者越小，则穿透的几率越小，所以耦合常数为零的地方是穿透几率的一个本性奇点。这个量子力学问题的微扰展开就是我们熟悉的半经典展开。很早以前，人们就知道半经典展开其实是一个渐近展开，随着阶数的增大，每一项的贡献以阶乘的方式增大。回到格罗斯和佩里维尔的工作，他们通过对弦的世界面的模空间的研究发现，弦的微扰展开也是一个渐近展开，不但如此，这个级数的发散程度比量子力学和量子场论中的发散还要严重，因为阶乘的阶数被加倍了。这就说明，弦的耦合常数为零的一点也是本性奇点，并且，弦的非微扰效应应当比场论中的非微扰效应还要大。在量子力学中，这样的非微扰效应往往与隧道穿透一类的过程有关。这些过程不是实过程，因为只有在量子论中才有，其完成的时间是瞬时的。在场论中，这种过程和4维的欧氏时空中的经典解有关，代表的过程与隧道穿透一样，最有名的是非阿贝尔规范理论中的瞬子解。所以瞬子所代表的穿透过程是一种非微扰效应,这个本性奇点会在微扰论的高阶行为中体现出来。当然,高阶发散行为的体现不仅仅是瞬子和隧穿,在场论中,还有和场论的紫外发散有关的贡献,如所谓的“重正子”(renormalon)贡献。这些效应太技术化,这里就不谈了。

特霍夫特为了研究场论的非微扰行为,引进了所谓的大 N 展开。这种展开只有在非阿贝尔规范理论一类的矩阵理论中才能做,原因是这里展开的参数不再是通常的耦合常数,而是矩阵阶数的倒数。因为矩阵的阶通常用 N 来代表,所以这个展开叫大 N 展开,实际上是 $1/N$ 展开。这个新的参数很像我们熟悉的耦合常数,只不过,这个耦合常数不是以明显的方式在作用量或微扰计算中出现的。

在特霍夫特那里,大 N 展开有一个非常有意思的几何解释。我们通常将费曼图画在一张纸上,看起来是一个平面图。常常,我们不得不将线段交叉地画,如果这种情况不可避免,我们就说这个费曼图不是平面图。可以画在平面上的又不出现交叉的图又可以画在球面上,而不可以画在平面上的图总可以画在一个更复杂的面上。比球面稍复杂的是一个环面,只能画在环面上的图我们叫做亏格为 1 的图。现在,特霍夫特证明,所有在大 N 展开中贡献最大的费曼图都可以画在平面上,或者球面上。仅次于这些图的贡献来源于能画在环面上的图,同样,更小的贡献来自于那些只能画在高亏格面上的图。这样,大 N 展开的阶数就成了图的亏格数。

我们不难看出,大 N 展开很像弦论的微扰展开,是一种拓扑展开。虽然费曼图本身是 1 维的,但用来分类图的方式是 2 维的面,如同弦的世界面。这种联系,使得人们猜测一些场论如规范理论是一种弦论,特别是,量子色动力学中的夸克禁闭可以和弦联系起来——连接两个颜色相反夸克的是一根由胶子形成的弦。到目前为止,夸克禁闭的弦理论还没有建立起来,但人们在近年来发现,一类规范理论的确可以看成是弦论。

与通常以阶乘方式发散的微扰论不同,当亏格数固定时,费曼图的个数只是以圈数的幂次增加,这就大大控制了渐近展开的发散行为。当然,如果我们提高亏格数,每个亏格的贡献也随着亏格数增加,并且是以类似弦论中的阶乘数增加的!这是矩阵理论可能是弦论的另一个证据。当然,为了研究场论本身的非微扰性质,也许我们能计算所有的平面图就可以了。在早期,人们为了数平面图的个数,发明了简单的矩阵理论。这个矩阵理论既不是场论,也不是量子力学,而只是一个矩阵积分。积分的被积函数是一个指数函数,指数类似场论中的作用量,可以证明,这样简单的矩阵积分可以用来准确地计算与之相关的场论中的费曼图个数。

作为耦合常数的函数,矩阵积分有一些漂亮的解法,尤其是平面图的贡献。人们在大 N 极限下发现了一些和场论有关的效应,例如相变。那时,大家甚至期望一个简单的矩阵模型可以告诉我们量子色动力学中的禁闭信息，当然这是奢望。不奇怪的是，在研究矩阵模型的十年后，老结果经过发展真的和弦论联系起来了，这就是我们下一节中要谈的老矩阵模型，或者，根据威腾在北京访问时所说，是中世纪矩阵模型。

特霍夫特，荷兰物理学家，因对弱电统一理论的基础的贡献与韦尔特曼一道获得了1999年度诺贝尔物理学奖。他在许多方面对量子场论做出了重要贡献，特别是规范场论。虽然他自己从来没有直接研究过弦论，但他的工作对弦论产生了直接的影响，例如大N展开。从20世纪80年代开始，他一直研究黑洞的量子物理，并独立于萨斯坎德提出了量子引力的全息原理，目前在弦论和量子引力中影响极为广泛。

最后，我们提一下，场论中研究的矩阵模型很早就在核理论中被维格纳(E. Wigner)和戴森(F. Dyson)研究过了。在那里，矩阵的本征值是用来模仿一个大原子核的能量的本征值的，而矩阵积分与能量本征值的分布有关。

我们前面说过，一个规范理论，或更一般地，一个矩阵模型，可能是一个弦理论，其主要根据是大N展开的行为与弦微扰展开极为类似。但要真正将一个矩阵模型等同于一个弦理论却非常困难，原因是弦论往往是以出人意料的方式出现的。根据已知的可以等同于弦论的矩阵模型，弦论出现的方式至少有三种。我们这里仅介绍第一种，即老矩阵模型。这个模型是在1989年为三个不同的小组发现的，一组是苏联人卡扎科夫(V. Kazakov)和法国人布雷赞(E. Brezin),一组是当时都在芝加哥的道格拉斯(M. Douglas)和申克,第三组是格罗斯和米格达尔(A. Migdal)。米格达尔也是苏联人,其时已和玻利雅可夫一道到普林斯顿任教去了,最近则似乎完全脱离物理,开公司了。据说,他的公司也和他做的矩阵模型有关,是搞计算技术的。

这三组人的成功建立在过去的一系列工作之上,现在我们择要说明。首先,前面已经提过,在粒子物理这个系统中,大 N 展开的鼻祖是特霍夫特,概念起源于他的若干个尝试解决夸克禁闭的工作之一。其后,很多人,特别是布雷赞、伊日克逊(C. Itzykson)、帕里西(G. Parisi)和朱伯(J.-B. Zuber)等四人的重要工作系统地研究了一类简单矩阵模型的平面解。不久,伊日克逊、朱伯和贝西斯(D. Bessis)又发展了解简单模型中高亏格贡献的方法。这些方法的发明,完全是为了研究量子色动力学,在当时并没有引起太多的注意。有意思的是,在超弦第一次革命期间,苏联的几个人和几个欧洲人独立地将矩阵模型和随机面(random surface)理论联系起来,他们的出发点还不是弦论。

要理解弦论如何从矩阵模型导出,我们首先要了解随机面和矩阵模型的关系。

既然已经知道一个矩阵模型的大 N 展开就是 2 维面的拓扑展开,矩阵模型和随机面有关就是自然的了。在随机面理论中,我们计算一个"过程"是将所有可能的面以不同的权重加起来,这里包括所有不同亏格的面,以及每个亏格中有着的所有不同几何的面。权重与面积以及亏格有关,例如,我们可以要求面积越大,权重越小。那么,怎么才能从矩阵模型中产生这样的权重呢?首先,我们要想办法将矩阵模型中的某个量与面上的面积等同起来。在大 N 展开中,给定一个费曼图,我们将这个图与随机面理论中的一个面联系起来,具体办法是这样的:在费曼图中,给定一个顶点,我们围绕这个顶点画一个多边形,这个多边形的一个边与从这个顶点出去的一根线段正交。这样,我们得到一个对偶于费曼图的面,其中每一个线段与费曼图的一个线段正交,每一个面对应费曼图中的一个顶点,而每一个新的顶点对应原来的一个圈。为什么费劲做这个对偶呢?如果矩阵模型的作用量除了正常的二次项外,只有三次"相互作用项",那么任一个费曼图就只有三顶点,就是每个顶点只有三条线段伸出。这样,每个顶点对偶于一个三角形,用我们上面描述的方法我们只能得到一个只含三角形的面。在数学中,这是一个面的三角剖分。如果我们给予这样剖分中的每一个三角形一个基本面积,这个基本面积对应的权重就是原来矩阵模型中的耦合常数。进一步,与亏格相关的权重在矩阵模型中就是参数 $1/N$,亏格越大,这个参数出现的次数也就越多。

不难看出,上面把矩阵模型与随机面对应起来的方法只能产生被离散化的随机面,因为三角剖分只能是对一个光滑的面的近似。如果矩阵模型的作用量还含有更多高阶相互作用项，那么得到的随机面理论也就不是纯“引力”理论。这里的引力是2维引力，原则上是平庸的，只有面积项起作用。比纯引力复杂一点的，是在面上引入一些“物质场”，这些物质场如果是标量的话，我们就得到弦的世界面嵌入一个空间中的情形，这就是为什么矩阵模型和弦论有关。

1989年，三个不同的小组令人惊讶地发现了同一个事实：如果将矩阵的阶数推向无限大，同时微调作用量中的耦合常数，就会获得一个完全连续的随机面理论。从前面的讨论我们知道，微调耦合常数是必要的，否则三角剖分永远是离散的。但当微调获得连续面的时候，每一个亏格的贡献会发散，这时我们就必须取无限大N极限以获得有限的结果。

这三组人得到同样的结果也并不像表面看起来那样令人惊奇。首先，米格达尔和卡扎科夫一直在一起研究随机面理论。其次，申克也去过法国，这是根据道格拉斯的说法。申克很早前也研究过大N矩阵模型。道格拉斯在访问北京时的一次聚会上说，格罗斯和米格达尔的第一篇文章含有一个错误，把非纯引力的部分算错了。当然，这两位是很聪明的人，不久在一篇长文中纠正了错误，并且给出了一个很好的容易理解的表述。在老矩阵模型时髦的时候，人们常常同时引用这三组人的文章，而把格罗斯和米格达尔的文章放在最后，一个可能的原因是，这两位的确是受了其他几个人的启发。

矩阵模型与随机面的相关在三篇重要文章出现之前已经在卡扎科夫的一篇文章中出现了，他利用矩阵得到了与用其他方法一样的结果。这些其他方法，就是传统的世界面上的路径积分方法，有两个不同的处理办法：一种是以玻利雅可夫为首的苏联人的办法，在2维的度规中取光锥规范。另一种是更协变的共形规范，由法国的戴维(F. David)、河合(H. Kawai)及迪斯特勒(J. Distler)做出。最早的连续方法也只能算出一些临界参数，而矩阵模型则更有用，可以相对容易地算出关联函数和高亏格的贡献，这是人们当时为何激动的原因。

在亏格为零时，用连续的方法第一次算出关联函数的是我和古里安(M. Goulian)。我当然一直在研究弦论，古里安则很早就转到凝聚态去了。现在想想，他的转行也很自然，因为那时弦论的确处于一个低潮期，年轻人很容易动摇。记得在一次吃午饭的时候，古里安谈他刚刚感兴趣的高分子，施特劳明格便问他，这门学问是什么时候开始的。那年研究这个的德热纳(P.-G. de Gennes)正好得了诺贝尔奖。施特劳明格说，既然已经得奖了，现在做这个有点晚了吧。说起来漫不经心，实际是一句至理名言。现在有一些学生问我，弦论正处于低潮，值得进来研究吗？问这样问题的人，往往对研究的过程不大了解。一个比较成熟的问法是，某某学科正处于高潮，现在值得进来吗？因为高潮的原因往往是重要的问题已经被解决。

矩阵模型虽然比连续的方法更有效，却存在两大缺点：一个缺点是，由此得到的 2 维面上的“物质”不够多,甚至其自由度比一个自由标量场还小,而且最大也就是一个标量场,加上由 2 维度规中出现的一个场,只有两个标量场,所以弦论最多只是一个 2 维弦理论。由于在通常的弦论中,度规中的标量场是退耦的,所以低于 2 维的弦论行为很不同,有一个随着空间变化的弦耦合常数,也就是伸缩子不是一个常数,这样的弦论叫非临界弦论。另一个困难是,虽然一些量,如配分函数(相当于场论中的真空图贡献)可以计算出来,其所满足的微分方程可以逐级地解出,但要得到严格解,从而是包含非微扰效应的解并不容易,解也不唯一。

人们尝试了从矩阵模型获得非微扰弦论的信息,结果是有限的。1991 年,威腾等人发现了 2 维的黑洞。这个黑洞的背景从弦的世界面的角度来看是一个可解的共形场论,引起了很多人的兴趣。可能弦论界很多人对黑洞的兴趣是从这里开始的。遗憾的是,虽然人们花了不少精力研究这个 2 维的黑洞,所取得的物理进展很少,也没有人能够成功地找到一个类似矩阵模型的理论。一批人的兴趣因此转移到研究 2 维的伸缩子引力及黑洞上面去,文章写了不少,进展甚微。这样的兴趣,一直持续到第二次弦论革命的开始。

非常有趣的是,最近几年,由于场论全息对应在几乎所有理论物理领域都找到了“应用”,大 N 展开量子场论一直是一股很大的潮流,甚至有一段时期,老矩阵模型又回来了。这一次,这些模型不仅仅是“玩具”弦论,而是作为有效的研究超对称场论的有力工具出现的。

除了一些有限而且很专业的进展,如卡拉比-丘流形上的镜像对称性的物理上的发现,弦论在矩阵模型和 2 维黑洞后进入了真正的黑暗期,很多人就在此时与弦论说再见了,而另一部分人则脱离了与弦论的经常性接触,虽然并没有完全离开弦论。

但是第一缕曙光往往是在最黑暗的时候出现的,看到这个曙光的人也是那些没有失掉信心和兴趣的人。我们下一章开始讲与弦论第二次革命有关的,却是完成于第二次革命之前的工作。

第七章　先　　声

本想用“二次革命的先声”作为本章标题，但这样一来太像过去写国民革命早期的文章了，故简单地用先声，以期不落俗套。

超弦第二次革命其来也突然，使得很多人一时摸不着头脑，比如像我这样一直没有离开弦论的人，也花了近半年时间来吸收。当时在国内的人，似乎还没有人意识到在美国、欧洲和印度发生了什么。我在 1997 年回到国内，很多人还对所谓超弦革命持怀疑态度。感谢当时中国科学院理论物理研究所的所长苏肇冰先生，是他的诚意使得我的那次回国成为可能。其实早在 1996 年夏天，苏先生就托他过去的学生让我写一个短文介绍对偶的发展，目的是用在他当时申请研究经费的报告里。作为一直关心场论发展的一位凝聚态物理专家，这样的态度与国内的一些场论专家形成了鲜明的对照。我写这一段，用意有二，一是不能忘记苏先生的作用，二是提醒大家前事不忘，后事之师，虽然弦论在中国已有一定的影响，可是看看我们过去是怎样对待它的。

若干年后，我离开了理论物理研究所，可是我毕竟在那里工作了十五年，写出了一些称心或不称心的论文，带出了很多研究生，现在再次感谢苏肇冰先生。

超弦的第二次革命之所以让许多人不知所措，主要原因是它的背景深藏于过去之中，要完全接纳需要一定的时间。这些背景包括我们前面已经介绍过的超对称、超引力、卡鲁查-克莱因理论，还有没介绍的孤子理论以及相当多的有效量子场论。再有就是革命发生前的一些重要却没有引起足够注意的发展，如 T 对偶、卡拉比-丘流形的镜像对称性等，当然最后不能忘记更早的关于 S 对偶的猜测以及森等人后来的工作。所以在进入二次革命的正题前，应先介绍一下这些背景。

在介绍这些背景之前，想说点关于中国超弦研究的话。为什么到现在才提这个话题？或者有人问，为什么要讲这个？主要原因是，最近一些搞物理和数学的以丘成桐先生为首，在杭州和北京搞了两个超弦的短会，请来了一些弦论界的重要人物，如威腾、格罗斯、施特劳明格等人，再加上历来的理论物理的“形象大使”霍金，对学生和新闻界影响不小，使得弦论从几乎无人注意(当然除了论坛上一些活跃的人和读者以及历年参加国内弦论会议的人)一下子变成公众议论的话题。我记得有一次打的，司机在得知我是搞理论物理的时候问我，膜世界和我们的宇宙有没有关系？既然弦论在中国已成为公众的话题，谈一下弦论在中国的历史应当是一个对大家有益的事。尤其对一些已经选弦论作为研究方向以及希望进入弦论研究的学生来说,这个话题是有用的。

弦论的祖先之一,散射矩阵理论,在中国的历史和在世界的历史是一样长的。张宗燧先生的两卷本著作《色散关系引论》含有比较详细的中国人对散射矩阵理论的贡献的文献,其中值得一提的是戴元本先生的工作。可惜的是,虽然弦论起源于散射矩阵理论,但由于当时中国正处于“文革”时期,中国人在早期对弦论并无贡献。中国人开始注意弦论,是在弦论的第一次革命中。记得我第一次听说弦论,是因为看到了威腾等人关于卡拉比-丘紧化的文章。

我个人比较幸运,在弦论的第一次革命后,有机会去意大利的国际理论物理中心,接触到当时的预印本,见到很多当时活跃的人物,包括威腾。从而早在1985年就开始写关于弦论的不重要的文章了。在国内,除了中科院理论物理研究所外,还有科学院研究生院、浙江大学、复旦大学的一些人开始注意弦论,当然西北的侯伯宇等人也把注意力从反常转移到弦论。

听说有人有“科大三剑客”的说法,感谢这些人对我们的谬奖。这“三剑客”,当年在中国科技大学的确是很“哥们”的,有酒一起喝,有文一同看。高洪波兄由于个人的事情在数年前离开弦论,但他还一直注意着弦论的发展。他的物理背景在他现在的工作中起了很大作用,他在加拿大已经是一个很成功的金融界人士了。只剩下我和高怡泓这两柄秃剑还在慢慢地挥舞。其实中国科技大学当时还有一个非常独立的人,不但独立于老师,也独立于“三剑客”,这人就是后来很有成就的卢建新。所以说,论对中国弦论界的贡献,中国科技大学为第一。

再谈中科院理论物理研究所,前面我提到苏先生,他不研究弦论,但对场论和弦论的重视超过很多场论专家。理论所在一次革命后研究弦论的主要是老师,值得一提的是朱重远老师,他是一直支持研究弦论的。有意思的是,理论所出来的唯一长期研究弦论的学生,也是他的学生,就是熊传胜。熊传胜有重要的工作,他和江口(T. Eguchi)的关于拓扑弦的工作在数学界有很大影响。可惜由于我们还不知道的原因,他也离开了物理。

浙江大学的汪容老师带了很多研究弦论的学生,包括虞跃先生。虞跃虽然后来离开弦论,但他的研究弦论的经历相信对他在凝聚态物理中的研究是有很大帮助的。

复旦大学倪光炯的学生陈伟,也是早期研究弦论的有数的人之一。他也离开弦论了,但在干也许比研究弦论更有用的事:和朋友一同主持在新泽西州的一家英文科学出版社。蒙他的鼎力相助,我和吴咏时先生合作编辑的一本《物理中的非交换几何》已经出版。

西北大学带出了许多学生,如陈一新等人。西北大学至今还是国内研究超弦的基地之一。北京的研究生院出了朱传界一人,也是可喜。

再往后，弦论在中国越来越不受重视，就很少出人了。我知道的，也就是理论所吴可老师的学生陈斌。而现在理论所的研究员喻明也是从国外回来的。从上面的超弦在中国的简史可以看出，弦论在中国是亟需加强的。我们不但要寄希望于国家的更多投入，更寄希望于后来的学生。

第二次革命之后，我回到了国内，后来卢建新也回到了中国科技大学。他在那里形成了一个弦论研究小组，我们在北京则在科学院交叉学科理论研究中心建立了一个研究弦论以及宇宙学的小组，现在这两个小组的互动关系非常健康，力量在逐渐成长。

现在我们将话题收回来，谈谈超弦第二次革命前的一些背景知识。

最重要的莫过于孤子这个概念。在很大程度上，弦论实现了爱因斯坦在研究统一场论时的一个设想：在他的一个理想中，存在一个完美的引力理论，所有物质粒子在这个理论中都是场方程的解。自 1994 年以来，孤子在弦论中占有中心地位。几乎所有的物体，包括弦本身，都可以看做是孤子。

孤子的经验发现虽然很早，可以追溯到 19 世纪罗素骑马时在一个河道中看到的一个孤立波，但在物理中很晚才成为理论和实验的对象。水波的第一个孤立波的解的发现也是迟至 20 世纪 60 年代由克鲁斯卡尔(M. D. Kruskal)等人做出的。孤立波或孤子从那以后就几乎成了一个独立学科。在很多情况下，孤子的解看起来很难找到，但在一些简单的模型里可以用简单的办法找到。

一个线性波动方程的解总是有能量弥散的，开始时准备的一个能量很集中的波包经过一段时间就会逐渐地扩散开来。所以要有一个或多个孤子解，波动方程就必须是非线性的。最简单的是 2 维时空中的一个标量场论，其中相互作用的势能是场的四次多项式，有两个极小点，每个极小点代表一种真空。此时能找到一个静态解，其在两个无限远处的取值是这两个极小点。因为是连接两个真空点的解，这样的解叫扭结(kink)解。这个最简单的孤子是稳定的，因为它要是能衰变的话，两个无限远点的真空必须变成同一个真空，这是做不到的。还存在反扭结解，它的两个端点的真空与扭结解的完全相反。这样一个扭结解和一个反扭结解可以放在一起，因为扭结解的右边的真空与反扭结解左边的真空是一样的，这会导致这个系统是不稳定的，因为两边的真空是一样的了。这个不稳定性其实就是正反扭结的湮没。

当时空的维数超过 3 时，有一个定理说，如果只存在标量场，就没有孤子解。通常，经典场的能量可以分为两部分，一部分与场在空间上的变化率有关，另一部分与场的势能有关。空间变化率越大，场的能量就越大，所以这一项使得场倾向于在空间上变得更均匀，从而能量比较分散。而势能项使得场变得很集中，在大部分的空间中场处于极小点。这两项有竞争的趋势，可以平衡时，就可能存在孤子解。

在高维的时空中,势能项取得优势,从而不存在孤子解。

在3维时空中,解决这个问题的办法是在标量场以外再引入规范场。规范场的存在可以减小标量场空间变化对能量的贡献,从而这一项与势能项可能取得平衡,规范场本身对能量的贡献也可以是有限的。最简单的孤子解是所谓的涡旋(vortex)解。这个解的特点是一个复标量场的取向与所在的空间点相对于原点的取向一致。该解推广到3维空间中是一个弦状的解,因为这个解不依赖于第三维,从而能量集中在平行于第三维的一个轴上。这就是有名的尼尔森-奥利森(Nielsen-Olesen)涡旋。

2维时空中的扭结解和3维时空中的涡旋解同属于一类,叫拓扑孤子解,因为这两种解中有一个守恒荷,与拓扑有关。在前者,拓扑荷就是两个孤立的真空之差,是一个固定的数。在后者,荷与所谓的绕数有关,也就是,绕原点一周,复标量场也在场空间上绕原点一周。如果标量场绕原点不止一周,拓扑荷就更大。

在涡旋解的情况下,我们又说该解饱和博戈莫利内(E. B. Bogomol'nyi)下限。在这个简单的电磁理论中,人们可以推出一个能量的下限,当所有的场都满足一些一阶微分方程时,这个下限被饱和。所以从经典的观点来说,这个解是绝对稳定的。

当时空的维数高于3维时,我们就得引进非阿贝尔规范理论,去得到孤子解。最简单的例子是一个4维时空中的SU(2)规范理论,加上一个在这个群下的自伴随表示的标量场。这个标量场有三个分量,数目正好与空间维数相同(与扭结解和涡旋解的情形一样)。这时,我们也引进一个势能项,使得极小点组成一个2维的面。现在构造一个解,其中标量场在场空间中的取向与空间点相对于原点的取向一致。标量场在无限远处在极小点上取值,所以标量场把无限远的2维球面映射到标量场的极小2维球面。这也是一个绕数为1的解,所以也是一个拓扑解。考虑到关于纯标量场的定理,我们需要一个不为零的规范场。由于在无限远处非阿贝尔对称破缺成普通的阿贝尔对称,这是一个磁单极解,带有没有破缺的规范场的磁荷。这个解为玻利雅可夫与特霍夫特同时在1975年发现。由于标量场的方向与空间方向一致,长得像一个刺猬,所以那时又叫刺猬解(hedgehog)。请注意,扭结解、涡旋解和刺猬解这三个名称都与解的形状有关。我建议大家记住这些名称,因为这些名称包含解的大致性质。这些解都满足博戈莫利内的极限,所以这些解统称为BPS解,BPS来自于三个人的名字(Bogomol'nyi, Parasad, Sommerfeld)。它们都满足一些一阶微分方程,这些方程又叫BPS方程。

假定时空的维数更高,能不能找到新的孤子解呢?答案是肯定的。在场论中,下一个例子是5维时空。这里,我们仅仅应用一下4维时空中得到的解,这个解是玻利雅可夫于1975年发现的瞬子解(instanton)。为何叫瞬子解?因为这个解是4维欧氏空间中的解,在场论中类似于量子力学中的隧道穿透解,不是一个实际发生的过程,而是一个量子效应。这个解仅仅需要非阿贝尔规范场,并不需要标量场。在 5 维时空中,一个静态解不依赖于时间,实际上是一个 4 维欧氏空间中的解,所以瞬子解正好应用到这里,变成一个孤子解了。瞬子解也是一个 BPS 解。

我们提到的孤子解都有一个重要的特点,就是所有不为零的场在空间所有的点上都是光滑的,没有奇异性。如果放弃这个要求,那么即使在一个线性的理论中也可以找到能量集中在一个小区域的解,例如原来的点状电子为电磁场提供了一个点状的源。这样的解不能叫做孤子解,因为如果像量子电动力学中本来就有电子,这个解不能代表一个独立的自由度,而如果没有电子,这个解就毫无意义了。

我不知道在纯粹的场论中,高于 5 维时空是否存在孤子解,可能不存在。

如果有引力介入,情况就完全不同了。我们可以说,黑洞就是一个孤子解。黑洞解虽然有一个奇点,这个奇点与电子解的奇点完全不同。二者有两个不同之处:第一,黑洞的奇点不是存在于空间中的某个点,不是在所有时间上都存在的,用行话说,不是一个类时点,而是一个类空点,突然出现在某个时间上,有点像大爆炸宇宙的开始时的奇点;第二,黑洞的奇点被一个视界面藏起来了,站在黑洞之外的人看不到这个奇点。爱因斯坦理论是非线性的,所以这个类似孤子解的黑洞的存在很容易理解。

所有的高维的爱因斯坦理论中都存在黑洞解,所以我们可以说,与通常的场论不同,引力理论中总存在孤子解,无论时空维数有多高。也许 2 维时空和 3 维时空是特例。2 维时空中,度规本身没有任何自由度,从某种角度来说,自由度甚至是负的。为了引入黑洞,就必须引入一个标量场,如伸缩场。引进这个标量场后,自由度的个数为零,即便没有自由度,黑洞解也存在了。在 3 维时空中,纯引力理论的自由度也为零,如果有一个负的宇宙学常数,黑洞解也存在。

在一个理论中找到孤子后,接下来有一个量子化的问题,必须考虑所有场的量子涨落对孤子解能量的贡献。计算这些贡献要将一个场在孤子解附近的模来展开。对于玻色场来说,可能存在零模,也就是对能量没有贡献的模。最简单的是对应于孤子位置平移的模,这些模又叫模参数(moduli),因为它们是描述孤子自由度的参数。如果存在费米场,费米场的零模也有重要的物理含义。这些零模通常是局域的,在空间上的积分是有限的。费米场的零模,作为一个算子,作用在原来的孤子解上的时候,会产生一个新的能量与原来一样的态,这个态是费米子。在特殊情况下,如在扭结解情形,费米数甚至是 1/2。

当存在超对称时,一个孤子解通常有几个伴随的态。如果这个孤子解不破坏一些超对称,能量可能没有量子修正,特别是在这个孤子是一个 BPS 解的情况下。BPS 解的能量满足下限,而这个下限恰恰与一个拓扑荷有关,明显没有量子修正。当 BPS 解同时又不破坏一些超对称的时候,这个下限是超对称代数的一个结论。超对称代数没有量子修正,拓扑荷也没有量子修正,所以孤子解的能量没有量子修正。

可能 N 等于 4 的 4 维超对称规范理论最为有名,因为这里的孤子解是一个磁单极,有一半的超对称没有破缺,所以其质量没有量子修正。同时,考虑到费米场的零模后,所有的解形成一个超对称多重态,而且与原来的规范场超对称多重态的表示完全一样。这个特点,是该理论可能存在强弱对偶的一个重要暗示,因为如果用磁单极作为基本变量,我们还是会得到一个超对称规范场论,且耦合常数是原来耦合常数的倒数。

以上谈到的所有孤子解在弦论中都有重要应用。弦论由于含有引力,所以也有不同于以上孤子解的新解。这些解在超弦第二次革命中起到了关键的作用。

我们接着谈谈弦论所有对偶中最简单的一种——T 对偶。这个对偶的发现比较晚,虽然人们可能要问为什么没有更早一点。T 对偶又叫"靶空间"对偶(target space duality),这里的"靶空间"就是一般的空间,叫成"靶",是因为弦的世界面被嵌入这个空间。顾名思义,这种对偶是不同空间之间的对偶。

T 对偶是两个日本人于 1984 年发现的,其中之一就是我们过去提到过的吉川圭二(有趣的是,如果你用网络查这个名字,可以找到我先前提到他的那一段)。1984 年弦论刚复活,没有什么人注意到这个工作,后来大家又忙于第一次革命带来的一些时髦的问题,更没有人注意到这个工作了。最早注意到他们的工作的也是两个日本人,酒井(N. Sakai)和千田(I. Senda)。他们的文章是第一个引用 1984 年的那篇文章的,这是在两年之后。很有意思的是,吉川和山崎(M. Yamasaki)当初写那篇文章的目的不是为了解释 T 对偶,而是想通过对紧化后的卡西米尔能量的研究来使得紧化稳定,T 对偶不过是他们的意外收获。就是两年后的酒井和千田的文章,也是想研究环面上的紧致化的真空能量。T 对偶真正引起重视是在 1990 年前后。这个事例又一次说明,很多重要的工作仅仅凭当事人的反应是不够的,有时甚至是错误的。

当空间有一维紧化成圆时,如果没有超对称,一个量子场论会有卡西米尔效应,同样,一个弦论也有卡西米尔效应。要研究这个效应,就必须计算在这个紧化下弦的谱。弦在没有紧化下的谱很早就为人所熟知,分成质心运动部分和振动部分。同样,当弦在一个圆上运动时,也分成这两部分,其中振动部分与没有紧化时并无不同。质心部分就很不同了,这时,弦在圆这个维度方向上的动量不再是任意和连续的,而必须像一个粒子一样,要量子化,这和最早的玻尔量子化条件并无不同。基本的量子化单位就是一个普朗克常数乘上圆半径的倒数,所以半径越小,动量的间隙越大。

如果我们研究的对象是开弦,故事到此结束。如果是闭弦的话,除了质心运动和振动之外,弦还可以绕在圆上。开弦当然也可以绕在圆上,但由于开弦的两端是自由的，缠绕的方式在运动过程中会改变，从而没有一个守恒量与之对应。闭弦的绕数是守恒的，所以绕数是一个好的量子数，必须出现在单个弦的谱中。不但如此，在弦的相互作用过程中，弦的总绕数是守恒的，这个很容易通过想象弦的断开和连接来验证。这样，当我们考虑紧化空间是一个圆时，单个弦的谱中就多了两个分立的量子数，一个对应于量子化的动量，一个对应于弦的缠绕数。绕数对能量的贡献与圆的半径成正比。

从弦的谱来看，对两个量子数的依赖完全相同，只不过是系数不同而已。如果我们用一个新的圆代替老的，让新的圆的半径是旧半径的倒数（以弦的长度标度作为单位），那么在这个新的圆上所得到的谱和老的圆上的谱完全一样，换言之，我们看不出这两个理论有什么不同。这就是 T 对偶了，两个理论看起来不一样，实际上是完全等价的。当然，我们要证明这个等价性还必须证明除了谱之外，弦的相互作用也完全一样。在微扰论中，要证明这一点，只需证明每个费曼图都相等就行了，也就是说，我们要求在每一个高亏格黎曼面上，2 维的共形场论完全一样。这个是比较容易做到的，因为两个共形场论都是自由场论，计算关联函数是相对容易的。

有一个特别的半径，当它的倒数等于自身时，是自对偶的。用弦的长度标度作单位，这个半径基本上就等于弦的长度标度。小于自对偶半径的半径对偶于一个大于自对偶半径的半径，所以自对偶半径可以看做弦论中的最小尺度。T 对偶在 1990 年左右引起的兴趣基本上就是用来论证弦论中有最小尺度，当然人们也用弦的散射振幅来说明这一点。

T 对偶在一个量子场论中是绝对不可能的，因为那里没有绕态，所以 T 对偶完全是弦的性质。T 对偶的存在说明在弦论中，空间这个概念不是绝对的，是根据定义来的，从而是一个物理的体现。有人会问，那么当空间中的一维是圆时，我们到底怎么决定它的半径？这是一个很好的物理问题，回答也是很物理的，就是，要看容易激发的激发态是什么，以及各个态的耦合强度。我们有两个对偶的理论，弦的耦合强度在原来的全部空间中是不一样的，而在约化后的空间中（将圆除外）的耦合强度是一样的。假定原来的耦合都是弱耦合，我们就要看轻激发态是什么。如果其中一个圆的半径大于自对偶半径，那么对应的动量模比对应的绕数模轻，我们就说物理用的尺子是用动量模构造的，半径是这个大的半径。当这个半径太大时，耦合强度有可能很大，这时就要仔细分析相互作用带来的后果了。当半径变小，绕数模越来越轻，我们就可以用这些绕数模构造尺子，量的是对偶的半径，因为在这个对偶理论中，原来的绕数模变成了动量模。

对于一个简单的圆来说，T 对偶就是简单地把圆的半径换成倒数，这样的操作形成一个简单的群，就是 Z(2)。如果没有 T 对偶，我们说由半径这个模参数组成的模空间是一个半直线，从零到无限大，或者更准确地说，如果我们用半径的对数做模参数,是一个直线。有了T对偶,直线在T对偶的作用下反演了一下。我们将这个直线以自对偶半径那一点为原点对折,得到一个新的模空间,这是一个半直线。

T对偶可以自然地推广到包括更多的圆的情况,这时就有更多的对偶操作,不仅仅是简单的推广。当然每一个圆的方向都可以做原来的T对偶操作。当维度增多,还有一些纯几何的对称性,如在环面情形,我们可以将环面的两个方向作交换,也可以选择两个完全不同的基本圆来形成这个环面。这种纯几何的对称性已经形成一个相当大的群,有无数个群元,可以由两个生成元产生。原来的两个T对偶相结合使得整个环面的体积变成原来的倒数,再加上对弦论中普遍存在的一个反对称张量场做变换,形成另一个群。这两个群的集合就是群$SO(2,2,\mathbf{Z})$,这里我们不打算解释这个群的定义,希望学过群论的人一看就知道这是什么。

我们统一地把几何对称和弦的T对偶叫做T对偶群,这个群随着环面维度的变大越来越大,当维度是d时,这个离散群是$SO(d,d,\mathbf{Z})$,作用在模空间上。现在的模空间的参数由环面上的几何参数以及反对称张量场组成。T对偶群也作用在弦的谱上,也有直观的解释:弦态的动量在环面上有d个分量,同样,绕数也有d个分量,由这$2d$个整数形成一个$2d$维晶格,$SO(d,d,\mathbf{Z})$是这个晶格的对称群。当观察质量谱时,我们会发现在这个群作用下质量谱不改变。

应当提一下,我们一直没有太强调其他模参数。就世界面上的共形场论来说,只涉及我们提到的模空间。当我们考虑弦的相互作用时,就必须计及相互作用常数。这也是一个模参数,它在T对偶的作用下也会改变。

由于T对偶的发现和证明一直局限于谱和世界面,这种对偶严格说来只是在微扰论中被证明。后来人们在简单的圆的情形利用规范对称性来说明T对偶也是一种剩余规范对称性,这样,T对偶应当是一种严格的对称性,在非微扰论中也应当是成立的。

最后,回到T对偶发现的原始文章,在那里,吉川等人计算了真空能量,发现在自对偶的半径处能量取极小,这当然是对偶的一个简单结论。

我们前面介绍的T对偶,既可以用在玻色弦理论中,也可以用在超弦理论中。用于玻色弦时,情况很简单,无非由一个玻色弦得到另一个玻色弦;用于超弦时,情况稍复杂,在T对偶下,ⅡA理论变成ⅡB理论,反之亦然。这个现象有一个简单的世界面上的解释。在世界面上,当我们做T对偶时,是将动量模与绕数模互换,这个互换可以通过改变世界面上对应的标量场(即紧化的那个空间)的左手模的符号达到。由于要保持世界面上的超对称,对应的世界面上的费米子的左手模也要改变符号。我们知道,时空中的费米子来源于两个拉蒙分支,当世界面上的一个左手费米子改变符号时,其所在的拉蒙分支的手征性改变。这样,在T对偶下,ⅡB弦论中本来有相同手征的拉蒙分支变得具有相反的手征性了,这就成了ⅡA理论。

T 对偶的存在说明弦论中空间这个概念不是绝对的，是根据动力学和物理解释获得的。T 对偶的一个较为复杂的推广是所谓的镜像对称性，这是一个联系弦论和代数几何的重要现象，我虽不是专家，还是在这里谈一下。

镜像对称性是关于ⅡA 弦和ⅡB 弦的对称性，只有当紧化空间是卡拉比-丘流形时才有。这个对称性说，一个ⅡA(ⅡB)理论紧化在一个卡拉比-丘流形上时等价(或即对偶)于一个ⅡB(ⅡA)理论紧化在另一个拓扑和几何完全不同的卡拉比-丘流形上。拓扑上的条件是，一个卡拉比-丘流形的卡勒形变的参数对应于另一个卡拉比-丘流形上的复结构形变参数。我们先解释这个要求的物理含义。

在紧化后，我们通常要考虑每个 10 维的场会产生什么样的 4 维无质量场。例如，通过引力场在紧化了的时空方向的分量，我们可以获得 4 维时空中的标量场。这些标量场的数目往往与紧化空间的拓扑有关。简言之，一部分分量的零模由卡拉比-丘流形的卡勒形变给出，另一部分零模由复结构形变给出。巧的是，这两组参数的数目之差等于 4 维中零质量费米子的代的个数(如果是杂化弦的话)。

在镜像对称性的作用下，上述两组零模互换，总数不变，相差的绝对值也不变。其实镜像对称性的发现相当晚，直到 1990 年才有人认真提出来。发现得晚的原因是，这个对称性在几何上是不可思议的(要求卡拉比-丘流形成对出现)，对称性本身只有通过研究世界面上的共形场论才变得明显。

当我们研究ⅡA 或者ⅡB 理论时，世界面上的共形场论具有超对称，即使当一部分空间是卡拉比-丘流形时，也有世界面上的超对称。此时世界面上有四个超对称，左手分支两个，右手分支两个(记住在共形场论中这两个分支基本上是独立的)。在每个分支中，更有超共形不变性。在这里，我们遇到将来经常遇到的概念，就是超对称 BPS 态。这里的态指的是世界面理论中的态，而不是时空中的态。世界面上的超共形代数定义了一些特别的态，叫手征初级态(chiral primary)，这些态带一个守恒荷，而超对称代数表明该态的标度指数(scaling dimension)等于这个荷，这个关系是超对称 BPS 态所满足的关系。由于左手和右手都有一个超共形代数，所以一个完整的算子带两个荷。我们上面所说的两种形变参数对应于这些手征初级态，所以共形场论的知识决定了卡拉比-丘流形的一些拓扑性质。现在，镜像对称性在共形场论中有很简单的解释，两个镜像对称的卡拉比-丘流形的描述对应于同一个共形场论，但算子的左手荷的符号被改变了。一个近乎平庸的共形场论的对称变成了高度非平庸的空间对称性。

后来各种对偶的发展证明镜像对称性不仅有重要的物理应用，也有似乎更重要的数学应用。

现在转到二次革命前的另一个重要发现，规范场论的强弱对偶，又叫 S 对偶。要解释这个对偶，我们要回顾一下狄拉克 1948 年关于磁单极的工作。在麦克斯韦理论中,通常只假设电荷的存在,没有磁荷。在这种情况下,电场和磁场可以统一地写成电磁势,是一个时空中的 4 维矢量。如果没有量子力学,将电磁场分开来写或者统一地写完全是个习惯问题。有了量子力学,这就成为一个物理问题了,很明显,一个电荷在电磁场中应当直接与电磁势耦合,这已经由阿哈罗诺夫-玻姆(Aharonov-Bohm)效应的实验所证实。当有磁荷的时候,通常不能直接写电磁势。例如,只有一个磁荷,也就是磁单极时,我们没有办法写出一个除了在磁荷那一点外处处光滑的电磁势。如果形式上扣除从磁荷处延伸到无限远的一个半直线,我们就可以写出电磁势。这个电磁势在扣除了的半直线处无法定义。这个半直线叫"狄拉克弦"。

当一个电荷在磁单极的磁场中运动时,我们还像过去一样假定电荷直接与电磁势耦合,但是,我们不能假定狄拉克弦真的被扣除,所以电荷本身的波函数应当与狄拉克弦的存在无关。这个要求导致磁荷和电荷量子化,叫狄拉克量子化。数学上,量子化要求电荷乘以磁荷是整数,物理上,这个乘积很自然,因为电荷与磁荷的耦合强度既正比于电荷,也正比于磁荷。

狄拉克量子化条件也有一个很漂亮的数学解释:我们用同心球面来描述整个空间,中心就是磁单极所在处。狄拉克弦与这些球面相交于球面的北极,所以电磁势在北极没有定义,换言之,磁单极的存在使得电磁势在球面上的一个开集有定义。我们现在将球面分成上半球面和下半球面,电磁势应当在这两个半球面上分别有好的定义。两个半球面相交于赤道,在赤道上,两个定义不同,但也只相差一个规范变换,这个规范变换定义了一个纤维丛。考虑电荷在球面上运动,电荷的波函数在两个半球面上也分别有定义,在赤道上也相差一个规范变换。我们要求这个规范变换沿着赤道是周期的,这就给出了狄拉克量子化条件。

对于狄拉克本人来说,如果找不到磁单极,虽然因为不能很简单地解释电荷的量子化而有一点遗憾,可故事也就到此结束了。我们并不奢望电磁理论中真的存在磁单极,然而在有些非阿贝尔规范理论中,我们前面说过,真的存在磁单极解,所以在这些理论中我们就不能忽略磁单极了。磁单极解,由于是孤子解,有一个孤子解的共性,不但所带的磁荷反比于理论中的基本电荷,其质量也与电荷的平方成反比。当规范理论是弱耦合时,磁荷很大,质量也很大,一般不介入低能现象。

如果我们考虑电荷与磁荷之间的耦合,由于狄拉克量子化,无论电荷本身如何小,耦合永远是 1 的数量级。如果考虑磁荷与磁荷之间的耦合,耦合强度与电荷之间的耦合强度成反比。自然地,人们问,有没有可能将带磁荷的孤子看成基本的激发态来构造一个新理论,在这个新理论中,原来的基本激发态如电荷成为孤子?这是一个非常动人的猜测,很难验证,所以有很长一段时期没有人认真地对待这个猜测。如果这个猜测是对的,那么新理论就是原来理论的对偶理论,其中的基本相互作用强度与原来的相互作用强度成反比，因此这个对偶叫强弱对偶。

现在看来，强弱对偶不会是普遍成立的。能够找到根据的强弱对偶都涉及时空的超对称，最典型的例子是我们提过的 N 等于 4 的杨-米尔斯超对称规范理论(super Yang-Mills，经常被简记为 SYM，我在台湾经常看到这个缩写，原来是三阳摩托的简称)。这个对偶是英国人奥立弗-蒙托宁在 1977 年首先提出的。后来奥斯本(H. Osborn)指出，磁单极只在有 16 个超对称生成元时才可能组成一个含规范粒子的超对称多重态(1979 年)。这个对偶猜想被冷落了许多年。据我所知，森也许是第一个重视这个对偶的人，他的出发点是弦论，最早的时间是 1992 年。后来施瓦茨也相信了这个猜想。另外，冈特利特(J. Gauntelett)也在 1993 年研究了超对称磁单极的低能动力学，目的也是为了研究强弱对偶。

森，印度弦论家。森是对第二次革命贡献最大的人之一，在第二次革命之前鼓吹弦论中的强弱对偶，并且给出了最初的证据。他工作起来非常用功，经常一个人连续在一个方向上做研究，最后引起弦论界的注意。

N 等于 4 的强弱对偶不仅仅是简单的强弱互换。在这个理论中，除了一个耦合常数外，还有一个耦合常数类似一个角，通常称为 θ 角，与一个拓扑项有关。这两个常数结合成为一个复数，强弱对偶可以推广为一个变换群，非常类似 2 维环面上 T 对偶的一个子群，就是 $SL(2,\mathbf{Z})$。这些对偶变换预言，存在着无限多个磁单极和电荷的束缚态，带有任意整数个磁荷和任意整数个电荷，这两个整数互质。除了磁单极本身,最简单的束缚态含两个磁荷和一个电荷。这个束缚态的存在于1994年由森所证明,从而第一次给出强弱对偶的证据。

众所周知,塞伯格和威腾1994年的工作在场论界和弦论界唤起了人们对对偶的兴趣,而这两个人对对偶的兴趣一部分来自森的工作。当然,很多人许久以前就提出了其他种类的对偶,由于太缺乏证据,没有人相信。我们下一节将谈谈这些"史前"猜想和相关的工作。非常有趣的是,虽然一般地说强弱对偶比较罕见,却普遍存在于超对称规范理论中。进一步,这些强弱对偶都毫无例外地可以在弦论中实现。毫不夸张地说,弦论是一切对偶之母(起码目前如此)。

在第二次革命前,一直致力于研究弦论中各种孤子解的是达夫(M. Duff)。他和他的学生,如卢建新,以及一些博士后,花了很多精力和时间来研究弦论中的孤子解和分类,也提出了一些对偶猜想。有些猜想没有太多的证据,特别是涉及高维膜(brane)的,有的为后来的发展所证实。他们在20世纪90年代初的努力虽然后来取得了丰厚的回报(达夫本人也由此从德州的农机(A&M)大学转到密歇根大学并在那里成立了一个理论物理中心),但在当时基本为弦论界同行所忽略。这是一件非常可惜的事,否则我们可以想象二次革命可能提前两年发生。

达夫,在超弦第二次革命之前鼓吹孤子对理解超弦的非微扰效应的重要性。由于他主要相信弦与5维膜的对偶,所做的猜想直到现在也没有证据,当时更难以被弦论界接受。但是,以他为首的一些人孜孜不倦追求的一些孤子解后来在二次革命中起到了重要作用。

弦论中除了引力场、伸缩子场外，还有常见的两阶反对称张量场以及更多的高阶(低阶)反对称张量场。在弦的世界面上，我们通常会看到两阶反对称张量场出现，出现的方式类似于一个微分形式在2维面上的积分。这个耦合在弦论的一次革命中就被重视，但奇怪的是直到很晚人们才意识到这意味着弦是带着这个反对称张量场的荷的。我们知道，一个带电荷的粒子与电磁势的耦合方式就是电磁势对作用量贡献一个沿着世界线的积分。早在1984和1986年，内泊麦基(R. I. Nepomechie)及泰特尔鲍姆(C. Teitelboim)就指出，一个$p+1$阶的反对称张量场的荷是一种有p维空间延展的物体，我们常称为p维膜，或简称为p膜。所以，弦论中的弦有一个简单的物理解释，就是这种1维物体其实就是反对称张量场对应的荷。当然，对于一个封闭的微观的弦来说，我们没有办法测量这种荷所产生的场，原因是只有当弦是一根无限长的直线时，反对称张量场才有类似库仑场的形式，一个封闭的弦很像一个电偶极矩，我们稍后再解释为何如此。弦论中的"孤子"实在是一个大题目，我们也许需要半章的空间才能把来龙去脉大致交代清楚。我们从推广的狄拉克量子化条件谈起，这也是内泊麦基和泰特尔鲍姆文章的主要结果。假定在一个D维时空中，存在一个$p+1$阶的反对称张量场，所对应的荷为p膜。p膜的世界体是$p+1$维的，所以要求p不大于空间的维度，也就是$D-1$。考虑这个膜的延展是空间的一个p维的欧氏子空间，其互补子空间是$D-p-1$维的，我们通常叫这个互补子空间为横向空间(transverse space)。p膜产生一个类似库仑场的反对称张量场，这个反对称张量场不为零的分量正好带平行于p膜的时空指标，一共是$p+1$个指标，这些方向叫p膜的纵向方向(longitudinal directions)。由于沿着纵向方向有洛伦兹不变性，反对称张量场只是横向方向的函数。

如果扣除p膜所占的那个p维空间方向，p膜看起来就像是一个生存在$D-p$维时空的一个带电粒子。如果$D-p$恰恰等于4，我们就得到4维时空中的一个点状电荷。这样我们就可以直接应用已知的知识，得到一个结论：这个点电荷有一个对偶的"磁荷"，也是点状的。回到原来的D维时空，如果$D-p$等于4，一个p膜的对偶物体是一个点状磁荷。如果$D-p$大于4，我们就必须人为地扣除一些p膜的横向维度，使得剩下的时空维度等于4，同样可以引入一个"磁荷"，这被扣掉的维度可以看成是这个"磁荷"所占的空间，也就是这个新物体的纵向方向，所以这个新物体也是一个膜，其维度是$D-p-4$。可以直接应用狄拉克的量子化条件，我们得出结论，一个p膜和一个对偶的$(D-p-4)$膜所带的两种对偶荷满足量子化条件。这是内泊麦基和泰特尔鲍姆的主要结果。由于后来发现了新的对偶，我们将这种对偶统称为电磁对偶。想提一下，在泰特尔鲍姆的工作后，我、高洪波以及高怡泓用了一个当时很时髦的拓扑方法重新获得了量子化条件。由于这个方法很形式，加之大家本来就不重视这方面的工作，我们的文章没有人理睬。

从数学上来看,上面的结论很容易理解。p 膜对应的长程场,或可称为规范场,是 $p+1$ 阶反对称张量场,它的场强是一个 $p+2$ 阶张量。类似电场的对偶是磁场,这时 $p+2$ 阶张量在 D 维时空中的对偶是 $D-p-2$ 阶张量场,可以解释为 $D-p-3$ 阶反对称张量场的场强。现在,$D-p-3$ 恰恰是$(D-p-4)$膜的世界体的维度。

当 D 是 4 时,如果 p 是零,那么 $D-p-4$ 也是零,所以互为对偶的物体在 4 维中都是点粒子。我们也可以形式上取 p 等于-1,这个"物体"的对偶在 4 维中就是一个弦。当然不存在维度为负的物体,但由于此时 $p+1$ 是零,这个怪怪的东西可以解释成瞬子,因为瞬子的世界点是零维的。这个对偶看起来怪,在弦论中是存在的,瞬子对应的规范场是一个标量场。我们后来会看到,这个标量场的真空期待值就是 θ 角。所以,当弦论紧化到 4 维时空时,总有一个标量场存在,我们通常将这个标量场称为轴子(axion)场。

当 D 等于 10,也就是所有的超弦理论的基本时空维度时,取 p 等于 1,此时 $D-p-4$ 等于 5,也就是说弦的对偶物体是 5 膜。5 膜的发现有一个有趣的历史,最早的 5 膜应当是施特劳明格于 1990 年构造的杂化弦中的 5 膜。他利用了杂化弦中存在非阿贝尔规范场,所以有瞬子解这一性质,将瞬子解的 4 维空间解释为 9 维空间中的子空间,这样这个解不依赖另外的 5 维空间,解有 5+1 维的洛伦兹对称性,所以是一个 5 膜。当然,由于这里是弦论,除了规范场以外,引力场和其他零质量玻色场也应当是 5 膜横向空间的函数。施特劳明格猜测,存在一个以 5 膜为激发态的理论,是杂化弦的强弱对偶。

应当注意的是,虽然施特劳明格的 5 膜也是弦的电磁对偶,但它的性质与 N 等于 2 的两个 10 维超弦中的 5 膜完全不同。我们将来在谈到所谓的 D 膜后再回到这个话题。

取 D 为 11,p 等于 2,我们由一个 2 维的膜出发,得到其对偶膜也是一个 5 膜。很久以前,人们就知道 11 维超引力中含有一个三阶反对称张量场,但直到 1987 年,以汤森为代表的一些人才注意到这里有可能存在 2 维的膜,其无质量的激发态就是 11 维超引力多重态。与弦不同的是,膜的世界体理论很难量子化,即使在最为简化的光锥规范下,也无法量子化,所以膜是否是 11 维超引力的微观理论还是一个没有结论的问题。但有一点没有疑问,就是,膜的最低激发态的确是 11 维的无质量超多重态。现在,11 维超引力的微观理论被称为 M 理论,其中有 2 膜和 5 膜,但它的量子力学性质还有待于发展。

1987 年,我正好参加在的里雅斯特的一个 2+1 维物理讨论班,汤森的几个合作者都去了。记得伯格肖夫(E. Bergshoeff)讲的就是超膜理论。他的开场白说,为什么要研究膜,回答是,为什么不研究。当时我觉得这个回答太牵强,所以根本不去注意听他的演讲。今天看来，虽然不得已可以用这样的理由，但他当时应当能找到更好的理由来吸引听众的。从听众的角度来说，“为什么不”这样的理由不能忽略。如果那时听众中有人听进去了，做了一点研究工作，说不好这样的工作在今天来看就是重要的工作。

汤森，又一个在二次革命之前对二次革命的发生做出很大贡献的人。他一直致力于研究弦论和超引力中的各种膜的解，并与威腾同时提出了11维超引力就是ⅡA弦论的强耦合的低能极限。他对2维膜情有独钟。

如果取 D 为 6，p 为 1，那么弦在 6 维中的对偶也是弦。的确，6 维中的 N 等于 2 的超引力中有一个自对偶的两阶反对称张量场，其对应的荷既是电荷也是磁荷，这就是自对偶弦。如果将弦作为基本激发态，弦的耦合强度不可能太小也不可能太大，因为它是自对偶的，狄拉克量子化条件完全决定了耦合常数。

在两个 N 等于 2 的 10 维超弦中，除了两阶反对称张量场外，还存在着所谓 R-R 反对称张量场。这些场从弦的一次量子化的角度看，来源于拉蒙-拉蒙分支。在ⅡA 理论中，这些场的阶是奇数，对应的膜是偶数维的，有 0 膜、2 膜、4 膜、6 膜、8 膜。在ⅡB 理论中，R-R 反对称张量场的阶是偶数，因此对应的膜是奇数维的，有 1 膜、3 膜，5 膜、7 膜、9 膜，甚至还有 −1 膜，就是瞬子。这个瞬子是纯粹的引力瞬子，因为这里还没有规范场。所有的这些膜统一地叫做 D 膜。

我们前面谈了谈弦论中可能存在的一些膜，这些膜的统一特征是带反对称张量场对应的荷。如果膜的空间维数高于零，这个荷是延展的，均匀分布在膜上，如同膜上的能量密度一样。因此膜的存在并不破坏沿着膜的纵向方向的洛伦兹不变性。

在对应的低能理论,即经典超引力中,人们可以找到相应的解。解的方式很直接,在大多数情形下只要考虑度规、伸缩子场以及相应的反对称张量场。由于纵向方向上的洛伦兹不变性,度规和张量场只能采取一些特殊形式。人们在解方程之前,可以假设有一个膜提供能量源及荷。有趣的是,当方程解完了,往往发现其实并不需要能量源——由于度规及伸缩子的关系,能量源在横向方向的原点往往被一个函数零化了。至于荷的源是否被零化,就要看情况了。这里主要是看我们处理的是什么反对称张量场。如果是与弦相耦合的内沃-施瓦茨反对称张量场,则弦或者与其对偶的 5 膜的源没有被零化,因而这些解类似电磁理论中的电子,是有奇异性的,不是真正意义上的孤子解。如果反对称张量场是拉蒙-拉蒙反对称张量场,那么荷源也被零化了,这是真正的孤子解。此时,我们只是解低能引力场方程,能量源及荷源是一种非线性效应,很像非阿贝尔规范理论中的磁单极解。

这些膜通常破坏时空中的一些超对称,保留一些超对称。简单的世界体是闵氏空间的膜,只破坏一半的超对称。超对称条件往往可以用来简化运动方程,因为这些条件通常是一阶微分方程。这个事实与所谓的 BPS 条件有关,该条件我们在谈孤子时已经解释过。在这种情况下,给定一个荷,带这个荷的所有可能的物体的能量有一个下限,下限正比于荷。当能量正好是这个下限时,我们也会得到一组一阶微分方程,与用超对称条件得到的方程一样。由于一部分超对称没有被破坏,可以想象围绕这个孤子膜解的激发态是这些超对称的表示。通过过去研究孤子集体坐标的经验,我们知道膜的世界体上的动力学一定是超对称的。当然,有了解后这个结论是自然的,但有一段时间人们不知道除了弦外,能否在高维膜上实现超对称。最早发现在场论中的膜解可以实现的,是泡耳钦斯基和他的两个学生。这个工作在 1986 年做成,比他和他另外两个学生发现 D 膜要早三年。

很容易将单个孤子解推广为多孤子解,表示有若干个平行的膜。这些膜由于不破坏同样的超对称,也是稳定的位形,说明膜与膜之间的相互作用完全抵消。通常,两个膜之间有引力相互作用,在弦论中,伸缩子所引起的力也是吸引力。由于膜都带同样的反对称张量场的荷,荷之间引起的是排斥力。很明显,吸引力和排斥力正好抵消。其实,在没有超对称的情况下,如果满足 BPS 条件,孤子之间的相互作用也会抵消,规范场中的磁单极和瞬子解就是这样。

一旦找到了孤子膜解,下一步就是研究在其附近的激发态,特别是所谓的零模,因为零模就是集体坐标,控制膜的动力学。一个最简单的例子是对应于时空平移的零模,这些模的存在对应于一个简单的事实,就是膜的解中有不确定的参数,其中一部分是膜在横向方向的位置。当这些位置依赖于膜的纵向坐标时,膜的位形在时空中是一个一般的弯曲的超面。由此可知,这些零膜是局域在膜上的,对应的引力中的解也是局域在膜上的,但可以有一个宽度。

表面上看，孤子膜的解通常是有奇点的，这个奇点可以选择在原点。例如，与弦对偶的5膜就有奇点，特别在度规中，有一个看起来是奇点的原点。如果将弦看做理论的基本激发态，我们应当研究孤子的弦度规，即弦感到的度规是否是奇异的。回答是，几何不是奇异的，只是弦的相互作用强度在5膜的中心变成无限大。在ⅡB理论中，存在一个二阶的拉蒙-拉蒙反对称张量场，所以有对应的1膜和5膜。这个5膜与前面的5膜不一样，叫做D5膜。同样，从弦的角度来看，D5膜的度规是非奇异的，因此这些孤子膜是真正意义上的孤子。进一步，如果我们研究弦在5膜背景下的运动，就会发现弦的运动方程在任何一点都是定义良好的，不会发生测地线断开的现象——一个无限大的平行于5膜的弦将花费无限长的时间才能到达5膜的中心，换言之，5膜的位置可以看成视界。

弦本身也可看做是一个孤子解，最早发现这一点的是达波尔卡(A. Dabholkar)等人。虽然在弦所在处我们不需要能量源，我们却需要二阶反对称张量场的源，就是弦的荷，所以弦很像电磁理论中的电子，是个奇异解。弦的解中的度规更是奇异的，有一个曲率奇异点，就是弦所在处的度规的曲率是无限大。达夫和卢建新猜测有一个基本的5膜理论，这个理论与弦论对偶。如果这个猜测是正确的，那我们就应当从5膜的角度来看弦。5膜与弦度规的耦合不是通常的耦合，要加一个伸缩子因子，所以5膜看到的度规不是弦度规。如果将弦的解用5膜所看到的度规表示出来，曲率奇异性就消失了。虽然我们不能认真地认为有一个基本的5膜理论，但这个观察还是很有趣的。弦的相互作用强度在弦所在的位置变成零也是一个合理的结果，否则可能与弦的微扰论矛盾了。

也许杂化弦中的5膜值得单独提出来谈一谈，因为这是施特劳明格以及哈维和卡伦曾致力研究的，在经典引力的框架下算是研究得相当透彻的了。杂化弦的特点是包含规范场，这就有可能将规范场的一些结果应用到那里去。最简单的情况是利用4维规范理论中的瞬子。将这个瞬子嵌入到杂化弦中，6维时空中的规范场是平庸的，所以我们得到一个5膜，其横向方向就是瞬子所在的时空。杂化弦另一与众不同的地方是运动方程要求规范场与曲率有一定的关系，由两阶反对称张量场联系起来，这样度规自然也不能是平庸的。这样获得的5膜与其他弦论中的5膜不同，进一步，其世界体上的动力学也非常特别，我们将在介绍D膜时详细谈这个不同。

以前的关于对偶的猜想有许多是希望高维的膜有基本理论，可以量子化，从而所对应的理论可以有一个对偶，例如弦/5膜的对偶。现在看来，高维膜不但很难量子化，就是有可能做量子化也是没有太多意义的。例如，M理论中的2维膜就可能除了零质量粒子外，剩下的谱中的物体都是极不稳定的，很快会衰变成零质量的粒子。

最后,我们谈谈当膜被激发后会发生什么。如果我们坚持在引力中研究这个问题,我们必须假定激发态沿着膜是均匀的,否则我们无法对方程求出严格解。如果激发是均匀的,那么沿着膜的能量密度是均匀的,所以膜上面的欧氏对称还在。由于静态的能量不再有洛伦兹不变性,引力解也破坏了这种不变性,从而类似黑洞的物体可以形成,因为度规的时间分量与其他分量不同了。赫洛维芝与施特劳明格 1991 年就得到了这个解,它的确是黑洞。我们后来会看到,膜的均匀激发态是黑洞的解释将在理解黑洞热力学时起到重要作用。

先声就谈到这里,后面我们就要进入第二次革命了。

第八章　第二次革命——场论的发展

使人真正体会到革命到来的无疑是塞伯格和威腾 1994 年夏天的两篇文章。我在第一章中就提到,当时塞伯格并没有计划去亚斯本参加任何活动,而专程飞到那里宣传他和威腾的工作。那时有两个讲习班交错地举行,一个和量子色动力学有关,另一个是超对称的讲习班。我当时参加量子色动力学的讲习班,正在很有兴味地研究量子色动力学中的高能散射问题,不会想到超弦的长达数年之久的革命就此到来。

在大多数人还在尝试理解塞伯格-威腾的工作时,《纽约时报》就先以一版的篇幅高度评价地介绍了他们的工作。

这件重要工作建立在几个重要的概念之上。第一是塞伯格本人在过去一年发展的全纯分析:场论中有一些参数和场的期待值,场论以全纯的方式依赖于这些量。在复分析中我们知道,如果一个函数是全纯的,通常就被确定了。第二是电磁对偶概念。不同于我们前面谈到的 N 等于 4 的规范理论,塞伯格-威腾所研究的 N 等于 2 的理论本身没有电磁对偶,但由于理论中存在磁单极,电磁对偶以及推广的 $SL(2,\mathbf{Z})$ 群可以作用在依赖于真空的一些物理量上面,从而帮助我们理解该理论的一些性质。最后,老的概念,如磁单极凝聚所带来的后果也帮助他们严格解出了低能的作用量。

N 等于 2 的规范理论比 N 等于 1 的规范理论有更多的限制,特别是对超对称多重态和作用量的可能形式。如果我们将研究范围限制在自旋不超过 1 的场,在 4 维中只有两种超对称多重态。一种叫手征多重态,又叫矢量多重态,含一个自旋为 1 的粒子、两个标量粒子和两个带手征的自旋为 1/2 的粒子。用 N 等于 1 超对称的术语来说,一个 N 等于 2 的手征多重态含有一个矢量多重态和一个手征多重态。N 等于 2 超对称的另一个多重态叫“超多重态”(hypermultiplet),含两个带手征的费米子、4 个标量粒子或者两个复标量粒子。我们可以仅仅用手征多重态来构造 N 等于 2 的超对称规范理论,此时理论中没有“物质”,是纯规范理论。这个时候,手征多重态形成规范群的一个伴随表示,也就是说,对应于每一个规范群的生成元,有一个手征多重态。也可以引入“物质”,就是超多重态。最简单的情形是这些超多重态形成规范群的基本表示,这个基本表示可以自洽地与手征多重态耦合。手征多重态与超多重态的共同特点是,每一个多重态中含 4 个玻色子和 4 个费米子,比 N 等于 1 的简单多重态大了一倍。

塞伯格,美籍以色列物理学家。他与威腾一道应用对偶等概念于超对称量子场论的研究,取得突破并直接引发了超弦的第二次革命。在场论之外,他对粒子唯象理论以及弦论多有贡献。

塞伯格和威腾在第一篇文章中研究的是最简单的 N 等于 2 的规范理论,只有手征多重态,并且规范群是 SU(2)。理论虽简单,内容却是出奇地丰富。首先,与 N 等于 1 的单纯规范理论不同的是,这里有一个复标量场,所以有许多不同的真空,每一个真空代表一个超选择分支——也就是说,如果空间无限大,不同真空之间不可以互相过渡。很容易确定所有的规范不等价的真空:作用量中的势要求复标量场与它的复共轭对易,这样在 SU(2)的李代数中它们成正比,通过规范变换可以使他们转到嘉当子代数中去,在这里是一个 U(1)子代数。因此,在经典的层次上,所有的真空由一个复变量来刻画,就是复标量场在 U(1)中的真空期待值。一般地,当标量场有真空期待值时,原来的对称性破缺到 U(1),除了这个 U(1)手征多重态保持零质量,其余的粒子会通过希格斯机制获得质量。这些有质量的粒子都是带电粒子,带未破缺的 U(1)的电荷。在 N 等于 2 的超对称限制下,不可能加上任何非平庸的超势,从而真空简并不可能被破坏,这样,将量子效应计入,真空还是由一个复参量来刻画。

同样由于多了一个复标量场,理论中会存在磁单极解,这个解完全等同于我们介绍过的磁单极。不但如此,磁单极还可以带电荷,也就是理论中 SU(2)未破缺子群 U(1)的荷。其实,存在无限多种既带磁荷又带电荷的双子(dyon),这些双子是 BPS 态,因此质量完全由他们所带的荷所决定,当然,这些荷通常有量子修正。要强调一下,所有的双子形成超对称的超多重态,因为最大的自旋是 1/2。

N 等于 2 的低能的、含导数不超过两次的有效作用量完全由一个全纯函数所决定，这个函数叫初势（prepotential）。初势是真空参数，即标量场真空期待值的函数，它的二次导数决定了真空模空间（参数空间）上的度规，所以必须是正定的。在经典意义下，二次导数的虚部正是规范耦合常数的倒数。在量子层次上，我们定义这个虚部就是有效耦合常数，包括圈图修正以及非微扰修正。事实上，N 等于 2 的 β 函数在微扰论中只有单圈图的贡献，从而我们期待初势除了单圈图的贡献外，只有非微扰贡献。塞伯格-威腾的结果显示，这些非微扰贡献都是瞬子的贡献。

由于初势的二次导数与耦合常数有关，这个函数要正定的话就必须有奇点，这是复分析的结果。为了保证物理没有奇异性，塞伯格和威腾引进了一个新的函数，使得真空模空间上的度规是这个新坐标与以前老坐标（标量场的真空期待值）的一个简单二次型的“拉回”（pull back）。这个新的标量代表的是磁单极相应的场，但不是什么真空期待值，因为一般情况下磁单极的质量不为零，不会发生凝聚。引入了这个新的参数后，度规有明显的 SL(2)不变性，也就是推广了的强弱对偶。但我们再次强调，这不是物理上的强弱对偶，因为新的标量没有一个无质量的磁单极与之对应。但是，在双子的质量公式中，这个新的标量与电荷标量同等地出现，所以双子谱有明显的 SL(2)不变性。据我看来，引入磁标量是塞伯格-威腾工作中最大胆的一步，也是最关键的一步。从场论的逻辑来说，这一步没有证明，自洽的结果将支持这个大胆的假设。

前面说过，在微扰论中，初势只有单圈图的贡献。当标量场的真空期待值很大时，非微扰的贡献越来越小，因为瞬子的作用量越来越大，从而贡献成指数衰减，换成标量场的函数，成负幂次衰减。这个理论又是渐近自由的，所以当真空期待值很大时，我们可以相信微扰论的结果（除了那个渐近自由理论中的普适质量外，真空期待值是唯一的质量标度）。这样，初势在真空模空间上无限远处的性质就被决定了。由于标量场的反演对称性，我们用标量场平方的真空期待值来参数化模空间。由于这个全纯函数在无限远处有个对数分支点，绕无限远点一圈，电标量和磁标量都发生变化，这个变化可由一个线性矩阵表示。其实，这两个标量形成模空间上的一个 2 维的矢量丛。

接下来是塞伯格-威腾文章中的关键一步。既然无限远处是矢量丛的一个和乐不平庸点，那么由于模空间本身的拓扑平庸性，必须存在更多的和乐不平庸点。这些点出现的物理原因是什么呢？经过一番讨论，他们确定，唯一的可能是当新的奇点出现时，某些粒子的质量趋向零，而这些粒子的自旋不超过 1/2，只有双子才是可能的选择。所有奇点的和乐形成 SL(2)的一个子群，他们进一步论证，由于度规的正定性，这个子群不可能是可交换的，这样要求除了无限远点外，至少还有两个奇点。

当这些奇点发生时，某些双子变成无质量的。如果磁单极变成无质量，那么那个磁标量就为零(通过双子的质量公式),同时规范场的耦合常数变成无限大(因为磁标量的一次导数与耦合常数成反比),也就是说原来的规范理论在这个奇点附近是强耦合的,从而相应的磁耦合是非常弱的。磁单极含有一个标量粒子,如果质量为零,可以凝聚,也就是可以人为地使磁单极场获得真空期待值。一旦磁单极凝聚了,色禁闭就要发生,理论中不再存在无质量的粒子,而真空简并也消失了。

如何达到这个目的呢?在原来的理论中,我们尝试加一个 N 等于 1 的手征场的质量项。当该项存在时,理论只有 N 等于 1 的超对称,一般认为真空是唯一的,并且色禁闭也将发生。但是如何使得本来是无质量的矢量粒子获得质量呢?最可能发生的是矢量粒子通过希格斯机制获得质量。希格斯机制要求存在无质量的标量粒子,现在磁单极正好满足这个要求。所以磁单极通过对偶的,即磁理论的希格斯机制使得光子获得质量。这要求超势同时给出磁单极的凝聚值!

以上的分析支持新的奇点中的一个对应于磁单极成为无质量粒子的图像。在这一点,磁单极是弱耦合的,可以应用微扰论,这一点附近的两个标量函数可以确定下来,从而这个奇点的和乐也就确定了。现在,选择极小的可能:在无限远点和这个奇点外只存在第三个奇点,第三个奇点的和乐由前两个和乐所决定。在第三个奇点,一个双子变成无质量的粒子。有了三个奇点的和乐以及全纯性质,就不难通过复分析解出整个模空间上的两个标量函数,从而解出初势了。所有这些函数与椭圆函数有关。事实上,原标量场平方的真空期待值是一个椭圆曲线的模参数,而真空的模空间参数化了这组椭圆曲线。后来人们将这些椭圆曲线称为塞伯格-威腾椭圆曲线。

最后,初势的二次导数给出有效耦合常数,以标量场的真空期待值展开,不难获得单圈贡献以及瞬子贡献。

希望以上冗长的文字描述能帮助大家了解哪怕是一点点塞伯格-威腾理论。如果想进一步理解这个在历史上有着重要地位的进展,还需要阅读他们的原文。

我们前面介绍的是塞伯格和威腾在 1994 年发表的两篇著名文章中的第一篇,研究 N 等于 2 的纯规范理论,规范群为 SU(2),这很快为其他人推广到更为一般的群。这里再简要说一下塞伯格和威腾的结果。这个理论有无限多个真空,为一个复变量所参数化,就是希格斯场的真空期待值。低能有效作用量完全被一个叫初势的函数所决定,初势给出真空模空间上的一个正定度规。这个初势以及同样重要的电标量场和磁标量场都可以通过一组椭圆曲线来决定,每一个真空对应一个椭圆曲线。在模空间上的两个奇点处,磁单极或者一个双子的质量为零,奇点对应于一个简并的椭圆曲线(就是环面变成了一个圆)。如果给希格斯场一个质量,磁单极(或双子)发生凝聚,色禁闭发生。

在第二篇文章中,他们将这些结果推广到有超夸克的情形。这些超夸克是 N

等于 2 的超多重态，同时也形成规范群 SU(2)的一个基本表示。一个这样的超多重态叫一代。通过对单圈图的分析，他们发现当只有少于四代的超多重态时，理论在高能区是渐近自由的。当有四代超多重态时，单圈图对耦合常数没有修正，他们猜测，也没有非微扰的修正，这样和 N 等于 4 的纯规范理论一样，四代的 N 等于 2 的理论是共形不变的，同样也有强弱对偶。不但如此，由于 SO(8)作用在超多重态的费米场上，还有所谓的三重对称性(triality，因为 SO(8)的基本表示和两个旋量表示都是 8 维的，它们有交换对称性，而理论中的 BPS 态也有这种对称性)。

由于引进了超多重态这样的物质场，理论就变得很复杂。粒子谱本身就复杂，加上可以给每个超多重态以不同的质量，理论有不同的能区。在没有物质场时，纯规范理论的真空中非阿贝尔对称性破缺成 U(1)对称性。我们叫这些真空形成的模空间为库仑分支，因为长程力是库仑力。当有物质场时，超多重态中的标量场如果没有质量的话，也可以获得真空期待值(这些方向往往叫做平方向(flat direction))。如果仅有一代，要求存在势能为零的条件，即所谓 D 条件，不允许有任何真空期待值。当代数超过一时，就会有新的平方向，在这些方向上原来的矢量多重态中的标量场不能有真空期待值，而在新的真空模空间的分支上，规范对称性完全破缺，因此这些新的分支叫做希格斯分支。库仑分支和希格斯分支只在某些点相交。

当有两代超多重态时，会有两个希格斯分支，每个分支是 2 维复空间，与库仑分支相交于原点(在这一点上经典理论中所有的标量场为零)。当代数超过三时，只有一个希格斯分支。当然，塞伯格和威腾没有研究超过四代的情况，因为这个时候理论不再是渐近自由的或者共形不变的，从而将会存在朗道极点，理论在微观上没有定义。

所有这些理论都有新的整体对称性，这些对称性有一部分是手征对称性，和量子色动力学一样。当矢量多重态中的标量粒子被人为地加上质量时，超对称破缺为 N 等于 1 的超对称，库仑分支也变成一点或两点，也就是说只有有限几个真空。在这些真空中磁单极发生凝聚，色禁闭发生。如果有无质量的夸克，人们预期手征对称性破缺，这个预期的确在这里得到了证实。手征对称性的破缺会产生 π 粒子这样的介子，是哥德斯通粒子。

回到 N 等于 2 的超对称情形，我们感兴趣的主要是量子效应如何修改真空模空间的结构，从而决定低能有效作用量以及稳定的粒子谱。当一些物质场没有质量时，存在希格斯分支，这些分支都是复空间，复维数是偶数。进一步，这些空间都是所谓的超卡勒(hyper-Kähler)空间，度规为对称性所唯一决定，只是其绝对归一化由无限远处，即渐近行为所决定。可以说，没有量子修正，从而原来有的奇点还存在。

库仑分支就完全不同了。和纯规范理论一样，库仑分支还是一个1维的复空间。和纯规范理论不同的是，此时奇点的个数以及奇点的行为(如绕奇点一圈的和乐)依赖于物质场的代数及质量。无限远点依然是一个奇点，它的和乐由单圈图决定，从而与代数有关。与纯规范理论相同的是，电标量和磁标量作为模参数的函数有非微扰的贡献，而且是瞬子贡献。这些贡献依赖于代数，因为不同的代数有不同个数的费米子零模，而瞬子的个数的贡献取决于这些零模。一般地，只有偶数个瞬子才有贡献。

当物质场有质量时，BPS粒子谱也依赖于这些质量，从而质量公式里有三个量子数，两个是以前的电荷和磁荷，第三个是对应于这个夸克质量的量子数，是一个整体U(1)对称性的荷。这样，质量公式不再有原来的某种SL(2)对称性，从而围绕一个奇点的和乐也不是SL(2)的一个元了。

塞伯格和威腾对所有情况下的模空间的奇点做了仔细的分析，结果自然十分复杂。举个例子，在三代的情况下，假定所有的物质场有同样的质量。当这个质量很大时，在很远处有一个奇点，因为在这个点，双子的质量公式告诉我们有带电的零质量粒子。因为物质场的质量很大，模空间上靠近原点的低能有效理论等价于纯规范理论，当然这个纯规范理论的能标与三代理论的能标以及物质场质量都有关系。这个纯规范理论有两个奇点，这样，加上无限远点和较远的那个奇点，理论中共有四个奇点。

如果将三代的情况研究清楚，低于三代的理论可以通过研究重正化群得到。当然，如果四代的情况知道了，连着三代的理论都可以推出。奇点的情况就是这样通过逐步降低代数获得的。

当奇点的个数知道了，每个奇点附近的零质量粒子也知道了，接下来就可以研究每个奇点的和乐。所有的和乐知道了，就可以导出塞伯格-威腾椭圆曲线，从而决定低能有效理论。他们其实是从一代的情况开始研究椭圆曲线的。当超多重态的质量为零时，模空间的有限部分有三个奇点。当物质场有质量时，椭圆曲线是能标和质量的多项式，这个多项式可以通过分析瞬子贡献以及联系纯规范理论来获得。

当有两代物质场时，无质量的情况下有两个有限的奇点，同样，无质量的三代理论也只有两个有限的奇点。椭圆曲线用同样的方法得到，只不过曲线公式越来越复杂。这些公式相互之间是自洽的。比方说，在三代的情况下，如果将一代的物质场的质量推向无限大，同时保持低能的特征能标固定，我们应当获得两代的理论。

最后，四代的理论最为复杂。当物质场的质量都是零时，这是一个共形不变的理论，类似N等于4的超规范理论。由于没有量子修正，电标量和磁标量的公式很容易得到。但模空间的库仑分支上的几何，虽然是真空期待值的简单函数，却是耦合常数的复杂函数。必须强调的是，与渐近自由理论不同，那里没有耦合常数，只有能标，这里没有能标（共形不变），只有耦合常数。没有理由认为椭圆曲线也由一个耦合常数的多项式来刻画，事实是，椭圆曲线由耦合常数的两个椭圆函数来刻画。这个事实证明了四代理论也有强弱对偶，其实是比强弱对偶更大的对偶——SL(2)不变性。所以，从很多性质来看，四代理论很像 N 等于 4 的规范理论。当四代物质场获得不同的质量时，椭圆曲线也可以确定。自然，这些结果可以用来推出小于四代的理论。

最后，我们谈谈威腾将他们的结果用到 4 维流形的数学上面的做法，这是在数学界引起相当大的震动的工作，虽然在物理界几乎没有引起什么反应（当然弦论的研究者喜欢将这个工作作为场论和弦论对数学有重要应用的一个典型来引用）。数学家在 20 世纪 80 年代末获得了关于 4 维流形的微分拓扑不变量的一个重要结果，就是唐纳森（S. Donaldson）不变量。这些不变量由研究 4 维流形上的自对偶规范场获得。一个自对偶规范场就是瞬子解，所有这些解形成空间，其维数和 4 维流形的拓扑以及瞬子数有关。唐纳森不变量是瞬子模空间上的一些积分。威腾于 1988 年在阿蒂亚（M. Atiyah）的启发下发现这些不变量对应于一个拓扑量子场论中的关联函数，而这个拓扑场论可通过修改 N 等于 2 的规范理论中的超对称获得。这种修改是将一些超对称生成元由旋量变成标量，所以叫扭变（twisted）。标量的超对称可以看成 BRST 的对称生成元，所有可观测物理量在这个被扭变的理论中都是 BRST 不变的。威腾指出，由于理论的作用量本身是一个量的 BRST 变换，所以场论中的关联函数不依赖于耦合常数，也不依赖于 4 维流形上的度规。将度规变得任意小，理论趋于紫外极限，所有的关联函数成为瞬子模空间上的积分，从而是唐纳森不变量。这个结果只是指出数学上的不变量和量子场论的关系，对数学上如何计算这些不变量毫无帮助。

另外一个极限显然是红外极限。但在红外极限下，理论是强耦合的，所以乍看起来红外的计算更为困难。1994 年夏天之后，塞伯格-威腾在平坦的 4 维空间解决了低能问题，所以威腾本人开始考虑红外的结果在数学中的应用。在低能极限下，真空的模空间上通常有一个零质量的光子，但这个简单的理论对拓扑场论中的关联函数没有贡献。当我们趋向两个奇点时，出现新的无质量粒子，就是磁单极和双子，这些新的场和光子耦合对关联函数有贡献。类似紫外的情况，这些贡献很大程度上决定于“经典”理论，而经典理论就是解电磁场与磁单极场的联立方程。威腾将这个方程组叫做磁单极方程。这些方程的解通常是分立的，可以定义有关的一些拓扑不变量。将两个奇点的贡献加起来，就获得了拓扑场论中的关联函数的生成函数。威腾进一步说明，奇点附近的真空在红外极限下对这个生成函数没有贡献。由于磁单极方程是阿贝尔的,解的性质容易研究,这就有助于计算唐纳森不变量。从物理的角度,他的结果很容易理解,而从数学的角度,就很不可思议了。

其实,后来弦论的发展带来许多数学的结果,从数学的角度都很难理解。当然,即使是物理本身也没有完全理解其机制,如强弱对偶还有许多要去理解的。这就说明,将来无论是物理上还是数学上,场论和弦论都会有很大的发展空间。

可以不太夸张地说,第二次革命中纯粹场论的发展,主要工作在 1994 年就结束了。我们前面介绍了最有影响的工作——塞伯格-威腾理论。在这个工作前后,塞伯格自己也做出了非常重要的工作。利用超对称所带来的好处,如超势的全纯性来研究 N 等于 1 的超对称量子场论开始于塞伯格,但这些在他和威腾的工作之前还没有带来太大的影响。从 1993 年开始,他和一些合作者陆续获得一些非微扰的结果,这些结果当然到他和威腾的工作以及他自己关于 N 等于 1 的强弱对偶的工作时发展到极致。

要了解他关于现在称为塞伯格对偶,也就是我们一开始说他因这个工作只能做卡车司机(与威腾比)的工作,我们要稍微谈谈量子场论中的各种相。其实我们已经介绍了库仑和希格斯相,现在重复一下:库仑相就是在这个真空中,只存在阿贝尔规范对称性,长程力是由一个或若干个光子引起的库仑力。在希格斯相中,没有任何无质量粒子,原来的规范对称性完全由希格斯机制所破坏。还有第三种相,就是前面也提到过的色禁闭相。在这个相中,不存在有限能量的非色单态,任何带色的态都被禁闭了。一般地说,在这个相中,粒子谱全都是有质量的,类似于量子色动力学,其中有胶球,可以看做胶子形成的色单态,也有夸克形成的介子和重子。介子由一个夸克和一个反夸克组成,重子由 N 个夸克组成,这里 N 是规范群的阶,也就是颜色的个数。在色禁闭相中,也可能存在无质量的色单态。最后,还存在一种态,是塞伯格的工作中所强调的,叫非阿贝尔库仑相,其中规范对称性没有破缺,但是也没有色禁闭,相互作用可能是强的,也可能是弱的。当然,最典型的非阿贝尔库仑相是 N 等于 4 超对称规范理论中模空间上在原点的相。通常,这些相有共形不变性。总结一下,4 维的量子场论可能有四种不同的相。

色禁闭相应当在通常的量子色动力学中发生,但是到目前为止这个自然的猜测还没有理论上的证明。同样,色禁闭也在一些 N 等于 1 的超对称规范理论中发生,这个已被塞伯格-威腾的工作所证实。一个最为流行的色禁闭机制是磁单极凝聚,这早在量子色动力学被提出的初期已为曼德尔施塔姆和其他人所建议,但是,纯粹的量子色动力学中并没有独立的磁单极,而 N 等于 2 的规范理论中有,所以当超对称破缺为 N 等于 1 时,色禁闭通过磁单极凝聚发生。为什么磁单极凝聚了就不会存在色单态呢?这是超导现象中的迈斯纳效应(Meissner effect)的一个简单推广。我们知道,超导电现象的机制是电子对的凝聚。一个电子对是玻色子,可

威尔逊(K. Wilson),1982 年度诺贝尔物理学奖获得者。他在场论中的贡献一直影响着现代场论和弦论的发展。塞伯格-威腾的超对称规范场论的进展也是基于威尔逊的有效作用量这个概念。另外,他的色禁闭的定义是普遍接受的定义。

以发生爱因斯坦凝聚。当凝聚发生时,任何外界的磁场都不可能进入超导体。如果我们人为地在超导体的内部放一对磁单极,那么磁单极的磁场被压缩成一条很细的磁力线管,从磁单极通向反磁单极,因为磁通量必须守恒。这根磁力管带有能量,很像一根弦。如果超导体无限大,而我们尝试放一个磁单极进去,就会有一个无限长的磁力管出现,从而能量无限大。如果我们将磁荷解释为色,那么色单态就有无限大的能量。现在,我们将这个迈斯纳效应推广到规范理论,将磁荷与电(色)荷互换一下,以前是电荷凝聚,现在变成磁单极凝聚,以前是磁荷禁闭,现在就是色荷禁闭了。

N 等于 1 的量子色动力学除了包括 N 等于 1 的矢量多重态(含规范场和胶微子,后者是费米场)外,还可以含手征多重态。每一代有两个手征多重态,一个是规范群的基本表示(如果规范群是 SU(N)),一个是反基本表示,可以有若干代。N 等于 1 的量子色动力学大概是最接近量子色动力学的理论了,与没有超对称时不同的是,很多性质可以通过全纯分析和超对称的其他性质获得。

这个系列理论的 β 函数,也就是耦合常数随着能标的变化和质量的反常指标有一个严格的关系。当代数小于色的个数时,理论是渐近自由的,所以应当有色禁闭。当标量夸克没有质量时,存在许多平坦的方向,这些平坦方向可由介子场(和标量夸克成双线性关系)来描述。事实上,当代数小于色的个数的三倍时,理论总是渐近自由的,但理论的红外行为不仅仅是禁闭相,还可以有其他不同的相。如果代数超过颜色的个数,还可以用标量夸克来构造重子场(一个重子含 N 个标量夸克),理论的平坦方向由介子场和重子场一同描述。当代数小于色个数时,超势早在1983年就由塞伯格和他的两个合作者严格地算出来了。这个超势是介子场的函数,包括瞬子贡献,在介子场的"原点"处不是解析函数。其实,当夸克无质量时,超势没有极小,所以没有稳定的真空。这种跑离现象(runaway)在超对称理论中比较常见。

理论的性质与代的个数密切相关。当代数大于色的个数加一时,真空的模空间没有量子修正。当代数等于色的个数时,模空间有量子修正,这个修正与理论的能标有关(记住在一个渐近自由的理论中,物理参数不是耦合常数而是特征能标)。当代数等于色的个数加一时,量子的模空间和经典的模空间一样,但是作为奇点的原点的物理解释不同:经典理论中是无质量的胶子等等,量子理论中是无质量的介子和重子。

当代数超过色个数的三倍时,理论不再是渐近自由的,而在红外极限,理论完全是自由的,所以是一个平庸的共形场论。因此,塞伯格集中精力研究代数小于色个数三倍的情形。当代数同时又大于色个数的3/2倍时,他猜测理论在红外有一个不动点,也就是说 β 函数有一个非平庸的零点,从而红外的理论是共形不变的。但这个理论显然不是自由的,因为理论在紫外才是渐近自由的。

利用4维的超共形代数可以推出一些严格的结果。例如,理论中存在一些所谓的手征算子,类似希尔伯特空间中的BPS态(对于一个共形场论来说,一个算子的确对应一个态,这个态可以用算子插在原点来产生)。和所有BPS态一样,一个手征算子的维度和它所带的一个中心荷成正比,这个荷就是超量子色动力学中的阿贝尔R对称性。所以,质量所对应的反常指标就可以严格地算出来。代入我们前面说的 β 函数,就会发现 β 函数的确为零。

当代数变小时,理论在红外的耦合越来越强,所以塞伯格寻求一个对偶理论,其红外耦合在小的代数时是弱的。可以容易地看出,当介子场和重子场都没有期待值时,理论中的整体对称性不应发生变化,从而在对偶理论中,这个整体对称性也只能由同样多的代数的超夸克来实现。所以,两个对偶理论中含有同样多的手征超多重态。可以进一步证明,色的个数在对偶理论中不同了,是代数减去原来的色的个数。

色的个数可以变化当然是强弱对偶的一个令人惊讶的结果。仔细一想,其实也可以理解,规范对称性本身和整体对称性不同,后者是真正的对称性,而前者是一种描述的方便，可以说是多余的对称性，例如我们考虑物理态时，总是要求态是规范不变的。

由于色的个数小于代数，可以在新的对偶理论中构造重子，但不能构造原来理论中的介子，因为新的标量夸克的中心荷与原来的不同，所以要引入新的独立的介子场。塞伯格研究了所有可能研究的性质，发现这个对偶猜想是自洽的，比如对偶的对偶回到原来理论。他猜测，对偶理论中的基本变量应当是磁荷。当代数小于色个数的三倍而大于色个数的两倍时，原来的"电理论"是弱耦合的，红外极限是弱耦合的非阿贝尔库仑相。我们前面说过，当代数大于色个数的三倍时，电理论不再是渐近自由的，而红外极限是没有相互作用的库仑相。如果我们进一步降低代数，到比色个数的两倍小时，电理论在红外变成强耦合的，而磁理论则是弱耦合的，所以这是磁非阿贝尔相。磁理论可以一直延伸到小于色个数的 3/2 倍，此时电理论的耦合无限大，而磁理论则是完全自由的。

所以，塞伯格对偶的好处是可以对任意代数做研究，一个理论的耦合变强了，其对偶的理论的耦合就变弱了。

塞伯格-威腾理论后来在弦理论中有若干种实现，也就是说弦理论可以用来证实他们的工作，甚至可以走得更远。同样，塞伯格对偶后来在弦论中也有不同的实现，这些都是后话了。后来，超对称规范理论又有新的发展，这些发展与老的矩阵模型有关。

曼德尔施塔姆，最早成名于 20 世纪 60 年代的散射矩阵理论，提出如曼德尔施塔姆变量和曼德尔施塔姆双重色散关系。他后来对弦论的贡献很大，特别是光锥规范下的弦论。他对色禁闭的研究也是这方面的经典之一。

第九章　第二次革命——弦论中的对偶

如果说场论中的对偶是令人惊讶的，那么弦论中的对偶就是令人震撼的。1994年塞伯格-威腾的工作带来了一波研究超对称场论的热潮，一直持续到下一年，后来在弦论中还一而再、再而三地出现。这个热潮却使得人们几乎完全忽略了1994年秋季的一项重要工作，就是赫尔和汤森的关于弦论对偶的猜测。

这些猜测建立在过去的若干工作基础上，如芳特（A. Font）等人的工作和森以及施瓦茨的工作。他们的工作主要是针对唯象上最吸引人的弦论——4维的杂化弦。而赫尔和汤森的工作主要针对Ⅱ型弦论，虽然也涉及杂化弦。

重视他们工作的可能只是少数几个人，包括威腾、森和施瓦茨。仅仅5个月后，威腾在1995年南加州大学的超弦年会上公布了他的关于弦论中对偶的结果，这才将弦论界的目光引到弦论上来。

赫尔，英国玛丽女王学院的弦论专家，与汤森一道猜测弦论中存在各种对偶，特别是U对偶。近年来鼓吹时间方向上的对偶，导致一些很有争议的新理论。

我们先介绍赫尔和汤森的工作。这是一个相当有远见的工作，预见了后来许多弦论对偶，可惜被人们忽视了一段时间。威腾后来的工作研究了更多的对偶，在细节方面为对偶提供了很多证据，但就原创性来说，比之赫尔和汤森的工作似乎还稍有不如。赫尔和汤森的主要贡献是提出了低维Ⅱ型弦论的所谓U对偶，以及一类4维杂化弦与一类4维Ⅱ型弦的对偶。他们甚至还提到了11维超引力的可能作用。

U对偶的字母U的含义是统一(unity)，就是弦论中的T对偶和强弱对偶的统一。这里的强弱对偶在形式上和我们上章中讨论的N等于4超对称规范理论的强弱对偶完全一样。这个强弱对偶被森等人推广到4维的含有N等于4超对称的杂化弦中，强弱对偶的群是$SL(2,\mathbf{Z})$，也就是模为1的整数一般线性群。在规范理论中，这个群作用在一个复耦合常数(实部为θ角，虚部是规范场耦合常数)上，在杂化弦中，群作用在一个复标量场上。这是一个重要的变化：在弦论中，没有自由的无量纲常数，任何这样的常数一定和一个标量场有关。

可是在赫尔-汤森之前并没有人猜测4维的N等于8的弦论中有强弱对偶，他们只是简单地认为如果杂化弦有，那么Ⅱ型弦也应当有。弦论在4维的T对偶群是一个极大的分裂正交群。所谓极大分裂的含义是：第一，群是非紧的；第二，群是极大非紧的，它的极大交换子群是一些实数群($\mathbf{R}$)的乘积。我们在第七章中已经介绍了T对偶，在4维中，Ⅱ型弦的T对偶群是$SO(6,6,\mathbf{Z})$。4维的极大超对称弦论是由Ⅱ型弦紧化在6维的环面上获得的，所以弦谱中含有6个动量模和6个绕数模，T对偶群是这12个模的转动变换。在4维中，强弱对偶群作用的复标量场的实部是一个拉蒙-拉蒙标量场，而虚部是伸缩场(决定弦的相互作用强度)。在T对偶变换下，拉蒙-拉蒙场也做变换(是T对偶群的一个旋量表示)，因此T对偶群和强弱对偶群不可交换。它们共同生成的群比它们的简单乘积要大，这个群就是U对偶群。在4维中，这个群是$E(7,\mathbf{Z})$。E是例外群，而这里采取的形式不是通常的紧群，是极大分裂群，即它的极大交换子群是实数群的乘积。E(7)有7个实数因子。

对于赫尔和汤森来说，U对偶群的出现是自然的，因为N等于8的超引力恰恰就有这个对称性，而E(7)这个群是以连续群的形式出现的，不是U对偶的分立群。它包含SO(6,6)和SL(2)，在弦论中由于动量和绕数的量子化，前者必须是分立的，所以，后者也应当是分立的，这就成了强弱对偶群。换言之，超引力的对称群在量子理论中破缺为它的一个分立子群。

在N等于8的超引力(弦论的低能极限)中有70个标量场，这是N等于8超对称的极小表示要求的。这70个标量场可以看做群E(7)的一个陪集空间。陪集的一点就是E(7)中的一个子群SU(8)，前者的维度是133，后者的维度是63，所以陪集空间的维度是70。从弦论的角度来看，70个标量场中有38个来自于内沃-施瓦茨分支，其余来自拉蒙分支。T对偶群分别作用于这两个分支上，不将它们混合,比如说,32 个拉蒙-拉蒙标量场是 SO(6,6,**Z**)的一个旋量表示。

在 T 对偶的作用下,所有 BPS 弦态形成一个矢量表示。从一个 BPS 态出发,通过 T 对偶的作用可以生成所有的 BPS 态。当然,在 T 对偶的作用下,弦真空的模——标量场的真空期待值会改变,所以在 T 对偶的作用下,一个 BPS 态被映射到另一个弦真空中的 BPS 态。但是弦的真空期待值是可以连续改变的,将弦模连续变化到原来的值,就产生了一个新的 BPS 态。所以,BPS 态必须形成 T 对偶群的一个表示。

现在,我们用更大的 U 对偶群可以产生更多的 BPS 态,很显然,有些态不是弦态。赫尔和汤森猜测,这些态是非微扰态,是所谓的极端黑洞。这里极端的意思是黑洞的质量与一个荷成正比,这也是一个 BPS 态的性质。我们今后为了避免概念上的错乱,不称这些非微扰态为黑洞,而干脆叫它们为孤子态。

这些孤子态,有些是过去大家熟知的态。比方说,和 6 维环面上一个动量模形成强弱对偶群 SL(2,**Z**)的一个表示的是相应的 KK 磁单极,在这里,沿着一个圆方向的动量是电荷,而 KK 磁单极是相应的磁荷,它们一起形成强弱对偶群的一个矢量表示,它们之间可以任意转动。这些孤子态中,许多态是我们不很熟悉的,但我们在第七章中已经提到过了。第七章中讨论的一些膜就是这些孤子态的来源:当膜在 6 维环面上的一个封闭子空间绕一圈的时候,在 4 维中生成一个粒子态。

一共有多少 BPS 态?当然有无限多个。我们关心的问题是,这些态可以带有不同的荷,一共有多少独立的荷?例如,对应于强弱对偶,最简单的情况需要两个荷,即电荷及磁荷。在 T 对偶群的表示下,弦态共有 12 个荷,6 个动量模,6 个绕数模。在强弱对偶群的表示下,6 个动量模带来 6 个 KK 磁单极,那么 6 个绕数模带来什么?这 6 个绕数模对应的磁荷不是别的,正是我们讨论过的内沃-施瓦茨 5 膜,如果弦绕在一个圆上,5 膜的 5 根“腿”就绕在其余的 5 个圆上。这样,我们一共有了 24 个荷。

24 个荷还不能形成 U 对偶群的一个表示,我们还需要其他的荷。这些荷,与拉蒙分支中的反对称张量场有关。

这些新的荷在强弱对偶群的作用下不变,所以不能分成电荷和磁荷。它们在 T 对偶群下形成一个 32 维的旋量表示,与前面的 24 个荷结合起来,共有 56 个荷,形成 E(7,**Z**)的一个表示。

从拉蒙-拉蒙反对称张量场出发,我们可以得到 16 个 4 维的矢量场,它们有电荷及磁荷,共 32 个。当然,这些电荷和磁荷在强弱对偶的变换下不变。我们只是形式地叫它们为电荷及磁荷。E(7)含有另一个 SL(2)子群,在它的作用下,这些荷形成矢量表示。那么,这 16 个新的规范场如何得到?以ⅡA 弦为例,在 10 维中我们有 1 个矢量场,1 个三阶反对称张量场。矢量场在 4 维中提供 1 个矢量场,而三阶反对称张量场提供 15 个矢量场。

这样，U 对偶的猜测预言了一些新的孤子态，而这些孤子态作为弦论中的低能解早就存在了，只是我们过去根本没有认为它们的确会在弦论的动力学中出现而已。

上面介绍了 4 维Ⅱ型超弦的 U 对偶。必须注意到，我们考虑的弦论是 10 维Ⅱ型超弦紧化在 6 维环面上的理论，所以 4 维中的超对称是极大超对称。U 对偶群和超对称的个数有极大的关系，当完全没有超对称时，我们不知道是否还有任何对偶。

没有在前面提及的是研究 BPS 态在对偶变换下的性质，而不是其他态的原因。这是因为 BPS 态是稳定的态，其存在和弦论中的模参数无关。举例来说，当我们变化耦合常数(模参数之一)时，BPS 态谱不变，所以应当形成对偶群的表示。谱不变并不意味着它们的质量不变，质量是模参数的函数。比方说，当弦的耦合常数小时，弦的微扰态的质量与耦合常数无关(用所谓的弦度规来测量)，而孤子态有的与弦耦合常数成反比，有的与弦耦合常数的平方成反比，所以在弱耦合下比弦的微扰态重，从而在动力学中不起主要作用。同样由于 BPS 态的质量没有量子修正，所以作为模参数的函数可由弱耦合的计算确定。这样，孤子态在强耦合情况下反而变得比原来的弦态要轻，从而在动力学中起到关键作用。U 对偶的存在告诉我们，在这个情况下我们可以找到一个新的耦合常数，相对于这个耦合常数，这些孤子态成为微扰态，而原来的微扰态反而成了较重的孤子态。

我们说过，N 等于 8 的 4 维超弦理论的模参数空间是 E(7)的一个陪集空间。考虑到 U 对偶，这个陪集空间上的真空并不是完全独立的，所以真正的模空间是这个陪集空间再除掉 U 对偶群，是一个陪集空间的陪集。原来的陪集空间是非紧的，就是说体积是无限大，而考虑了 U 对偶后的模空间的体积是有限的。当然，这里的体积的定义是由理论中的标量场所决定的。在作用量中，所有标量场的动力学项由模空间上的一个度规决定。我们谈的体积是这个度规决定的体积。

T 对偶群的秩与紧化的环面的维数相等，加上强弱对偶的秩为 1，U 对偶群的秩就比环面的维数大 1。这是 4 维弦的情况。其实，高维弦的 U 对偶群也一样，它的秩比紧化的环面大 1。下面我们就来简略谈谈高维的 U 对偶。

因为 T 对偶，紧化在环面上的ⅡA 弦与ⅡB 弦一样，所以我们没有必要区别这两种弦论，只是在 10 维中我们要做一个分别。当Ⅱ型弦紧化在 5 维的环面上时，我们获得 5 维时空中有着极大超对称的弦论。这个时候 T 对偶群是 SO(5,5,$\mathbf{Z}$)，加上强弱对偶，新生成的 U 对偶群是 E(6,$\mathbf{Z}$)，同样是 E(6)的极大分裂形式。上升到 6 维时空，此时环面是 4 维的，所以 T 对偶群是 SO(4,4,$\mathbf{Z}$)，结合强弱对偶，我们获得的 U 对偶群是 SO(5,5,$\mathbf{Z}$)。7 维时空的 U 对偶群是 SL(5,$\mathbf{Z}$)，由 T 对偶群

SO(3,3,**Z**)和强弱对偶生成(值得一提的是,6 维和 7 维的 U 对偶群在赫尔和汤森的文章中被弄颠倒了)。到了 8 维,U 对偶群是 SL(3,**Z**)与 SL(2,**Z**)的直积,这个 SL(2,**Z**)和强弱对偶群不同,强弱对偶群包含在 SL(3,**Z**)中。到了 9 维,T 对偶群仅仅是 Z(2)了,因为紧化空间是一个圆,T 对偶只是将半径变成其倒数。这样,U 对偶是强弱对偶与 T 对偶的直积。最后,在 10 维空间有两个不同的Ⅱ型弦,ⅡA 的对偶我们后面再谈,ⅡB 的对偶就是强弱对偶 SL(2,**Z**)。

现在介绍赫尔-汤森工作中的第二个重要猜测——4 维的杂化弦和一类 4 维的Ⅱ型弦的对偶。

在 10 维中有两种杂化弦,其中一种的规范对称群是 SO(32),还有一种的规范对称群是 E(8)×E(8),这两个群是弦在 16 维环面上的左手模所带来的。当这些杂化弦紧化在一个圆上时,我们可以得到更多的不同的规范群。一般地,这些规范群的秩总是 16+2,不一定比原来 10 维中的规范群要大,原因是我们可以让一些规范场在圆上获得真空期待值(叫做威尔逊线),而这些真空期待值的作用是使得所有不与其对易的群对称性破缺。我们在第七章的后半章介绍了 T 对偶,但没有提及杂化弦的 T 对偶。在 9 维空间中,两个杂化弦是互为 T 对偶的。虽然它们在 10 维空间中的规范群不同,在 9 维中,可以利用威尔逊线和可能的规范增大并使得它们的规范群完全一样。规范增大的来源是圆半径可以在 T 对偶变换下不变,从而可以有更多的规范场出现。在 10 维中,由于 16 维环面上只有左手模,所以 T 对偶群是 SO(16,**Z**)(见第五章);在 9 维中,多了一个圆上的右手模和左手模,所以 T 对偶群是 SO(17,1,**Z**)。这样,规范群可以等价地由 17+1 维中的偶的自对偶晶格来决定,从而也就没有了两种杂化弦的区别(原理和我们在第五章中介绍的完全一样。这个分类是第一次革命中纳拉因(K. S. Narain)发现的)。

当 10 维的杂化弦紧化在 6 维环面上时,我们获得 4 维时空中 N 等于 4 的超弦理论。这时多了这个环面上的右手模和左手模,T 对偶群变成了 SO(22,6,**Z**),其中 22 是原来的 16 个左手模加上 6 个新的左手模,第二个因子 6 是 6 个右手模。在这个 T 对偶外,许多人在 90 年代初期猜测还有一个强弱对偶群 SL(2,**Z**),作用在一个复数场上,这个复数场的虚部是伸缩子场,而实部是所谓的轴子场(在弦论中总有一个内沃-施瓦茨反对称张量场,这个张量场在 4 维中等价于一个标量场,因为张量场的场强是三阶反对称张量场,而标量场的场强是一个矢量,它们在 4 维中对偶)。由于杂化弦的强弱对偶只作用在内沃-施瓦茨场上面,所以与 T 对偶群是对易的。这样,4 维杂化弦的 U 对偶群是 SO(22,6,**Z**)和 SL(2,**Z**)的直积。

我们前面谈到了 4 维极大超对称Ⅱ型弦的规范对称性。当模参数任意时,对称性是阿贝尔的,共有 28 个,其中只有 12 个是弦的微扰态生成的,与 6 维环面有关,而另外 16 个来自于拉蒙分支,对应的电荷完全是非微扰的,也就是弦论中的孤子。4维极大超对称杂化弦同样有28个阿贝尔对称性，这些对称性的起源及电荷完全是弦的微扰态，是T对偶群SO(22,6,**Z**)的矢量。加上强弱对偶，我们共有56个荷，另外28个荷是磁荷，它们的起源是10维里的0膜和6个KK磁单极以及H磁单极。

4维中还有一类超弦具有N等于4的超对称，这类弦由Ⅱ型弦紧化在6维空间K3乘2维环面上而得，其中K3是4维的卡拉比-丘流形，它的存在使得一半的超对称破缺。我们同样可以获得28个阿贝尔规范场，其中4个来自于2维环面，余下的24个来自于拉蒙-拉蒙反对称张量场。以ⅡA为例，原来的矢量场给出一个4维的矢量场，而原来的三阶拉蒙-拉蒙反对称张量场可以用22+1个二阶调和形式来展开，其中22个来自于K3，1个来自于2维环面，这样三阶张量场的第三个指标就是4维时空中的矢量。

我们同样可以数出Ⅱ型弦论中的28个电荷及磁荷，其中4个电荷是2维环面上的动量模和绕数模，余下的24个电荷当然是孤子解，一个是ⅡA弦中的0膜，带ⅡA理论中矢量场的荷，剩下的23个电荷来自于2膜，分别绕在2维环面以及K3中的22个不可收缩的2维子流形上。

这样，我们自然猜测这些新的4维N等于4的弦论和原来的杂化弦完全一样，这个猜测是赫尔-汤森的第二个重要猜测。如果这个猜测是正确的，那么Ⅱ型弦的对偶群也必须是SO(26,2,**Z**)与SL(2,**Z**)的直积。我们看看从Ⅱ型弦出发能否得到这个群。首先，2维环面带来T对偶群SO(2,2,**Z**)，等价于两个SL(2,**Z**)的直积。其次，K3理论告诉我们有一个推广的T对偶群SO(20,4,**Z**)。考虑到Ⅱ型弦的强弱对偶，还有一个强弱对偶群，这样总的秩的确是15，与要求的相同。

赫尔和汤森并没有给出U对偶的更多证据，只是指出，所有这些可能和11维超引力有关。

为了更好地理解这些对偶，我们必须接着来介绍威腾1995年3月的工作。

威腾的文章《弦论在不同维度中的动力学》的主要贡献之一是将11维超引力纳入了弦论的框架。赫尔和汤森在他们的文章中已经提到过11维超引力，但主要讨论紧化到低维时空时的BPS谱，没有直接猜测这个理论在弦论中的位置。威腾则明确无误地说，10维ⅡA弦论的强耦合极限是11维超引力。当然他并没有说这个理论本身是自洽的量子理论，只是说低能物理由这个理论给出。事实上，11维超引力所对应的量子理论至今还没有一个完全的答案。几乎与威腾同时，汤森在一篇短文中指出了11维超引力的作用，特别指出10维中的弦是由11维的膜而来。但他所持的11维膜是基本动力学态的观点后来没有得到什么证据。

威腾首先指出，10维ⅡA超对称代数允许一个中心荷，而这个中心荷不是别的，正是拉蒙-拉蒙矢量规范场所对应的荷。当质量正比于这个荷时，态是BPS态，当然这些态不在弦的微扰谱中出现。存在极端黑洞解,其质量和电荷是连续的。考虑到量子效应,电荷必须量子化,最简单的可能是这些电荷是一个基本电荷的整数倍。威腾证明,质量与电荷的正比系数与弦的耦合常数成反比,而电荷与耦合常数无关,所以质量和耦合常数成反比。这种现象只是在弦论中才会出现,而在场论中,一个孤子的质量与耦合常数的平方成反比,在强耦合极限下,这些孤子的质量越来越小,逐渐趋于零。这样就产生一个问题,在什么样的 10 维理论中会有无限多个无质量的粒子呢?一个微扰弦论不可能产生这么多的无质量粒子,所以ⅡA 弦的强耦合不可能对偶于另一个弦论。一个最简单的可能是,这些轻态其实是一个 11 维理论紧化在一个圆上的动量模。当弦耦合常数趋于无限大时,圆的半径也趋于无限大。由于 11 维超对称代数必须约化为 10 维ⅡA 超对称,只有一个理论,即其低能极限是 11 维超引力的理论。不但如此,我们可以通过通常的 KK 程序由 11 维超引力的低能作用量获得 10 维的ⅡA 低能作用量,这个关系很久以前就知道了。威腾通过这种办法获得了第 11 维,即那个圆的半径与弦耦合常数的关系。一个强耦合的 10 维理论其实是一个 11 维理论的确是非常令人惊讶的。

另一个 10 维Ⅱ型弦是ⅡB 理论。我们前面已经说过,这个理论有强弱对偶,当弦的耦合常数变大时,理论对偶于一个弱耦合的ⅡB 弦。我们可以称这样的对偶为自对偶,因为两个理论除了耦合常数不一样外是同一个理论。

当Ⅱ型弦紧化到低维时,我们能获得更多的对偶,就是 U 对偶。威腾做了一个很重要的分析,就是研究模参数的不同极限,看能得到什么样的弱耦合理论。分析表明,只有两个弱耦合极限,其一是弦论,其二是 11 维超引力,前者由ⅡB 弦的强弱对偶所控制,后者由威腾指出的ⅡA 与 11 维理论的对偶所控制。

在有着 U 对偶的低维弦论中,弦的耦合常数不再是一个特别的常数,它与其他的一些模参数地位是一样的。由于 U 对偶群是一个极大分裂群,有若干非紧的方向,其数目和群的秩相等。模空间的非紧方向也有这么多,而弦耦合常数只是其中的一个方向,其余的方向有的是紧化环面上的半径。举一个例子,当Ⅱ型弦紧化在 3 维环面上时,我们得到 7 维弦论,其 U 对偶群是 $SL(5,\mathbf{Z})$,模空间有四个非紧的方向,一个是耦合常数,另外三个是 3 维环面的三个半径。我们可以研究顺着其中任意一个方向走到无限远时 BPS 态的谱,比如将弦耦合常数调到无限大。威腾定义了所谓极大方向,其含义是沿着这个方向的 BPS 谱中的变成无质量的态是极大的,不能靠调其他模参数使其变得更大。扣除置换对称(如交换两个半径),只有两个独立的极大方向:一个极大方向对应于 7 维的弱耦合弦论;另一个极大方向对应于 11 维超引力,7 维弦论可以看成是 11 维理论紧化在 4 维环面上,这个极大方向就是将四个半径变成无限大,所得到的轻 BPS 态就是 11 维超引力子。

同样,当考虑那些非极大方向时,可以得到高于 7 维的弦论。这个思路可以用到更低维的弦论。威腾获得了一个自洽的图像：当沿着一个非紧参数走到无限远时，我们或者得到一个更大维度（也可能是同维度）的弱耦合弦论，或者得到 11 维理论。当一个高维弦论出现时，没有破缺的对偶恰恰就是这个维度Ⅱ型弦论的 U 对偶。这样，不同维度弦论的 U 对偶以及 11 维理论形成一个自洽的系统。

最后我们指出，两个 10 维的Ⅱ型弦都可由 11 维理论的紧化获得。ⅡA 理论是 11 维紧化在一个圆上的结果，圆的半径小于 11 维的物理标度，即普朗克标度时，我们得到弱耦合弦论，弦的耦合常数与圆的半径的 3/2 次方成正比。而 10 维的ⅡB 弦可由 11 维理论紧化在一个 2 维环面上得到，这是一个 9 维理论。要回到 10 维，我们可以将环面的两个半径缩小，一直趋于零，但两个半径之比要固定，这样ⅡB 弦的耦合常数也固定了，正好是两个半径之比。我们可以将ⅡB 弦的强弱对偶理解为 11 维理论的几何对称性，将两个半径互换，这样弦耦合常数就变成原来的倒数。我们以后再详谈这个对偶。

威腾同样对杂化弦和Ⅱ型弦的对偶做了细致的研究。我们前面介绍的 4 维 N 等于 4 的杂化弦与Ⅱ型弦的对偶，其实可由 6 维的杂化弦与 6 维的Ⅱ型弦的对偶得来，前者是 10 维杂化弦紧化在 4 维环面上，而后者是 10 维ⅡA 弦论紧化在 K3 上。威腾研究了两个理论的低能作用量，发现它们是一样的，只要重新定义场，特别是伸缩子场。这两个理论之间的对偶是强弱对偶。

当我们进一步将两个理论紧化在 2 维环面上时，我们就得到以前的两个 4 维弦的对偶。同时我们会发现一个很有趣的现象：当杂化弦紧化在 2 维环面上时，会产生一个新的 T 对偶群，就是 $SO(2,2,\mathbf{Z})$，可以写成两个 $SL(2,\mathbf{Z})$ 的直积，一个 $SL(2,\mathbf{Z})$ 作用在环面的复结构参数上（就是形状参数），另一个 $SL(2,\mathbf{Z})$ 作用在由面积和反对称张量场组成的一个复标量场上面。同样，Ⅱ型弦紧化在 2 维环面上也产生一个 $SO(2,2,\mathbf{Z})$ T 对偶群。这个 T 对偶群和杂化弦的不完全一样，因为两个理论中的场做了重新定义，两个度规不一样，但成正比，这样两个不同环面的复结构是一样的，从而两个 T 对偶群 $S(2,2,\mathbf{Z})$ 中的一个因子 $SL(2,\mathbf{Z})$ 是一样的，但两个环面的面积不一样，并且反对称张量场的分量也做了置换，所以第二个 $SL(2,\mathbf{Z})$ 因子不一样。通过研究场的对应不难看出，杂化弦的第二个因子变成Ⅱ型弦的强弱对偶，而Ⅱ型弦的第二个因子变成杂化弦的强弱对偶！所以 4 维弦中的强弱对偶竟然和另一个弦论中的 T 对偶一样。

威腾的另一个重要贡献是指出Ⅱ型弦中的新的规范对称性的起源。在 6 维中，虽然杂化弦的规范群一般是 24 个阿贝尔群的直积，但当模参数取一些特别的值时，可以有非阿贝尔对称性出现。最大的非阿贝尔群的秩不超过 20，但可以是三类典型群中的一种。我们知道，Ⅱ型弦（实际上是ⅡA 弦，因为 K3 上的 T 对偶不混合ⅡA 和ⅡB）中的规范场来自于拉蒙-拉蒙反对称张量场，只能是阿贝尔的，那么非阿贝尔对称性从何而来?威腾指出,流形 K3 可以有一些轨形奇异性,当模参数在轨形奇异点时,K3 中的一些 2 维子流形变成一点,这些奇异性正好可以由三类典型群分类,与杂化弦的典型群吻合,因此他猜测当 K3 处于一个轨形奇异点时,Ⅱ型弦中有非阿贝尔对称性产生。我们以后再介绍规范场从何而来。

威腾不但研究了这个对偶在低于 6 维弦论中的体现,也研究了其在高于 6 维中的体现。他还做了关于 10 维杂化弦的猜测:有着规范群 SO(32)的 10 维杂化弦对偶于Ⅰ型弦。这也是一个大胆的猜测,因为杂化弦是闭弦理论,而Ⅰ型弦是开弦理论。很明显这个对偶是强弱对偶,因为两个弦的微扰谱不一样,假如是弱弱对偶,那么我们应当在杂化弦的微扰谱中看到开弦,反之亦然。通过研究低能作用量,我们看到这一对偶的确是强弱对偶。

另外,既然 6 维杂化弦对偶于 6 维ⅡA 弦,而ⅡA 弦有 11 维起源,那么杂化弦是不是也有 11 维起源?答案应当是肯定的,如将 11 维理论紧化在 K3 上,获得的 7 维理论可以有 7 维杂化弦的解释,当杂化弦是强耦合时,11 维理论是弱耦合的。我们可以继续追问,10 维杂化弦有没有 11 维理论的起源?威腾没有立即回答这个问题,但半年后他和霍扎瓦(P. Horava)一同回答了这个问题。

我们已经提到 10 维中有 SO(32)规范群的杂化弦与Ⅰ型弦的对偶,但想把具体的介绍放在 D 膜的后面。10 维中最后的一个对偶是规范群为 E(8)×E(8)的杂化弦的强耦合极限与 11 维理论的对偶。这个对偶也相当出人意料,所以到了 1995 年的 10 月才被威腾和霍扎瓦提出来。

11 维理论不是别的,正是ⅡA 弦的强耦合极限。这个理论还没有很好的微观定义,但有一个矩阵模型,低能极限是 11 维超引力。当然,杂化弦的强耦合极限不是简单的 11 维理论紧化在一个圆上,因为 10 维的杂化弦只有 N 等于 1 的 10 维超对称。如果我们顺着ⅡA 弦强耦合的思路,那么我们需要将 11 维理论紧化在一个 1 维的空间上同时破坏一半的超对称,因为 11 维理论直接下降到 10 维会产生 10 维的 N 等于 2 超对称。

1 维空间的分类很简单,只有四种。如果我们要求紧化后的 10 维理论的确像一个 10 维理论,那么这个 1 维空间必须是紧致的。只有两种 1 维紧致空间,圆或者有两个端点的线段,后者可以通过圆的轨形得到:在圆上取两个对极点,然后以它们为基点将圆对折。这个线段是一个轨形,因为对折可以看做群 Z(2)的作用,而两个端点是这个群作用的不动点。

在 Z(2)的作用下,第 11 维反演,11 维理论不变,只要 11 维理论中的三阶反对称张量场同时做反演。理论不变是弦论中构造轨形模型的必要条件,如同我们由一个对称图形出发通过对称性构造更小的图形。11 维理论中的费米场在反演下也要做变换,这个变换是量子场论中熟悉的,就是将费米场乘以一个第 11 维的

γ 矩阵。由于轨形中的态必须是反演不变的，所以费米场只剩下一半，就是那些在第 11 维 γ 矩阵作用下不变的场。从 10 维的角度来看，这些场的手征是正的。同样，遗留下来的超对称在 10 维中的手征也是正的，所以只剩下 10 维 N 等于 1 的超对称。

我们必须说明，霍扎瓦-威腾的轨形构造假定了 11 维理论的确可以做轨形构造，这个假定是自然的，因为 11 维理论的特殊情形是Ⅱ型弦论，弦论可以做轨形构造，那么 11 维理论也可能可以直接在 11 维中做轨形构造。这么一来，我们在 10 维中又获得了一个 N 等于 1 的理论，这个理论如果不是新理论，就应当是已知的弦论，也只有一个可能，就是规范群是 E(8)×E(8)杂化弦，因为只有这个理论的强耦合极限还不知道。

霍扎瓦，来自捷克的弦论家，现为加州大学伯克利分校的教授。1995 年，他和威腾一起提出杂化弦强耦合极限下的 11 维解释。这个理论不仅是弦论对偶中的重要一环，后来也影响了唯象学中的膜世界理论。

接着他们从三个角度来论证这个轨形构造的确是杂化弦，下面我们一一介绍那三个论证。

首先要说明，由于 11 维理论还没有太好的微观的表述，所有三个论证几乎都是比较直观的以及与对称有关的。第一个论证是引力反常，就是引力微子的量子涨落带来的对引力协变性的破坏。在 11 维中，没有引力反常，但在 10 维中有。11

维理论的轨形构造的结果还是11维理论,只是在线段的端点我们有10维的理论,就是说如果有引力反常,反常也是集中在两个10维的边界上。这两个边界就像磁畴壁(domain wall),而反常很像过去人们讨论过的反常流,而磁畴壁是这个流的源。这样,在广义坐标变换下,量子有效作用量的变化含有两个部分,一部分集中在一个壁上,另一部分集中在另一个壁上。由于反常是局域性质的,作用量的变化也是场的局域函数。

如果只有引力本身,那么反常的形式是固定的,因为引力微子与引力的耦合是固定的,所以我们不需要了解11维理论的微观形式也能决定反常的形式。在边界上,我们有10维 N 等于1的超引力,如果没有其他场,引力反常不可能被消除,但是我们已经假定11维理论是可以通过轨形构造获得自洽的理论的,所以必须有其他场介入,才能消除反常。

能引入的场只能是10维的 N 等于1的矢量超多重态,因为11维中只存在引力超多重态。这样,新的场只能定义在边界上,边界看起来就像我们已经知道的膜。要在每个边界上抵消引力微子带来的反常,就必须引入248个矢量超多重态,这正是E(8)群的维数。两个边界有两个E(8)群,理论应该和E(8)×E(8)的杂化弦一样。

一旦引入规范场,引力反常就会既是引力场的函数,也是规范场的函数。由于反常是局域的,不应该有两个边界上规范场的混合项,这样反常的形式也可以确定下来了,而没有被抵消的反常可以通过格林-施瓦茨机制(格林-施瓦茨反常抵消机制已在谈第一次超弦革命中介绍过,见第五章)抵消,就是对三阶反对称张量场引入新的变换,这个变换也只是集中在边界上,而且,11维理论中的确存在三阶反对称张量场与引力的一种耦合,可以用来抵消剩余的反常。第二个论证类似强耦合ⅡA弦与11维理论关系的论证,就是看杂化弦在强耦合时的低能有效作用量和11维作用量的关系。与ⅡA弦的情况一样,可以确定弦的耦合常数与第11维尺度的关系,当耦合常数很大时,第11维即线段的长度也很大,两者的关系同ⅡA弦的耦合常数与第11维圆的半径的关系完全一样。所以,当线段的长度小于11维理论的普朗克长度时,11维的半经典引力描述已经失效,人们也许以为有很强的量子引力效应,其实不然,代替11维引力的理论是弱耦合的杂化弦论。

第三个论证也和ⅡA弦一样,就是弦本身的11维起源。在ⅡA理论中,弦不是别的,就是11维理论中的膜,膜的一条腿绕在第11维圆上,所以弦的张力就是膜的张力乘以圆的周长。这个论证还不够严格,如果要严格,就要将11维理论紧化在一个2维环面上,膜的两条腿各绕环面的两个圆一次,我们获得一个BPS态,这个BPS态在弦论中就是弦在第二个圆上的绕数模。11维膜上的世界体作用量早在80年代末就被研究过,不久它的所谓双约化也被研究过,即不但11维时空约化在一个圆上，而且膜也约化在一个圆上，这样所得到的零模作用量正好是ⅡA弦的世界面作用量。同样的道理，我们可以将11维理论紧化在2维环面上，然后对其中的一个圆(第11维)做轨形构造，绕在环面上的膜也做轨形构造，这样这个膜也就有了两个边界，每个边界都是一个圆(弦)。直接约化下来的世界面含有杂化弦世界面上的一部分变量，但这部分变量含有2维中的共形反常，所以我们也要引入新的场来抵消反常。类似前面时空中的反常，反常集中在膜的边界上，可以通过在每个边界上各引入16个费米子来抵消。这些费米子加上原来的变量正好组成杂化弦世界面上的变量。

我们不通过在环面上的紧化也能获得杂化弦，当然就是一个有两个边界的膜，一个边界搭在时空的一个边界上，另一个边界搭在时空的另一个边界上。这样我们也知道了时空边界上矢量多重态的起源，它们就是这些有边界膜的特别激发态，膜边界上的费米子被激发了。

霍扎瓦-威腾构造可以用来理解规范群为SO(32)的杂化弦与Ⅰ型弦的强弱对偶，这很类似于用11维理论来理解ⅡB弦的强弱对偶。将11维理论紧化在一个2维环面上，我们获得一个紧化在圆上的ⅡA理论，但ⅡA理论与ⅡB理论是T对偶的，所以这个理论又可以描述ⅡB理论。但ⅡB中的紧化圆不同于11维理论中环面上的任一个圆，因为它的起源是11维理论中的绕数模，11维理论中的环面越小，这些绕数模就越轻，从而有一个新的维度产生，在这个新维度中，环面上的绕数模被解释为动量模。因此，当环面缩小到无限小时，ⅡB理论中的圆变成无限大，我们回到10维ⅡB理论。ⅡB理论中的耦合常数是11维理论中环面的两个半径之比，这样强弱对偶就是将环面上的两个圆交换。我们必须强调，无限缩小的2维环面会产生一个无限增大的圆！

现在，我们研究E(8)×E(8)紧化在圆上的情形，这是11维理论紧化在环面轨形上。从杂化弦的角度来看，它T对偶于SO(32)杂化弦。当环面轨形无限缩小时，SO(32)杂化弦中的圆的半径无限增大。那么，与SO(32)杂化弦有着强弱对偶的Ⅰ型弦是怎么来的呢？我们交换一下环面轨形中的线段和圆，可以获得紧化在圆上然后再紧化在线段上的11维理论。通过第一次紧化，我们获得ⅡA理论，第二次紧化相当于在ⅡA理论中做轨形构造，我们会获得开弦(以后再详细介绍这种所谓的定向轨形构造)。这个开弦不是别的，正是原来模在环面轨形上的绕数模，这个绕数模在E(8)×E(8)杂化弦中也是绕数模，应当对偶于SO(32)杂化弦中的动量模。因此，我们获得了SO(32)开弦中的动量模。可见ⅡA轨形构造出来的开弦不是与SO(32)杂化弦对偶的开弦，应当是它的T对偶。

我们后面会谈到，与杂化弦对偶的开弦其实是ⅡB弦的定向轨形构造。

第十章　第二次革命——D膜

1994年年中到1995年年底这一年半中，弦论新的发展令人眼花缭乱，从一开始的场论中的一些非微扰的严格结果，到弦论中的对偶，再到D膜，流行变了几次。当威腾的关于弦论的对偶的文章以及施特劳明格的工作（下一章中介绍）出现后，弦论界有相当一部分人投入于研究弦论紧化后的对偶，得到了许多结果，特别是4维的 N 等于4和 N 等于2的弦论得到了比较多的研究。

这些研究和我们前面介绍的一些有着极大超对称的弦论对偶一样，依赖于一个重要假定，即一些保持部分超对称的膜的存在，特别是一些带有拉蒙-拉蒙反对称张量场的荷的膜。我相信，当大家一窝蜂地追逐弦论中的各种对偶时，一定有一些人在考虑如何能更有效地研究各种膜以及它们的动力学，因为到那时为止，膜仅仅作为超引力理论中的解存在着。至于膜的动力学，人们也只能满足于膜的低能行为，即那些零模激发。即便如此，当多个膜一同存在时，重要的低能膜也被遗漏了。泡耳钦斯基在1995年10月的文章，真像平地一声雷，改变了局面。

事实上，早在1988年，研究带拉蒙-拉蒙荷的膜的主要技术和概念已经被泡耳钦斯基和他的学生发现，只不过被大家忽略了许多年而已。所以，我们介绍D膜应当从那篇文章谈起。

那时有一部分人对各种可能存在的弦论的分类感兴趣，而泡耳钦斯基对开弦的分类感兴趣，在当时这不是一个引人注意的问题，因为那时很多人相信杂化弦最有可能描述我们的物理世界。泡耳钦斯基等人在那篇文章中主要研究开弦理论中T对偶所带来的结果。

我们早就介绍了闭弦理论中的T对偶。这里物理上重要的是，闭弦在一个紧化圆上不仅有动量模，还有绕数模，这两组模处于一个对等的地位。将这两组模交换一下，我们得到一个新的紧化圆，其半径是原来半径的倒数，而在新的圆上，原来的动量模成为绕数模，原来的绕数模成为动量模。在开弦理论中，由于开弦的两个端点是自由的，不再存在绕数模，我们同样可以做T对偶变换，但不会产生新的动量模，从而在T对偶理论中，开弦不会感到新的圆存在。可是一个开弦理论中含有闭弦，对于闭弦来说，新的圆是存在的，从而在这个T对偶的理论中，开弦感到的维度比闭弦感到的要小一维。

假定在T对偶前的圆半径很小，T对偶之后的圆半径就很大，如果我们讨论的是超弦，对于闭弦来说，有效的维度并没有改变，世界还是10维的，但对开弦来说，由于原来理论中不含绕数模，世界成为9维的了。也就是说，在T对偶之后的理论中，开弦也是9维的，这如何解释呢？最简单的解释，就是在10维空间中存在一个9维的膜，与新产生的维度垂直，开弦的端点在这个膜上运动。我们下面看看弦论的T对偶变换如何解释这个膜的存在。

开弦的世界面作用量产生的运动方程包括一个边界条件。如果时空是一个简单的平坦空间，没有任何其他场的背景，有两种可能的边界条件，一种是要求弦的端点的法向导数为零，叫做诺伊曼边界条件，这相当于要求弦的端点以光速运动，所以开弦不可能是静止的，至少也要转动，其最低激发态（快子除外）是矢量粒子，也就是光子。第二种边界条件就是狄利克雷条件，也就是说要求某些坐标在端点处固定。我们可以考虑最一般的情形，其中某些坐标满足诺伊曼条件，某些坐标满足狄利克雷条件，满足后者的坐标说明弦的端点只能在时空的一个超平面上运动，这个超平面由固定那些坐标确定。例如，假定9个空间坐标中的最后一维空间满足狄利克雷条件，那么我们就有一个8维的超平面，开弦的端点只能在这个超平面上以光速运动。

一般来说，我们在时间方向上不要求狄利克雷条件，所以超平面上有一个时间方向（后面我们会谈到也在时间方向加狄利克雷条件），如果这个超平面的空间维度是p维的，这样定义的膜叫做Dp膜，其中D的含义就是狄利克雷条件，虽然实际上在p维空间和时间方向要求的是诺伊曼边界条件。当p小于9时，我们不再有10维的洛伦兹不变性，只有$p+1$维的洛伦兹不变性，因为时间不能与加狄利克雷条件的空间方向混合了。物理的直观很清楚，Dp膜的存在破坏了原来的洛伦兹不变性。

现在回到我们前面讨论的开弦的T对偶。开弦和闭弦一样，弦的振动模可分为左手模和右手模，但与闭弦不同的是，左手模和右手模两者不独立，因为边界条件要求它们是相关的，在T对偶变换下，相应坐标的左手模不变，右手模变一个符号。这样，对于闭弦来说，动量模与绕数模互换，对于开弦来说，原来的诺伊曼边界条件变成了狄利克雷边界条件，也就是说，在T对偶之后的理论中，开弦的端点必须在这个坐标方向固定，这与我们前面的直观讨论完全吻合，在新的理论中，开弦端点的空间减少了一维。

当然，除了端点之外，开弦的其他部分还在整个10维时空振动，但是这些振动模通常是很重的，所以开弦的低能激发态只能在低一维的空间运动。形式上，我们可以叫在T对偶之前的那个膜为D9膜，因为整个9维空间中都有开弦，T对偶之后，成了D8膜。当然，我们也可以从Dp膜出发，在Dp膜上的一个方向做T对偶变换，获得一个低一维的D膜。相反，如果我们在垂直于Dp膜的一个方向做T对偶，则原来的狄利克雷条件变成诺伊曼条件，D膜多出了一维。

泡耳钦斯基等人一开始的出发点是Ⅰ型弦，其中含有许多D9膜，他们通过T对偶说明，还应当存在其他维度的D膜。这在当时并没有引起什么人的注意。其实，他们的文章被审稿人拒绝过，最后才发表在新加坡的世界科技出版公司的一个刊物上。

他们在那篇文章中进一步说，如果这样的膜存在，那这些膜不可能是刚体，因为在广义相对论中没有刚体存在，所以这些膜本身也有动力学，可以改变形状。

最简单的论证D膜不是刚体的方法是计算引力子与D膜的相互作用，或者是所谓的单点函数。我们知道，在广义相对论中，引力场与能量-动量张量耦合，所以引力场的单点函数包含有能量的信息，在这里，就是膜的张力的信息。张力的定义是膜的每单位体积中所含的能量，即当我们企图拉伸膜时，每增加一个单位体积我们要做的功。单点函数的计算在弦论中已有固定的方法：在一个实心圆上计算引力子的顶点单点函数，圆的边界条件是诺伊曼条件和狄利克雷条件。这个计算的物理图像是，实心圆的边界代表一个从膜上辐射出来的一个闭弦，在引力子的顶点算子上选择了虚引力子的辐射。由于引力子的顶点算子含有一个弦耦合常数，所以单点函数与弦耦合常数成正比，也就是说，D膜产生的引力场正比于弦耦合常数。但我们知道，这个结果应当正比于牛顿万有引力常数和膜的张力，前者正比于弦耦合常数的平方，所以，膜的张力应当反比于弦的耦合常数。这正是带拉蒙-拉蒙荷的膜的正确行为。

所以D膜既像场论中的孤子，也不完全像。像场论中的孤子是因为当耦合常数很小时，膜的张力很大，不完全像是因为膜张力只是与耦合常数成反比，而不是与耦合常数的平方成反比。当耦合常数为零时，D膜的张力无限大，可以看做一个刚体，可是此时牛顿常数为零，引力已经没有了动力学，所以这个刚体极限不和广义相对论发生矛盾。D膜的张力与耦合常数成反比这个事实很重要，是D膜后来在许多进展中起了重要作用的原因之一。成反比本身说明D膜是非微扰物体，不会在弦论的微扰谱中出现。由于牛顿常数与弦耦合常数的平方成正比，所以D膜引起的闭弦场(包括引力场)与耦合常数成正比，在微扰论中(当耦合常数很小时)，D膜引起的时空背景变化也是微扰的，可以忽略。这个现象与场论中的孤子很不同。例如，规范理论中的磁单极所引起的磁场与电耦合常数成反比，在微扰论中这样的场不能被忽略。

我们还没有讨论T对偶后原来的动量模的解释，也没有讨论膜上的低能场，更没有论证在超弦理论中，为什么D膜带有拉蒙-拉蒙荷，下面来讨论一下。

前面我们谈到了如何决定一个D膜的张力，其实还有一个相对简单的办法，就是计算两个平行D膜间的相互作用。这个相互作用可以看成是其中一个D膜发射出一个虚闭弦态，另一个D膜接受这个态。当两个D膜相距很远时，相互作用由无质量的闭弦态主导，是长程相互作用。例如，在纯粹的玻色弦理论中，无质量态只有引力子、伸缩子和反对称张量粒子，其中后者不对D膜的相互作用做出贡献，因为D膜不带这个反对称张量场的荷（只有弦本身带有反对称张量场的荷）。所以，两个D膜的相互作用正比于D膜张力的平方和牛顿常数，也正比于无质量弦态的个数。一旦相互作用已知，就能推出D膜的张力。

与威腾在一起的泡耳钦斯基（右）。泡耳钦斯基是弦论界最富独创能力的人之一，他的D膜理论早于第二次革命，在第二次革命的很多方面起到了关键作用。温伯格和萨斯坎德都曾说过，泡耳钦斯基是他们见过的最聪明的人。

两个D膜通过交换单闭弦引起的相互作用在弦的微扰论中是一个柱面图，这个图表示一个闭弦由其中一个D膜传播到另一个D膜。考虑所有端点搭在不同D膜上的开弦，当开弦在“真空”中涨落出来又消失时，最简单的贡献就是单圈图，这个单圈图恰恰也是一个柱面，与闭弦图的柱面毫无二致。所以，同一个图有两种解释，一种是开弦理论中的圈图，代表最低阶的量子涨落，另一种解释是闭弦中的树图，完全是经典效应。这个对偶性就是所谓s-t道对偶：沿着开弦传播的方向是一个道，沿着闭弦传播的方向是另一个道，这两个道互相垂直。

这样，通过世界面上的对偶，我们将闭弦中的一个树图计算变成了开弦中的一个单圈图计算，因为我们不知道D膜的张力，所以我们不知道如何做闭弦中的树图计算。开弦的单圈图计算比较简单，因为是单圈图，计算与任何耦合常数都没有关系，我们只要知道开弦的谱就可以了。开弦可以简单地量子化，质量谱除了通常的弦振动模的贡献，还有与两个D膜之间的距离成正比的一个贡献，因为如果一根弦的两个端点搭在不同的D膜上，其长度必然有D膜之间距离的贡献。这样计算下来的单圈图在高能极限下，也就是距离很大的情况下，与垂直于D膜的空间（横向空间）的格林函数成正比。这里我们注意到，大距离对应于开弦的高能极限，因为开弦的能量很大,但是在闭弦的图像中,它是红外极限,也就是长程极限。这个计算结果不依赖于弦耦合常数,但由于和D膜张力的平方以及牛顿常数成正比,所以D膜张力与牛顿常数的平方根成反比,也就是与弦耦合常数成反比,这是已经知道的结果。

泡耳钦斯基在他1995年10月的著名文章中所做的计算就是这个开弦单圈图计算。这个计算同时说明了开弦/闭弦的某种对偶,开弦中的紫外对应于闭弦中的红外,也就是后来所谓的红外/紫外对应,另一方面,闭弦中的经典相互作用由开弦中的量子效应给出,这在后来的反德西特尔引力/场论对偶中得到了极大的体现。

在10月份的文章中,泡耳钦斯基并没有考虑纯粹的玻色弦。玻色弦中的D膜的张力计算是他在后来的一篇总结文章中给出的。在这个理论中,很容易数出D膜上开弦的激发态。零质量的激发态包括一个矢量场和若干个标量场。标量场的数目等于横向空间的维数,这不奇怪,因为一个标量场代表D膜在这个横向空间方向上的位置,D膜上不同的点的横向位置可以不同,对应于标量场是可变函数。在前面讨论的T对偶变换中,如果我们沿着D膜的一个纵向(切向)方向做T对偶,诺伊曼边界条件会变成狄利克雷边界条件。如果沿着这个纵向方向有一个取值为常数的矢量场(叫做威尔逊线),经过T对偶变换后,这个矢量场就变成D膜在新坐标中的位置,也就是说,原来的矢量场分量变成了标量场。标量场有明显的几何含义,矢量场不一定有,但在D膜上,由于T对偶,我们可以将矢量场看成D膜在纵向方向的一种振动。

D膜上的标量场也有一个简单的场论解释。我们知道,当一个平坦空间中没有任何D膜时,有极大的空间对称性,特别是有空间平移不变性。当D膜存在时,我们仍然有沿着D膜的纵向方向的平移不变性,但沿着横向方向的平移不变性因D膜的存在受到破坏。这是一种对称性自发破缺,场论中的哥德斯通定理告诉我们,此时必然产生一些零质量的粒子。这些粒子不可能在横向方向传播到无限远去,因为在那里对称性渐近地恢复了,所以这些粒子应当相对地局域化了。这些粒子不是别的,正是D膜上的标量场。

在超弦理论中,D膜只破坏一半的超对称,被破坏的超对称同样有相应的哥德斯通粒子。这些粒子是D膜上的费米子,与矢量场及标量场一同形成一个超多重态,这个超多重态正是没有破缺的超对称的表示。在Ⅱ型弦论中,有16个没有破缺的超对称,在场论中,这是极大超对称,从而D膜上的场形成一个极大超对称的矢量超多重态。在玻色分支中,有8个粒子,同样,在费米分支中,也有8个粒子。例如,D3膜上有2个矢量粒子、6个标量粒子、8个费米子,正好形成N等于4的超规范场论。

两个平行的有同样维度的D膜保持和单个D膜情形一样多的超对称,所以这个系统应当是稳定的(BPS态),一个结论是,两个平行的D膜之间的相互作用完全抵消。我们知道,如果仅仅存在引力和伸缩子相互作用,两个D膜之间应当存在一个吸引力。现在,由于超对称的关系,这个吸引力应当被另一种力抵消,这个力不是别的,正是D膜所带的拉蒙-拉蒙荷引起的力。两个D膜交换一个拉蒙-拉蒙张量场的量子引起的力是排斥力。泡耳钦斯基的计算表明两个D膜间的相互作用的确抵消了,他不但计算了D膜的张力,同时计算了D膜的拉蒙-拉蒙荷。他的结果表明,一个p维的D膜的拉蒙-拉蒙荷与一个$6-p$维D膜的拉蒙-拉蒙荷满足狄拉克量子化条件。我们在介绍p膜的一章中已经解释了,p膜是$p+1$阶反对称张量场的电荷,而$6-p$膜是这个张量场的磁荷。

接下来我们谈谈什么样的D膜才是BPS态,也就是能保持一些超对称不被破坏。在Ⅰ型理论中存在开弦,开弦的端点满足诺伊曼边界条件,我们可以说这些弦其实是D9膜上的激发态。Ⅰ型中的超对称是10维时空中N等于1的超对称,有16个生成元,可以取为10维空间中右手旋量(这是约定而已)。在经过T对偶变换后,这个超对称仍然有固定的10维手征性。经过T对偶变换的D膜可以看做一个Ⅱ型弦论中的D膜(后面我们将解释Ⅰ型弦论可以看做ⅡB理论的一个派生),所以超弦理论中D膜所保持的超对称在10维时空中有固定的手征。现在,这个超对称无非是Ⅱ型理论中两个超对称的线性组合,并且,这个线性组合不破坏沿着D膜纵向方向的洛伦兹不变性。此时只有两种可能:一种是没有破缺的超对称是两个超对称的简单叠加,但具体计算表明这个可能没有实现。第二种可能是没有破缺的超对称是一个超对称和第二个经过纵向方向所有γ矩阵作用的超对称的叠加,这个可能是实现了的。现在,ⅡB理论中两个超对称有同样的手征性,所以上述的线性组合只有当D膜是奇数维时才有固定的10维手征性。这也和ⅡB理论中只存在偶数阶反对称拉蒙-拉蒙张量场这个事实吻合,因奇数维的D膜的时空维数是偶数,可以与反对称张量场耦合。同理,ⅡA理论中的D膜必须是偶数维的,否则破坏所有的超对称。

当然,我们上面给出的理由并不是原始文献中的理由,在原始文献中,没有破坏的超对称可由所谓的边界态直接算出。另外一个方法是研究所谓的格林-施瓦茨弦作用量在狄利克雷边界条件下如何取世界面上的费米子的边界条件。这个费米子边界条件破坏一部分超对称,保留另一部分超对称。

当然,Ⅱ型弦论中也允许完全破坏超对称的D膜存在,只不过这些D膜不再是稳定的,也不带任何拉蒙-拉蒙荷。例如,我们可以研究ⅡB理论中偶数维D膜,如D粒子(零维),但这些膜不稳定,膜上的场论也完全不一样,特别是,存在一个快子,对应于一个不稳定模。

一个保持超对称的D膜稳定的原因很简单,因为它是带相应拉蒙-拉蒙荷的质量最小的物体(在这里,质量的体现是张力),由于拉蒙-拉蒙荷是守恒的,它不可能衰变成任何其他物体。

膜物理学带来的最有意思的物理是在若干个膜,特别是若干个平行的维度相等的D膜同时存在的情形。威腾在1995年10月泡耳钦斯基的文章出现在网络上的两周后,写出了一篇研究多D膜和D膜束缚态的文章。这篇文章第一次指出当多D膜存在时,会出现非阿贝尔对称性。前面已经看到,当两个D膜同时存在时,除了两个端点都搭在同一个D膜上的开弦,还有两个端点搭在不同D膜上的开弦。前者组成两个D膜上的低能激发态,包括每个D膜上的无质量规范场和标量场。在超弦理论中,它们形成两个阿贝尔矢量超多重态。现在的问题是,两个搭在在不同D膜上的开弦是什么样的激发态?

其实,这个问题在弦论的早期就有了回答。现在我们用1来标志搭在第一个D膜上的端点,用2来标志搭在第二个D膜上的端点。如果开弦是可定向的(在Ⅱ型弦论中必须是可定向的,原因是两个开弦可以合并成一个闭弦离开D膜,从而是Ⅱ型理论中的一个闭弦,由闭弦的可定向推出开弦也是可定向的),用1,2来标志端点还简单了一点,因为定向性本身要求在一个D膜上有两种不同的端点,一种对应于弦的一个定向,其实相对于该D膜上的矢量场来说,就是正电荷和负电荷。这个观点可以通过研究开弦世界面上的作用量看出,因开弦的端点与规范场只有两个不同的耦合。这样,端点搭在不同D膜上的开弦有两种,对应于两个不同的定向,其中一种在第一个D膜的规范场下带正电,在第二个D膜的规范场下带负电,另外一种端点的带电正好反过来。

如果我们将两个D膜上的规范场看成是U(2)的两个U(1)子群,上述的两种新开弦正好可以补足整个U(2)伴随多重态,与过去的开弦加起来一共有四种开弦,是U(2)的维数。过去的所谓陈-佩顿因子恰好就是我们上面所描述的1和2以及它们的负电荷。开弦的幺正相互作用要求所有的陈-佩顿因子形成一个群,在这里就是U(2)群。

当两个D膜完全重合时,两个端点搭在不同D膜上的开弦包含零质量态,有矢量场和标量场。在纯玻色弦论中,这些场与过去的零质量场形成U(2)规范理论中的矢量场和伴随表示的标量场。在超弦理论中,我们得到U(2)的矢量超多重态。由于超对称相当于4维中的N等于4超对称,矢量超多重态正好含有6个伴随表示的标量场,以及4个手征费米场。总结一下,对于U(2)的一个生成元,有8个玻色场,8个费米场。

非阿贝尔对称性的出现是一个相当反直觉的结果。在单个D膜时,阿贝尔对称性的起源是几何的,规范场相当于D膜在纵向方向的振动,而标量场直接对应于D膜在横向空间中的位置。当两个平行D膜存在时,U(2)中的对角元还有两个D

膜的几何意义，但非对角元没有直接的几何解释。当两个D膜分开时，这些非对角元直接对应着搭在两个D膜上的开弦，且有质量。当两个D膜完全重合时，由于非阿贝尔对称性，非对角元已经和对角元之一（两个对角元的差）完全混合，所以不一定能解释成搭在两个D膜上的开弦。我们可以说，这个时候两个D膜中的一个位置，就是位置的差，已经非阿贝尔化，不再有明确的时空解释，只有两个对角元之和，也就是两个D膜的重心位置，才有几何意义。这个和不与非对角元混合。

当存在多个平行的D膜时，对称性扩大为U(N)，其中N是D膜的个数。D膜上的低能物理完全由U(N)规范理论所决定。所以知道多个D膜的性质可以推出非阿贝尔规范场论的性质，反之亦然。

D膜的物理还直接告诉我们弦论中小距离的物理。例如，当两个D膜靠近时，按照我们通常的理解，量子引力的效应会变得越来越重要，特别当两个D膜的距离小于普朗克长度时。可是当两个D膜的距离很小时，D膜上的物理完全由零质量的开弦激发态决定，在极大超对称的情况下，规范理论并没有特别不同的效应以显示出小距离上的量子引力效应。这里，红外/紫外对应又一次出现，在闭弦理论中，小距离上的物理是紫外物理，而在开弦理论中，低能规范理论中的物理是红外物理。

道格拉斯，与美国著名演员同名同姓。许多人对D膜的研究做出了贡献，道格拉斯是做出最多贡献的人之一。他的主要工作是D膜的束缚态研究。他也是指出非交换几何在弦论中应用的人之一。除了这些，20世纪80年代末他是2维弦论研究的发起人之一，这个工作使他得以在弦论的困难时期获得了教授职位。

到此为止，似乎一个D膜对应于弦论中的一个态，这个印象当然是错的。如同弦本身一样,每个D膜应有一个超多重态。Ⅱ型弦论中弦的基态超多重态一共有256个,一半是玻色态,一半是费米态。同样,Ⅱ型中的D膜也有256个态,一半玻色态,一半费米态。这个结论可以通过研究超对称得到。我们知道,D膜破坏一半的超对称,保持另外一半,也就是说,如果我们用一半超对称生成元作用在D膜的量子态上,我们得到零,对应于没有破缺的超对称。用破缺的超对称作用在D膜态上,得到一个新态。如果有n个破缺的超对称,通过反复作用,我们获得2的$n/2$次方个新态,这当然是极小可能,所以叫短超多重态。在Ⅱ型理论中,共有16个破缺的超对称,所以有256个D膜基态。

Ⅰ型弦论中的D膜上的规范理论不同于Ⅱ型弦论中的D膜。Ⅰ型理论中本来就有不可定向的开弦,弦的端点在整个10维时空中自由运动,所以Ⅰ型理论中可以看做存在D9膜,这些膜的世界体充满整个10维时空。那么有多少这样的D9膜呢?回答可以通过两种方法得到:一种方法是计算场的单点函数,这相当于决定规范群的阶。我们早已介绍过,Ⅰ型的规范群是正交群,为了消除规范反常,这个规范群必须是SO(32)。D9膜可以形式上看成带有10阶反对称张量场的荷,所以会产生充满时空的反对称张量场。当规范群的阶恰好是16时,反对称张量场的源抵消,所以应当有16个D9膜。闭弦中的单点函数与规范反常有关,后者是开弦中的量子效应,这是开弦/闭弦的量子/经典对应的又一个例子。上面的这个方法并不很直观,而第二种办法相当直观。我们知道D9膜有张力,这个张力就是10维时空中的能量密度,如果没有其他能量密度来完全抵消D9膜的贡献,就会有宇宙学常数,从而使得真空解不再是平坦的。所以,我们推测,应该存在另一种物体,其张力是负的,这种物体叫做不可定向面(orientifold plane)。在10维Ⅰ型弦中,恰好有一个9维的不可定向面。这个不可定向面的存在,解释了为什么开弦在Ⅰ型理论中是不可定向的。例如,端点搭在同一个D9膜上的开弦可以看成端点分别搭在自身与该D膜在不可定向面中的镜像上的开弦,所以开弦不能带有箭头。如果存在N个D9膜,在不可定向面的反映下,会有N个镜像,所以有$2N$个D9膜。从N个D9膜中的一个膜出发的开弦,可终止在除了它自身外的膜和所有镜像上面,共有$2N-1$种可能,这样共有$N(2N-1)$种不同的开弦,正好是规范群SO($2N$)的维数。如何计算不可定向面的张力?过去我们解释了开弦的单圈图计算可以给出D膜的张力,这个单圈图是柱面。对于不可定开弦来说,还有两个单圈图,就是默比乌斯带和克莱因瓶,前者的对角元可以解释为开弦一段搭在一个D9膜上,另一端搭在不可定向面上(如果没有不可定向面,就很难解释这个图),后者的对角元可以解释为开弦的两个端点同时搭在不可定向面上。注意这些开弦没有在壳态。这些贡献与不可定向面的张力以及拉蒙-拉蒙荷有关,这样计算下来的张力是D9膜张力的16倍,而且是负的,所以必须有16个D9膜来抵消张力。

Ⅰ型理论中除了D9膜外，还可以有D1膜和D5膜。研究这些膜比研究Ⅱ型理论中的膜要复杂些，主要原因是D9膜已经存在。以D1膜为例，不但有D1膜上的开弦，还有一个端点搭在D1膜上、另一个端点搭在D9膜上的开弦。由于有16个D9膜和它们的镜像，这些开弦会产生许多新的态。基态通过廖舍奥投射后剩下费米场，共有32个费米场，正好是杂化弦中的左手费米场的个数。D1膜上的开弦给出8个无质量标量场和8个右手费米场，没有矢量场。总之，D1膜和杂化弦的世界面理论完全一样，再次说明杂化弦在Ⅰ型理论中是孤子。

Ⅰ型理论中的D5膜理论较为复杂，我们最后来讨论这个情况。

我们在介绍弦论中的孤子解时就提到，在杂化弦中，有一类孤子，其中规范场以及引力场和伸缩子在一个4维的子空间是一个孤子解，特别地，规范场是瞬子。从10维时空来看，这是一个5维膜。威腾后来指出，弦的对偶性要求当瞬子的尺度为零时这个膜还存在，并且膜的低能有效物理是一个SU(2)规范理论。这个膜很不同于我们前面研究的膜，那些单个D膜的规范群是U(1)，特别地，在Ⅰ型理论中，D1膜没有规范群。

泡耳钦斯基和他的一个学生在1996年的一篇文章中指出，尺度为零的规范5维膜正是Ⅰ型理论中的D5膜。他们论证，在Ⅰ型理论中，如果要求搭在D5膜以及D9膜上的开弦的相互作用与D9膜上的开弦以及D5膜上的开弦形成一个自洽的系统，D5膜上的规范群必须是辛群Sp(n)。当n为1时，这个辛群就是SU(2)，有两个陈-佩顿因子。两个因子的存在也可以解释成D5膜总是成对地存在，就是说，所谓单个D5膜可以形式上看成两个重合的D膜。这个看法还可以由推广的狄拉克量子化条件看出。如果我们重复D1膜以及D5膜的荷的计算，由于开弦的不可定向性，我们发现它们不满足狄拉克量子化条件(D1膜看成是Ⅰ型弦论中二阶拉蒙-拉蒙张量场的电荷，而D5膜是该场的磁荷)，当D5膜总是成对地出现的时候，极小量子化条件成立。

所以，Ⅰ型弦论很不同于Ⅱ型弦论，其中D1膜和D9膜上的规范群是正交群，而D5膜上的规范群是辛群。

现在我们谈谈D膜的一些简单应用。最简单的D膜是零维的，就是ⅡA理论中的D0膜。这个粒子其实就是我们前面提过的带有拉蒙-拉蒙矢量场荷的粒子，而该矢量场被解释为由11维理论紧化在圆上所带来的KK矢量场，所以D0膜是最基本的KK粒子。如果Ⅱ型弦的确与一个11维理论对偶，那么还应当存在其他KK动量模。由于在第11维方向的动量是量子化的，这些模所带的拉蒙-拉蒙荷是D0膜的整数倍，而质量也是D0膜的整数倍，这就预言D0膜应当有无限多个束缚态。这些束缚态在Ⅱ型理论中很难直接证明其存在，目前为止只是证明了两个D0膜束缚态的存在。困难的原因之一是由于D0膜是粒子，所以束缚态问题是一个量子力学问题,因为粒子满足测不准原理。困难的原因之二是这个量子力学系统很复杂,是一个非阿贝尔量子力学,相当于 N 等于4的4维规范理论约化为1维的理论,而束缚态的能量是两个粒子质量之和,没有束缚能,这种束缚态叫临界束缚态。但是,通过T对偶将问题化为一个D1膜的问题,可以证明所有束缚态是存在的。

D膜在Ⅱ型弦论中的重要性莫过于ⅡB弦论的强弱对偶依赖于D1膜或者叫D弦的存在。D1膜是弦的对偶,当我们施行最简单的强弱对偶变换时,原来的弦被变换成D弦,而D弦被变换成弦。因为强弱对偶群很大,是 $SL(2,\mathbf{Z})$,我们通过更一般的变换,可以将弦变成弦与D弦的束缚态,其中有 p 个D弦,q 个弦,而这两个整数是互质的,也就是没有公约数。威腾在1995年10月讨论D膜束缚态的论文中指出,当 p 个D膜上的重心 $U(1)$ 群所对应的电场场强是某个固定值的整数倍时,我们就得到一个D弦和弦的束缚态。最简单的情形是一个D弦,此时D弦上的电场场强如果是一个固定值的 q 倍,这个位形代表D弦和 q 个弦的束缚态。我们可以通过以下的理想实验来理解这个结果。开弦的端点带有D弦上电场的一个正电荷或者一个负电荷,当我们将D弦上的一个开弦无限地拉伸与D弦重合时,我们就得到一个D弦与一个重合的弦的位形。而现在有一对位于无限远的正电荷和负电荷,产生一个均匀的场强。事实上,一对电荷在1维空间所产生的场强不依赖于电荷之间的距离。

当D膜上有电场和磁场时,会有有趣的事情发生。我们前面说了D弦上的均匀电场可以解释成D弦和弦的束缚态,其实,电场的出现还可以说明所谓的威腾效应。在通常的规范理论中,如果有磁单极解,磁单极也可以和原有的电荷形成束缚态。在规范理论中,我们可以让作用量多一个 θ 角,这样得到的真空叫 θ 真空,破坏宇称对称。当磁单极在这种真空中出现时,磁单极不仅带有磁荷,还带有与 θ 角成正比的电荷,这就是威腾效应。在Ⅱ型弦论中,对于强弱对偶来说,弦就像电荷,而D弦像磁荷,弦论中的拉蒙-拉蒙标量场如同 θ 角,不同的是现在这个角成了一个场。如果要求强弱对偶不变性,双子(就是D弦和弦的束缚态)的张力谱必须依赖于拉蒙-拉蒙标量场,这样也就必须有威腾效应。我在威腾1995年10月的文章发出之后一个星期写了一篇论文,说明了威腾效应的存在。不但如此,当D膜上有规范场时,还可用来诱导低维的拉蒙-拉蒙荷。

一个最好的例子是D4膜,此时空间是4维的,所以可以有不依赖于时间的4维空间中的"瞬子"解。这个瞬子解的解释是D4膜上有一个D0膜,这个事实可以由D4膜上规范场所诱导的拉蒙-拉蒙荷来看出。瞬子解的尺度为零说明这个D0膜刚刚融入D4膜。

其实,除了平行的有相同维数的D膜是BPS态,还有平行的不同维数的D膜也能形成BPS态。这里所谓的平行的意思是,那个有较低维数的D膜的纵向空间与有着较高维数的D膜的一部分纵向空间相同。如果我们要求两个膜的同时存在还能保持一定的超对称,那么两个膜维数之差必须是4的整数倍。前面说的D4膜和D0膜的情形就是这样,这里原来的四分之一的超对称没有破缺。

超弦的对偶要求存在着D4膜和D0膜的束缚态,而且,与D弦与弦的束缚态不同的是,这里对D4膜和D0膜的个数没有限制。紧化所有D4膜的空间方向,通过U对偶,我们可以将这个束缚态变换为一个绕在一个圆上带有一定动量模的弦态。与D0膜本身的束缚态一样,D4膜的束缚态和D0膜的束缚态是一个量子力学问题。在这个量子力学中,D0膜上原来的自由度以及搭在D4膜和D0膜上开弦提供的自由度形成一个超对称体系,有8个超对称。虽然束缚态的存在得到了证明(从而为U对偶提供了证据),但量子力学的波函数很难得到。同样,这个束缚态是临界束缚态。当弦的耦合常数很小时,D0膜的质量很大,但从有效的量子力学效应来看,束缚态的半径很小,是11维理论中的普朗克长度。当耦合常数为零时,D0膜完全融入D4膜,这就是D4膜上的零尺度瞬子,此时我们可以通过研究D4膜上的物理来确定束缚态。这是道格拉斯1995年年底的工作。

同样通过研究D0膜与D0膜之间的有效相互作用,我们可以决定D0膜本身的束缚态的尺度。并不令人惊奇的是,这个尺度也是11维普朗克长度,说明ⅡA弦论与11维理论有关系。

D膜束缚态的最重要的应用也许是黑洞的微观物理,我们将专写一章来讨论。本章中没有提及的所谓的不可定向平面的构造以及与弦论对偶的关系将在后面介绍。

第十一章　弦论中的对偶(续)

1994 年最为轰动的事情是塞伯格-威腾的工作，它上了《纽约时报》。赫尔-汤森的工作虽然后来发生了很大的影响，但在当时却被忽略了。第二年威腾关于弦论对偶的工作再次轰动理论界，这样，以前跟着潮流研究塞伯格-威腾工作的人自然接着研究 4 维弦论中 N 等于 2 的超弦的对偶了。在泡耳钦斯基提出 D 膜就是带拉蒙-拉蒙荷的孤子之前，这在很大程度上主导了当时的超弦研究。

现在我们回过头来介绍 N 等于 2 的超弦对偶方面的部分工作。在第九章中我们介绍的超弦对偶涉及的超对称最少含有 16 个生成元，相当于 4 维时空中 N 等于 4 的超对称，如杂化弦紧化在 4 维环面上，这个理论对偶于ⅡA 理论紧化在 K3 流形上。其实，超对称的生成元越少，动力学就越复杂，我们了解的就越少。接下来我们感兴趣的就是 4 维的 N 等于 2 的理论。我们已经看到，在场论中，这样的超对称理论已经有相当复杂的动力学，如非平凡的模空间等。

其实，施特劳明格 1995 年 4 月的重要文章虽然受到塞伯格-威腾的工作的影响，却没有直接受到当年 3 月威腾的关于弦论中对偶文章的影响，尽管他在文章中提到了威腾的工作。施特劳明格所用的标题很吸引人，他用了无质量黑洞。黑洞在这里完全是一个名词而已，与真正的黑洞无关。

我们先稍微介绍一下施特劳明格工作的背景。卡拉比-丘流形是自第一次革命后许多人相信的与现实世界有关的紧化，那时人们一般认为杂化弦紧化在一个 6 维的卡拉比-丘流形上是最有可能与粒子物理的标准模型有关的情形。由于这些流形只允许存在一个基灵旋量(见第五章)，这样另外 4 维时空中的超对称就是 N 等于 1 的超对称，与超对称扩充后的标准模型一样。人们并没有注意Ⅱ型弦论紧化在卡拉比-丘流形上的物理，主要原因是那时还不知道Ⅱ型弦可能产生非阿贝尔规范场，同时，4 维时空中的超对称是 N 等于 2 的超对称，与现实世界无关。后者是因为Ⅱ型弦论中本来的超对称比杂化弦多了一半，每个 10 维的 N 等于 1 的超对称通过卡拉比-丘流形上的基灵旋量约化为 4 维时空中的 N 等于 1 的超对称。

然而在塞伯格-威腾理论出现后，人们开始关心如何得到 4 维的 N 等于 2 的弦论。最方便的办法就是将Ⅱ型弦紧化在卡拉比-丘流形上。我们既可以用ⅡA 理论，也可以用ⅡB 理论，这两种理论都产生 4 维的 N 等于 2 的非手征理论，虽然只有ⅡB 理论在 10 维中有手征性。我们在第七章中介绍过镜像对称性，这个对称性将一个紧化在某个卡拉比-丘流形上的ⅡB 理论对应到一个紧化在另外一个卡拉比-丘流形上的ⅡA理论。这两个流形虽然很不相同,但对应的弦的世界面上的共形场论却完全一样,所以,两个弦理论起码在微扰论中是完全一样的。这是推广的T对偶。

在坚持研究镜像对偶的过程中,坎德拉斯等人发现一般的卡拉比-丘流形都有一个奇异的极限,这个极限下的卡拉比-丘流形上有一个奇异点(当然也可以有若干个奇异点)。笼统地说,一个卡拉比-丘流形是一个6维紧致空间上加了一个复结构和度规。给定一个空间,复结构和度规都可以改变,这些改变由许多复参量来标志,其中一部分复参量用来描写复结构,个数等于流形中3维不平凡子流形个数的一半。我们要稍微解释一下什么是不平凡的子流形。这些流形本身不同调于一个点,或者说,不是一个高一维子流形的边界。例如在球面上我们随便看一个圆,这个圆一定是球面上一个实心圆的边界,相反,在环面上存在一些圆不是实心圆或者其他什么面的边界,独立的个数有两个。巧合的是,2维的卡拉比-丘流形就是环面,其复结构参数的个数是1,也是不平凡的圆的个数的一半。现在,一个6维的卡拉比-丘流形上有偶数个不平凡的3维子流形,其中部分是3维球面。在一个极限下,某3维球面变成了一个点,这个点是奇异的。在复结构参数空间(我们也叫它为模空间),这对应于将一个复参数调成零,这些地方叫锥形点(conifold),因为卡拉比-丘流形上这个奇异点附近看起来像一个锥面。沿着这个锥面走到锥顶,一个3维球面缩小成一个点。

坎德拉斯等人的研究结果是,所有已知的卡拉比-丘流形都有一个甚至更多的锥形极限,起码有一个不平凡的3维球面可以缩小成一个点,有时,更多的3维球面缩小成一个点。一般地,要将一个3维球面缩小成一个点,模空间上的某个复参数要调成零。并且,有意思的是,在模空间中绕着这个锥点(其实有许多锥点,因为还有其他复参数,但我们将其他复参数固定)转一圈,其他不平凡的3维子流形会发生变化:如果某个3维子流形与锥点流形(就是可以缩小为点的)相交,那么这个流形在转了一圈后会多出这个锥点流形。

在锥形点,卡拉比-丘流形是奇异的,因为标量曲率在锥点处变为无限大,从而弦的世界面上的物理没有定义,弦的微扰论很难处理。坎德拉斯等人发现,将该锥点吹大的办法有两种,一种当然是回到原来的非奇异的卡拉比-丘流形,还有一种是将锥点变成一个2维球面,从而获得一个新的、完全不同的卡拉比-丘流形(当然数学家较早地知道这件事)。这两种卡拉比-丘流形的拓扑完全不同,差别比两个互为镜像的卡拉比-丘流形还要大。他们猜测,有一个物理的办法将这两个卡拉比-丘流形连接起来,就是说,物理上,我们可以从一个卡拉比-丘流形光滑地变到另一个卡拉比-丘流形,但那个时候(1990年左右)并不知道如何达到这个目的。并且,那个时候所知道的所有的卡拉比-丘流形都可以通过这个缩小-吹大的办法连接起来。

施特劳明格在1995年4月份的贡献是提供了从一个卡拉比-丘流形通过锥形点过渡到另一个卡拉比-丘流形的物理机制。他首先注意到,几何奇异性出现在物理中。对应于那个与锥点正交的不平凡3维子流形有一个复函数,该复函数是模空间上的一个指数函数。当我们在模空间上绕锥形点转一圈后,该函数改变了。这个改变非常类似塞伯格-威腾中初势在模空间上绕奇异点的改变(见第八章)。其实,这个函数正是某U(1)规范群的初势(稍后再谈),而模空间上的复参数正是该规范超多重态中的复标量场。因此,直接的几何竟然是低能有效理论中的物理!这大概是弦论令人惊讶的事实之一。

这个事实以前已经有人注意到,但没有理解为什么会有奇异性。施特劳明格所做的进展是将这个事实和塞伯格-威腾理论联系起来,这样他就被迫寻找类似的解释。在塞伯格-威腾的理论中,奇异性的出现是一个零质量的超多重态的出现,可能是一个磁单极超多重态,也可能是一个双子超多重态。在弦论中,这是什么呢?

我们已经了解了弦论中的各种膜,特别是D膜的存在,所以他的回答对于我们来说并不奇怪。他当时的回答是带拉蒙-拉蒙荷的黑洞,今天更准确的说法就是D3膜。ⅡB理论中的D3膜不是原来意义上的黑洞。当D3膜绕在那个可以缩成为点的3维球面上时,这个膜在其余的4维时空看来就是一个粒子,其质量正比于3维球面的体积。当体积变成零时,这个粒子的质量就变成零了,正是我们希望得到的类似塞伯格-威腾理论中的零质量的粒子。

ⅡB理论中有一个自对偶的四阶反对称张量场,其电荷-磁荷的携带者就是D3膜(这里电荷与磁荷没有区别,因为这个场是自对偶的)。当其紧化在卡拉比-丘流形上时,对应于一个非平庸的3维子流形,我们由四阶反对称张量场获得一个4维时空中的U(1)规范场,而绕在该子流形上的D3膜正好是这个规范场的电荷。并且,这些D3膜形成一个超多重态。当这个超多重态变轻时,我们可以积出它们从而获得一个低能的有效理论,单圈图对初势的贡献会有指数函数,这正是模空间上的几何所给出的。从而,原来知道的锥形点的奇异性来自于零质量的粒子。如果我们不积出这些粒子,理论就没有奇异性。诚然,这里最不可思议的是经典的几何反映了D3膜的量子效应。

以上我们大略总结了一下施特劳明格的工作。接着他和格林(B. Greene)以及莫里森(D. Morrison)还将这个工作用到理解从一个卡拉比-丘流形过渡到另一个卡拉比-丘流形这个问题上去。

在他的文章中,施特劳明格还试图解释为什么经典的几何会反映量子的信息。就是说,D3膜单圈量子修正为什么会出现在模空间的经典几何中。这的确有点奇怪,因为单圈图通常有普朗克常数。他的解释是,普朗克常数通常伴随着弦耦合常数出现,所以要看为什么弦耦合常数不出现。D3 膜所耦合的拉蒙-拉蒙张量场的耦合常数的确与弦耦合常数无关,加之,决定弦耦合的伸缩子在一个 N 等于 2 的超多重态中,不会与张量场所产生的矢量多重态发生任何耦合,因为超对称不允许中性超多重态与矢量场耦合。因此,D3 膜在 4 维时空所产生的超多重态,由于带矢量多重态的电荷,又是无质量粒子(如果有质量的话,其质量与弦耦合常数有关),其量子效应也不会与弦耦合常数相关。

施特劳明格,美国弦论界的领袖人物之一。他的主要特点是引力和几何,在一次革命中和威腾等人做出卡拉比-丘紧化的工作。在二次革命中,首先将超对称场论的结果应用到弦论中,发现从一个拓扑到另一个拓扑的变化的物理机制。后来与瓦法一起将 D 膜用到黑洞的构造,从而在弦论中第一次解释了黑洞熵的微观起源。

另外一个问题是如何在ⅡA 理论中理解锥形点的奇异性,因为每个在锥形点的卡拉比-丘流形上的ⅡB 理论应当有一个ⅡA 理论在另外一个流形上,但在ⅡA 理论中不再有 D3 膜,相应的流形也不会有缩小为一点的 3 维球面。此时,原先的与复结构相关的模空间变成与卡勒形式相关的模空间,所以应当是 2 维子流形缩小成一个点。这个时候,代替 D3 膜出现的是 D2 膜。

施特劳明格和他的合作者在 1995 年 4 月的第二篇文章中利用无质量的 D3 膜从一个锥形点光滑过渡到了另一个卡拉比-丘流形。

一般地,紧化在一个卡拉比-丘流形上的ⅡB理论中的矢量多重态的个数等于非平凡子流形个数的一半,这些4维时空中的矢量场来自于四阶拉蒙-拉蒙反对称张量场。给定一个3维子流形,四阶反对称张量场在这个子流形上的积分给出一个4维的矢量场(四阶张量场中的三个时空指标在3维子流形上已被积掉)。但我们所得到的矢量场的个数不等于非平凡3维子流形的个数,这是因为四阶张量场是自对偶的,给定两个正交的3维子流形(交于一点),由这两个子流形得到的矢量场互为对偶。这样,对于一个矢量场来说,绕在该子流形上的D3膜带这个场的电荷,而绕在与其正交的子流形上的D3膜带它的磁荷。一个3维子流形对应的矢量多重态中的复标量场标志该3维子流形的"大小和形状"。当这个标量场为零时,我们得到一个缩小为一点的3维球,这就是一个锥形极限。但不是所有的3维子流形都可以缩为一点,能缩成一点的3维球面的个数依赖于具体的卡拉比-丘流形。

在ⅡB理论中,还有度规和内沃-施瓦茨二阶反对称张量场。这些场在卡拉比-丘流形上可能取的值给出4维时空中的标量场。由于我们有N等于2的超对称,这些标量场与费米场形成超多重态,每个这样的多重态中有四个实标量场。当然伸缩子、拉蒙-拉蒙标量场以及4维中的二阶反对称张量场也给出超多重态。不难计算,所有超多重态的个数是卡拉比-丘流形中非平凡2维子流形的个数加上1。

当我们处于锥形极限时,就多出了一些超多重态,来自于无质量的D3膜,并且带一些矢量多重态的电荷。由于是无质量的,一部分这样的超多重态中的标量场对应于所谓的平坦方向。也就是说,这些标量场可以获得真空期待值,从而发生希格斯现象。其所带电的矢量多重态变成有质量的,而一些新的超多重态仍然是无质量的。这样,我们从一个卡拉比-丘流形过渡到另一个卡拉比-丘流形,这个新的卡拉比-丘流形少了一些矢量多重态,多了一些超多重态。

举一个例子,一个所谓的五阶卡拉比-丘流形(quintics)中有202个非平凡3维子流形,从而有101个矢量多重态,有1个2维非平凡子流形,从而有两个超多重态。现在,16个3维子流形可以同时缩成一点,但缩成一点的自由度是15,就是说,当其中15个3维球面缩成一点时,第16个自动缩成一点。所以,15个矢量多重态可以通过希格斯机制变成有质量的。但是并非会产生16个无质量的多重态,因为规范独立的平坦方向只有4个,所以经过希格斯机制后,只多出1个无质量的超多重态。总结一下,新的卡拉比-丘流形上有86个矢量多重态和3个超多重态。这个新的卡拉比-丘流形正好可以通过吹大16个锥形奇点获得(吹大出一些2维球面,而不是3维球面),这样,过去的一些猜测得到证实:通过缩小-吹大联系起来的卡拉比-丘流形的确在物理上可以光滑地连接起来,原来独立的模空间其实是一个大的模空间的两个分支。

有意思的是，在新的卡拉比-丘流形上的新的超多重态来源于微扰弦态，尽管原先是无质量的D3膜。

已知的所有的卡拉比-丘流形都可以通过锥形极限连接起来，并且人们猜测，所有的卡拉比-丘流形都可以这般连接起来。如果是这样，那么在物理上，只存在唯一的卡拉比-丘流形模空间，这就将弦论统一在一个“真空模空间”下。

这样，过去的镜像对称猜测一定是对的，因为现在我们只要找到一个镜像对偶，其余的镜像对偶一定存在，因为物理上所有的卡拉比-丘流形处在同一个模空间上。

过去难以想象，物理中的概念如希格斯机制、孤子等会与看起来完全没关系的数学有着这样深刻的联系。

4维的N等于2弦论既可以由Ⅱ型弦紧化在卡拉比-丘流形上得到，也可以由杂化弦紧化在$K3\times T^2$上得到，其中K3就是4维的卡拉比-丘流形，而T^2是2维环面。由此自然产生一个问题，这两类N等于2的弦论是完全不同，还是对偶的？弦论中对偶的普遍性隐含着一个结论，就是这两类弦论是对偶的，如果规范群允许的话。Ⅱ型的规范群的阶可以很大，因为我们已经看到，如果不平凡3维子流形很多，矢量多重态就很多，这是ⅡB的情形。但是，杂化弦的规范群的阶有一个上限。当规范群的阶允许时，卡切儒(S. Kachru)和瓦法(C. Vafa)得到一些对偶的例子，他们的工作出现于1995年5月。

从拓扑的角度，4维卡拉比-丘流形只有一个，就是K3流形。当然这个流形上的复结构参数和卡勒参数有许多，我们在第九章已经介绍了一点，这里不再做进一步介绍，因为实在比较技术化。K3流形破缺一半超对称，所以原来杂化弦中的16个超对称生成元只剩下8个，等于4维N等于2的超对称。进一步紧化在2维环面上，没有超对称被进一步破坏，得到的4维理论是一个N等于2的弦论。

杂化弦中可以得到非阿贝尔对称性，Ⅱ型弦如何得到？其实，当6维ⅡA理论紧化在K3上时，我们已经有这个问题，因为我们知道这个理论对偶于一个紧化在4维环面上的杂化弦理论。这个问题的回答是，ⅡA理论中多出的非阿贝尔规范场来自于绕在缩小为一点的K3流形中的2维球面上的D2膜，此时D2膜在6维非紧的时空中表现为一个矢量多重态。进一步紧化在2维环面上，这个N等于4的矢量多重态可以解释为N等于2的一个矢量多重态和一个超多重态。

但上面是ⅡA理论紧化在$K3\times T^2$的情形。6维的卡拉比-丘流形很不同，但也有2维面，有些卡拉比-丘流形可以通过将K3流形在2维球面上做丛获得，这个K3纤维在2维球面上的某些点缩小为一点，从而提供了出现新矢量多重态的可能——也是来自于D2膜。事实上，卡切儒-瓦法构造的对偶中涉及的卡拉比-丘流形都可以通过这个办法获得。在后来瓦法和另外三个人的工作中，卡拉比-丘流形

可以通过 $K3\times T^2$ 的轨形获得。

这些工作都相当技术化,我们不拟介绍任何细节。需要指出的是,在Ⅱ型理论中,由于伸缩子处于中性超多重态中,与矢量多重态没有耦合,所以后者的经典模空间没有量子修正。如果有修正,在ⅡA 理论中是弦的世界面瞬子修正,这是树图,但超多重态的模空间有量子修正。在杂化弦中,伸缩子处于矢量多重态中,从而矢量多重态的模空间有量子修正。这些量子修正在Ⅱ型理论中已经为经典几何决定。同样,杂化弦中的超多重态的模空间没有量子修正,因为伸缩子在矢量多重态中,所以经典结果是严格的。可是,相应的超多重态的模空间在Ⅱ型理论中有量子修正,虽然如此,我们仍可以用杂化弦得到严格的结果。

塞伯格-威腾的 N 等于 2 的量子场论结果虽然是一个奇迹,但在弦论中,奇迹更多,而场论的结果在这里反而轻而易举地被得到,因为通过弦论的对偶,时空瞬子效应等价于对偶理论中的弦的世界面的瞬子效应。

在第九章的结尾,我们曾提到Ⅰ型弦可以看做ⅡB 弦的轨形,这个构造其实是一类构造的特例,这类构造叫定向轨形(orientifold),早在 80 年代末就被发现。这是泡耳钦斯基及其学生在发现 D 膜的文章中所指出的,同时也被其他人独立发现。

轨形构造我们在介绍弦论第一次革命时已经提过,这里再简要说一下。当弦在一个自洽的时空中运动时,该时空可能有对称性,也可能没有,可能有连续对称性,也可能有分立对称性。只要有对称性,我们就可以构造轨形。构造轨形的对称群是一个分立子群,在这个子群的作用下,我们将所有可由子群联系的点等同起来,得到的时空是原来时空的一个陪集空间。在过去,一般假定对称子群只作用在空间上,不作用在时间上。这样,轨形的弦论的时空就是这个陪集空间。与轨形量子场论不同的是,弦论构造会产生所谓的扭态(twisted states),这些扭态不是别的,是原来不能闭合的弦在子群的作用下闭合的弦。最简单的例子是一个圆上的绕态,在构造轨形之前,圆本来是一根无限长的直线,对称子群是由一个平移产生的无限群。一个绕数为 1 的态原来不可能闭合,因为两个端点差一个平移。

上述的一般轨形所用的对称是时空对称。现在我们想利用的对称性是弦世界面上的宇称对称,就是世界面的定向反演。这个对称性无非是将一个有着一定定向的弦变到一个有着相反定向的弦,弦的相互作用不破坏这个对称性。在弦的定向反演下,世界面上的左手模被映射到右手模。可以说,这是弦的一个“内部对称性”。这个对称产生的群只有两个元,我们用这个对称群来构造轨形。从某种意义上来说,轨形构造是将分立对称性规范化,所有可以通过这些对称元变换的物理态被等同为同一个物理态。

当考虑超对称时,我们要考虑到弦的定向反演如何作用在世界面的费米场上。同样,我们将左手费米模映射到右手费米模。但由于廖舍奥投射,ⅡA 弦没有这个对称性,因为左手模和右手模的廖舍奥投射相反。ⅡB弦有这个对称性,因为廖舍奥投射相同。从时空的角度来说,ⅡB弦论中两个超对称的手征相同,所以可以等同起来,其他场如两个引力微子场的手征性也一样,可以等同起来。当我们构造轨形后,闭弦不再是可定向的,而超对称也只剩下一个。这正是Ⅰ型弦的情形。从某种意义上看,开弦可以解释成轨形构造的扭态。但这个解释不宜太认真地对待。

如此构造后的Ⅰ型弦含有16个D9膜和一个不可定向平面,这个平面的张力是负的,正好抵消16个D9膜的张力。形式上,D9膜也带有10阶反对称张量场的荷,这个荷也被不可定向平面所带的荷抵消。从这个定向轨形的构造,我们很难看出不可定向平面是怎么来的。

不可定向平面最容易从T对偶来理解。将Ⅰ型弦紧化在一个1维圆上,我们问经过T对偶变换,所得到的理论是什么?或者,我们问,ⅡB弦的轨形的T对偶是什么?

在T对偶的映射下,新的世界面上的场(1维圆)的左手模和过去的一样,右手模改变符号。在定向反演变换下,左手与右手交换。这个变换作用在T对偶的世界面上的场,不但交换左手和右手,同时还改变符号。由于ⅡB弦的T对偶是ⅡA弦,所以我们用ⅡA弦做轨形构造,群也是两阶群,群元作用在对应于1维圆的那个世界面标量场,效果是在交换左右手的同时还改变符号。这样,就有两个不动点,两个对极点。这两个点不变,其余的点通过改变符号等同起来,所以Ⅰ型弦的T对偶不再是一个圆,而是一个线段。在线段中的任何一点,左手模和右手模是独立的,这不同于Ⅰ型弦。当然,由于这个线段比原来的圆小了一半,自由度和T对偶前一样。在线段的两个端点上,左手模和右手模等同起来。这两个端点从10维时空的角度来看是一个空间为8维的面,这两个面是不可定向平面。所得到的新的开弦理论叫做Ⅰ′型理论。由于对称群的元是定向反演和圆上的对称的结合,这个构造叫定向轨形构造。

在讨论D膜时我们知道,沿着D膜的一个纵向方向的T对偶使得D膜减少一个空间方向。这样原来的一个D9膜变成一个D8膜,与线段垂直。一个不可定向平面的张力是D8膜的8倍且差一个符号,这样,总张力为零,所以Ⅰ′型理论中的9维时空宇宙学常数为零。现在,D8膜在线段上的位置就是原来D9膜上的一个威尔逊线的相。由于原来的规范群是SO(32),有16个独立的相,对应于16个D8膜在线段上的位置。这个规范场与标量场在T对偶变换下的对应在上一章已经说明了。

当N个D膜在一起时,规范群为U(N),注意这里弦是可定向的。当N个D膜与一个不可定向平面重合时,由于它们的镜像也重合于这个面,此时规范群变大了,成了SO($2N$)。

我们可以将这个1维的定向轨形构造推广到高维。将ⅡB紧化在一个高维环面上,结合定向反演和T对偶,我们得到一个新的理论,这是一个定向轨形,非平庸元是定向反演和整个环面反演的结合。现在有若干个不可定向平面,个数等于环面上不动点的个数。如果是2维环面,有四个不动点,就有四个不可定向平面。1维圆的陪集是一个线段,2维环面的陪集看起来就像一个四面体的面,拓扑和一个球面一样。

如此这般构造出来的不可定向平面都叫SO平面,因为当D膜与其重合时,扩大的规范群是一个正交群。还存在Sp平面,因为可以用来构造Sp群。这种平面可以通过推广以上的构造获得。

一般的定向轨形所用的群可以包括定向反演以及其他的时空对称元,最简单的例子是泡耳钦斯基和他的学生吉蒙(E. Gimon)1996年考虑的一个例子。考虑ⅡB弦紧化在4维环面上,对称群含有定向反演、空间反演以及这两个反演的结合。这样得到的理论其实就是Ⅰ型弦紧化在4维环面的轨形上,一共有16个不动点,从而有16个5维的不可定向平面。N个重合的D5膜的规范群是Sp(N),当这些D5膜同时和一个不可定向平面重合时,规范群就是U($2N$)。D5膜的规范群是Sp,和我们在上一章中的讨论吻合。

如何获得以上的结果呢?和过去一样,这里要考虑所谓蝌蚪图(tadpole)的抵消。也就是,开弦的单圈图要抵消,这里的单圈图包括默比乌斯带、克莱因瓶和交叉帽(cross-cap)。当这些图抵消时,就不会存在产生非紧的6维时空背景场的源。这些要求给D5膜可能的陈-佩顿因子一些限制,从而决定了可能的规范群。我们知道,开弦对偶于闭弦(s-t道对偶),开弦的单圈图可以解释成闭弦的树图,所以我们叫这些计算为蝌蚪图计算(产生经典场的源看上去像蝌蚪)。

6维时空中的手征理论含有规范和引力反常,而蝌蚪图从开弦的单圈角度看又和反常有关,所以相应的抵消其实也就是反常的抵消。这在后来泡耳钦斯基和塞伯格等人的文章中有很好的讨论。

定向轨形构造随着紧化空间的维度增大越来越复杂,可能性也越来越多。这些构造可能以这样或那样的方式与其他的弦论对偶。一个非常突出的例子在第九章的结尾已经提出过,就是9维的Ⅰ′型弦和杂化弦以及霍扎瓦-威腾理论的对偶。

2维环面上的定向轨形构造还和一种特别的ⅡB紧化对偶,这个紧化被叫成F理论。

在11维的M理论提出不久,一部分人有提出更高维理论的趋势,其中瓦法提出的F理论影响较大。虽然他的目的是提出一个12维的理论,但这个理论似乎并不是独立的理论,只是ⅡB弦的特殊紧化而已。那时提出的一些高维理论,现在看来并不是实质的新理论。当时还有13维理论等,随着时间的推移,我们并没有看到这些理论有什么生命力。

瓦法，弦论界精通代数几何的代表。他是威腾的学生，学生时代的成名作是轨形构造。在弦论第二次革命中，对卡拉比-丘紧化弦论的非微扰效应多有研究，也做出了所谓F理论的构造。他和施特劳明格一起在弦论中第一次解释了黑洞熵的微观起源，尽管他所研究的黑洞是叫做临界(或者叫极端)黑洞的一种特殊情况。

一次革命后讨论的弦论的紧化一般要求紧化空间的二阶曲率张量(里奇张量)为零，这一来可以保证非紧的时空有一定的超对称，二来保证不会因为曲率的产生要求非紧的时空也有曲率。二次革命后，由于D膜的发现，紧化有了更多可能，前述的定向轨形就是一种新的紧化，但定向轨形还是里奇平坦的，因为在构造轨形之前，紧化流形是平坦的。瓦法引入的一种新的紧化可以说第一次引进了里奇非平坦的紧化流形。

可能有非平坦的流形是因为ⅡB理论中存在不同的D7膜，这样就不需要引入定向平面来抵消相同D7膜所带的拉蒙-拉蒙荷，同样，D7膜所带的张力使得2维横向空间弯曲而完全闭合，不会带来8维非紧时空中的宇宙学常数。后者的另一个解释是，紧化的2维空间的正曲率对非紧化的8维时空贡献一个负宇宙学常数，正好抵消D7膜张力的贡献。由于每个D7膜在横向2维空间产生一个30°的亏角(deficit angle)，我们需要24个D7膜来产生足够的亏角使得2维空间闭合，也就是产生720°的亏角。

ⅡB理论中为何有不同的D7膜？原因是，ⅡB理论中有不同的弦，如基本的弦以及D弦，还有所谓(p,q)弦，带内沃-施瓦茨荷以及拉蒙-拉蒙荷。每一个这样的弦又有自己的D膜,这种弦可以在其上断开运动。只有一种D3膜,因为D3膜是强弱对偶不变的,但有不同的D1膜以及D5膜和D7膜。

不同的D7膜产生非平庸的伸缩子场和标量拉蒙-拉蒙场。这两个场结合起来形成一个虚部为正的复标量场。当我们在2维横向空间绕D7膜一圈时,这个复标量场不一定回到原来的值,而与原来的值差一个SL(2,**Z**)变换,不同的变换对应于不同的D7膜。当24个不同的D7膜放在一起时,由于空间是闭合的,我们要求所有的SL(2,**Z**)变换的乘积为1。这也是各种荷抵消的一个要求。

瓦法在提出新的ⅡB弦的紧化之前,对这样的解很熟悉。他过去和一些合作者研究过所谓轴子(axion)弦,和D7膜的解完全一样。在3维空间中,弦有2维横向空间,轴子弦产生伸缩子背景场和一个轴子场,合起来也是一个复标量场。现在我们加上6维纵向空间,由弦可以得到D7膜。在研究轴子弦的时候,瓦法等人发现,如果将复标量场解释为一个2维环面的复结构模(moduli),很容易找到解。在2维横向空间的每一点加上与这个模对应的环面,我们得到一个4维空间。如果横向空间是一个球面,这个4维空间就是一个K3流形,一个4维的卡拉比-丘流形。这个K3流形叫球面上的椭圆纤维,因为每个纤维是一个环面——数学中的复椭圆曲线。在一个D7膜上,环面是奇异的,缩小为一个圆。

瓦法在他的F理论文章中很认真地对待这个环面。加上2维球面,紧化空间就是4维的,加上8维非紧时空,我们就有12维时空,他认为这是一个新的理论——F理论。这里2维环面被看成是SL(2,**Z**)强弱对偶的几何实现,因为这个群由环面的几何对称性生成。但是,除了这个复模参数之外,环面上没有其他场。这样,这个F理论与M理论很不相同。

在他提出这个理论后,我去哈佛作报告,问瓦法为什么将12维理论叫做F理论,他答道,他太太刚生了第二个儿子,F是英文父亲的简写。而与此成一个有趣的对比,M理论对于某些人来说,是母亲理论。

目前除了用它来获得比较复杂的ⅡB弦紧化外,F理论并没有什么独特的内容,所以作为一个新理论,已经没有很多人认真对待了。

瓦法的2维球面紧化使我们获得了一个N等于1的8维理论,并且有规范场,由于对偶的普遍性,自然我们会猜测这个理论与已知的N等于1的8维理论对偶,如紧化在2维环面上的杂化弦。数一数闭弦中的无质量场,这两个理论的确一样。一般地,8维杂化弦有20个阿贝尔规范场,16个从10维的杂化弦直接得到,另外4个来自于环面上的紧化。表面上,F理论中含有24个D7膜,所以应该有24个阿贝尔规范场,而瓦法论证,由于这24个D7膜不同,可能有重复计算,所以只有20个规范场是独立的。比较直观的证明是我和道格拉斯在一篇文章中提出的。

还可以通过观察不同的非阿贝尔点来论证这个对偶。当然还有所谓的追逐对偶论证法,就是用一个许多对偶串起来的链子来证明,其中一个论证是,将球面紧化进一步紧化在环面上,我们得到一个 N 等于 2 的 6 维理论,在杂化弦方面,是一个紧化在 4 维环面上的理论,而ⅡB 理论过去被论证对偶于ⅡA 理论在 K3 流形上的紧化,后者对偶于杂化弦在 4 维环面上的紧化,所以 F 理论的紧化对偶于杂化弦在 4 维环面上的紧化。

相对直接的证明来自于森。森指出,瓦法的 F 理论紧化其实是一种定向轨形的变形。这个定向轨形正是我们上一节讨论过的。将ⅡB 理论紧化在 2 维环面上,此时有弦的定向反演不变性,以及定向反演结合环面的 2 维同时反演不变性。用前者构造轨形得到Ⅰ型理论,用后者构造轨形,我们就得到定向轨形。由于环面反演有 4 个不动点,轨形的 2 维紧致空间就是一个四面体的面,拓扑是一个球面。这个球面应该是瓦法的紧化球面的一个极限情形,在这个极限下,球面上除了 4 个点外没有曲率,而复标量场也是一个常数。这的确是 F 理论紧化所允许的,那个 4 维 K3 流形在这个极限下是一个 4 维的轨形。

格林(B. Greene),《宇宙的琴弦》一书的作者。他也是喜爱应用代数几何的弦论专家,与施特劳明格一道研究了锥形相变,后来对弦论宇宙学发生很大兴趣。

在定向轨形理论中,在 4 个不动点上有 4 个不可定向平面,其拉蒙-拉蒙荷可被 16 个 D7 膜的拉蒙-拉蒙荷抵消。的确,在每一个不动点上有 4 个 D7 膜,所以对应的规范群是 SO(8)。F 理论中瓦法将奇异点的分析用在这里也得到 SO(8)群。更为重要的是,在 F 理论也就是ⅡB 理论的紧化中,当我们绕一个顶点转一圈后所得到的 SL(2,**Z**)变换正是定向反演,而所谓绕一圈即等于环面上的反演,所以这个结合变换正是定向轨形中的对称性。这样,瓦法紧化的一个极限是定向轨形。

但这两个图像有所不同。在瓦法紧化中,有 24 个 D7 膜,每个顶点上共有 6 个。而在定向轨形中,每个顶点上只有 4 个 D7 膜。森说明,定向轨形的非微扰效应使得每个不可定向平面分裂成两个 D7 膜。特别是,当每个顶点上的 4 个 D7 膜分开后,定向轨形构造中的复标量场不再是严格的,有非微扰修正。这些修正正好使我们得到瓦法构造中的复标量场的解。奇怪的是,微扰结果以及非微扰结果正好对应于塞伯格-威腾理论中有 4 个超多重态情形(复标量场被解释为塞伯格-威腾理论中的复耦合常数,而 2 维横向空间是塞伯格-威腾理论中的模空间)。当然,这里是一个巧合,因为塞伯格-威腾理论是 4 维理论。

F 理论还可以紧化到更低维的非紧时空,同样,要利用复标量场可以解释为 2 维环面复模参数这个好处。当紧化到 4 维非紧空间时,还必须引入 D3 膜,但这里的技术细节比较复杂。

F 理论的研究在大型强子对撞机启动之前和运行期间又成了热门,瓦法本人认为他能够通过这个理论预言一系列可能在大型强子对撞机上出现的粒子,然而,目前还没有任何迹象表明 F 理论是正确的,我们还有几年可以期待下去。

在结束本章时,我们要强调,我们仅仅讨论了一些最为重要的对偶和紧化,还有更多的对偶和紧化我们不能涉及。这些对偶使得弦论的对偶非常丰富多彩。

第十二章　黑　　洞

对黑洞的量子物理的理解可以说是弦论第二次革命最大成功之一，虽然弦论还没有解决黑洞的所有问题。对于一大类可以在弦论中实现的黑洞，弦论不仅可以解释贝肯斯坦-霍金熵公式，还可以解释黑洞的霍金蒸发以及更为细致的所谓灰体谱。从这些进展中我们无疑可以得出一个结论，那就是弦论在原则上可以解决与黑洞相关的所有量子问题，包括过去长期争论的黑洞信息问题。但是，由于目前技术所限，最为普遍和最为简单的黑洞——施瓦茨希尔德黑洞的量子物理还没有在弦论中得到理解。可以肯定，一旦这方面有进展，弦论的发展将又进一大步，甚至会带来弦论的又一次革命。

霍金，毫无疑问是在公众中影响最大的物理学家之一。他在经典广义相对论和黑洞的量子物理中都做出了极大的贡献。

我们早在第二章就介绍了黑洞及其量子物理的一部分，现在不再重复。想补充强调的是，黑洞热力学建立在半经典物理基础之上，所导出的结论是非常可信的，不依赖于具体的微观物理，如霍金温度以及黑洞的熵公式便是如此。黑洞与热力学的类比虽然有一定的假设,但还是得到贝肯斯坦等人的物理论证的支持。真正缺乏的是,由于没有一个量子引力理论,我们不知道黑洞的热力学是否和通常的热力学一样有微观的起源,进一步如果有微观的起源,这个微观理论是什么?还有,在黑洞的蒸发过程中,量子力学的基本假设如幺正演化是不是已经被破坏?黑洞蒸发的末态是一个量子纯态还是一个混合态?

过去数年弦论中黑洞理论的发展预示着"保守"观点是正确的,也就是说,黑洞的确和任何其他热力学系统一样,遵从量子力学,黑洞的熵也是微观态数目的一个度量。黑洞的末态是纯态的最终证明将引入一些不可思议的观念,我们后面要谈。

早在第二次革命之前,弦论中就有了关于黑洞的一些猜测,主要由萨斯坎德及其合作者提出。他们有两个重要结果:其一是弦的微扰态很重时可以变成黑洞,在变成黑洞的时候,弦微扰态在给定一个质量时的态数目与黑洞的微观态数目一样;第二个结果我们在本章最后稍加介绍,就是所谓的量子全息原理。这个原理基本上是一个定性结果,只是后来在弦论中的特殊场合才被定量地实现。

在自然单位制中,牛顿引力常数有长度的平方量纲,就是通常的普朗克长度平方。贝肯斯坦-霍金公式说,一个宏观的黑洞所带的熵是黑洞的视界面积除以四倍的牛顿引力常数。由于普朗克长度非常小,而宏观黑洞比较大,这个熵相当大,比我们熟悉的热力学系统的熵要大得多。当然,当黑洞变得很大时,黑洞熵要小于同样大的热力学系统,因为后者的熵正比于体积,而前者的熵正比于面积。可是黑洞是一个系统可能达到的最大的熵,因为当一个热力学系统达到相当大的体积时就变成引力不稳定的,逐渐塌缩成一个黑洞。

弦论中的微扰态的数目随着弦态的质量增大而增大,因为质量平方与弦上的激发量子数成正比,而量子数越大弦态的数目越大。当量子数大到一定程度时,弦态的渐近数是量子数的平方根的指数,当然指数上有一个无量纲的常数。也就是说,如果我们定义弦的熵,熵与该量子数的平方根成正比,与质量成正比。但是,黑洞的熵在 4 维中与质量的平方成正比,所以我们不能简单地将弦的熵和黑洞的熵等同起来。萨斯坎德猜测,弦态如果成为黑洞,引力的效应就不能忽略,引力使得弦的质量"重正化",也就是说物理的质量比微扰态的质量要小。这样就能解释为什么弦态的熵与"裸质量"成正比,而与物理质量的平方成正比。

虽然直观上这个想法是正确的,但很难加以证明。后来泡耳钦斯基和霍罗威茨说明,我们没有必要一定要去计算质量的重正化。我们要做的是去考察什么时候我们既可以相信微扰弦论的结果也可以相信黑洞的结果。要相信微扰弦论,弦的质量就不能太大,否则有效的引力耦合强度太大会使微扰论失效。要相信黑洞的结论,弦的质量也不能太小,否则弦不会给出经典的几何(如果质量太小,几何量子涨落可能很大)。所以,应该有一个固定的点,在这一点两种不同的图像同时正确。他们将这个点叫做对应点。我们叫这个将成为黑洞的弦为重弦。从几何的角度来看,其他弦(试验弦)在这个重弦的背景下运动时,世界面上的理论正好在当几何的尺度是弦论标度时变成强耦合理论,几何开始失效。也就是说,这个对应点应当发生在重弦的引力半径接近于弦标度时。这样,用对应点的弦的熵公式,我们就得到黑洞的熵公式。可惜这个计算只是半定量的,因为很难严格计算对应点。许多人相信,当弦的质量由轻调重经过对应点时,应当发生某种相变。可以将这个相变叫做对应点相变。

在高于4维的时空中,黑洞的熵不再与质量的平方成正比,但对应点还是存在。计算表明,在对应点黑洞的熵由微扰弦态的熵给出。

萨斯坎德,量子场论和弦论专家。他早年对光锥规范下的量子场论和格点规范理论都有贡献,是弦论的创始人之一。在二次革命前,他热心于研究黑洞问题,指出弦论可以解释黑洞的熵,也提出了全息原理。在二次革命中,他最大的贡献是与另外三个人一道提出M理论的矩阵理论。萨斯坎德是那种注重物理直觉的人,在这方面像他这样的例子也许是绝无仅有的。这个特点使得他在60岁左右还能影响弦论的发展。

弦论中的许多黑洞的熵都由贝肯斯坦-霍金公式给出,这就说明,如果弦论是正确的量子引力理论,则黑洞对应的微观态的数目是熵的指数,无论这个黑洞是简单的施瓦茨希尔德黑洞还是更为复杂的黑洞。

早在20世纪90年代初,弦论中的黑洞就为霍罗威茨和施特劳明格以及吉本斯(G. Gibbons)等人讨论过。他们讨论的是一般的黑膜,可以带一种荷以及质量,当膜紧化在环面上时就可以获得低维的黑洞。但是在那个时候,根本无法讨论黑洞的物理,所以这些工作没有得到重视。相反地,也是在90年代初,威腾提出的一种2维黑洞吸引了相当大的注意力,因为这个黑洞可以解释为当时研究的2维玻色弦中的解,同时世界面理论是一个严格的共形场论。这个方向在第二次革命中没有人重提,也许对2维弦论的新的兴趣可以使得这个问题复活。

弦论中的确存在许多种复杂的黑洞,因为弦论中有许多长程场,如内沃-施瓦茨反对称张量场以及拉蒙-拉蒙反对称张量场。根据黑洞无发定理,应该存在带有这些场所对应的荷的黑洞。其实,我们熟悉的各种膜就是带这些荷的"黑洞"解。这些解不能真正地被看成黑洞,因为它们的视界面积(或者体积)都是零。

我们经常说,弦论中的膜是BPS态,也是临界黑洞(extremal black hole)。在4维中,临界黑洞是那种既带电荷又有质量的黑洞,同时电荷达到允许的最大值。这种黑洞虽然温度为零,但熵不为零。弦论中只带一种荷的临界黑洞的熵为零,与4维的临界黑洞不同。这个现象的微观起源很简单,举例来说,一个绕在一个紧化圆上的弦是一个BPS态,其绕数就是一个荷,这样的弦态的数目是一个超对称多重态的数目,不大,从而也就没有宏观的熵。视界体积为零的现象也有一个简单的物理解释:还是以弦的绕态为例,由于弦的张力,圆的长度越是靠近视界(也就是弦的位置)就越小,在视界上等于零。有意思的是,弦的横向空间的体积因为弦的存在变得比原来大。这个现象很普遍,在D膜的情形,纵向空间越靠近视界越小,横向空间越靠近视界越大。

当然,上面的结论只是对类似绕态才成立。对于动量态,纵向空间越靠近视界变得越大。这可以由T对偶看出来,因为动量模T对偶于绕数模,而动量模所在的圆的半径是绕态所在的圆的半径的倒数。同样,如果一个绕态上也存在动量激发态,圆的长度会因为动量的存在变大。这也有一个直观的物理解释,动量模对应的能量与圆的半径成反比,所以圆的半径越大,激发这些动量模所需的能量越低,这是能量极小化原理。

从上面的讨论可以看出,如果想在弦论中得到一个有宏观视界的临界黑洞,我们必须有几种不同的荷。上面所说的弦的一个绕态上同时有动量激发是一个带两种荷的例子,但两种荷还不足以产生一个宏观的视界,其实,要产生一个宏观的临界黑洞,最少需要三种不同的荷,非紧时空必须是5维的。我们或者可以说,要产生一个宏观的黑膜,其横向空间必须是4维的。将这个黑膜紧化在与其纵向空间平行的环面上,就得到一个低维的黑洞。到目前为止,弦论中的临界黑洞都是这么构造的,第一个例子由施特劳明格和瓦法给出。

施特劳明格和瓦法的黑洞构造利用了新发现不久的带拉蒙-拉蒙荷的D膜,他们的工作发表于 1996 年 1 月，距泡耳钦斯基发表 D 膜文章只有三个月，这在当时也是正常的，那时的发展的确飞快，弦论的知识一天一个样。虽然他们的 5 维黑洞的构造是第一个，却不是最简单和最自然的。最简单的构造由卡伦和马德西纳给出，相应的文章出现在施特劳明格和瓦法文章的一个月之后。在这篇文章中，卡伦和马德西纳不但讨论了临界黑洞，还讨论了稍微偏离临界黑洞的情况，也给出了霍金蒸发计算的大致想法。所以，我们先从这篇文章谈起。

卡伦，著名的场论与弦论专家。在场论中，任何人都知道卡伦-西曼西克方程(Callan-Symanzik equation)，一个描述重正化的方程。卡伦在弦论中有许多贡献，近来为人熟知的是开弦的研究，在 D 膜中有重要的应用。他和马德西纳一起对弦论中的黑洞研究也做出了贡献。目前他对生物学也有浓厚的兴趣。

将Ⅱ型弦紧化在 5 维的环面上，由于 T 对偶，我们既可以从ⅡB 出发，也可以从ⅡA 出发，比较简单的是ⅡB 中的构造。我们要构造一个既带三种荷的黑洞，同时还要求一些残余的超对称没有破缺。这个要求很重要，我们后面要解释为什么重要。在ⅡB 理论中，我们有 D1 膜和 D5 膜，这些可以被利用，D7 膜不能被利用，因为横向空间只有 2 维。D5 膜和 D1 膜可以形成束缚态，只有四分之一的超对称没有破缺。这个束缚态有许多解释，其中最直观的解释是将 D1 膜看成 D5 膜上的激发态。如果将 D5 膜绕在 5 维环面上，D1 膜绕在 5 维环面其中的一个圆上，D1 膜在 D5 膜的纵向空间中有 4 个垂直的维度，在这个 4 维空间中，D1 膜是 D5 膜上规范场的瞬子解。但在实际应用中，我们总是假定 D1 膜在这 4 维空间中没有固定位置，瞬子荷均匀分布在 4 维空间中。从超引力的解来看，就是将 D1 膜的荷在 4 维环面上弥散化(smearing)。从 D5 膜上的规范理论来看，瞬子解不是通常的有固定位置的解,而是特霍夫特的环子解(moron)。

有两个方法来看为什么这样的束缚态破坏了四分之三的超对称。一种是直接从 D 膜来看。D5 膜以及 D1 膜分别破坏二分之一超对称,但这些超对称不完全一样,只有四分之一是同样的,所以当它们同时存在时,共有四分之三的超对称被破坏了。第二种方法是从 D5 膜的理论来看。D5 膜的存在破坏了一半超对称,所以 D5 膜的规范理论含有 16 个超对称元。这个规范理论中的瞬子解和环子解能保持一半的超对称,也就是说只有 8 个超对称元被保留了下来,是Ⅱ型弦理论中超对称的四分之一。

我们接着要再加一个荷,就是沿着 D1 膜方向的动量模。可以证明,这个动量模破坏剩下超对称的一半,所以三种荷的存在使得原来的超对称只剩下八分之一了。我们要解决的问题是,这些动量模是什么开弦的激发态?因为两种不同 D 膜的存在,应该有三种开弦:一种是两个端点都在 D5 膜上的开弦,一种是两个端点都在 D1 膜上的开弦,第三种开弦的端点一个在 D5 膜上,一个在 D1 膜上。卡伦和马德西纳试图论证,前两种开弦的动量模所费的能量要大。但他们的论证不具体,没有很大的说服力。这个问题很久以后在仔细分析 D5 膜-D1 膜系统后才得到令人信服的说明。尽管如此,卡伦和马德西纳是对的,只有搭在 D5 膜和 D1 膜上的开弦才有无能隙的激发。

如果我们对上述的无能隙的开弦量子化,会得到一些无质量的 2 维玻色场和同样多数目的无质量的 2 维费米场,数目分别是 D5 膜的数目乘以 D1 膜的数目的 4 倍。在这些场中分配所有的动量,会得到很大的量子态的数目。取这个数目的对数,由一个渐近公式,我们得到对熵的最大贡献,这个贡献不是别的,正是贝肯斯坦-霍金熵公式。这个公式非常简单,是 3 个整数乘积的平方根乘以一个常数。3 个整数分别是:D5 膜的数目、D1 膜的数目、在圆上动量量子化的那个整数。熵公式有明显的对称性,我们可以随意交换 3 个整数。这个对称性也是 U 对偶所要求的,在 U 对偶下,不同的 D 膜甚至动量模可以互相转化。

要得到稍微偏离临界的黑洞,我们可以对一种或多种荷加对应的反荷。例如,如果原来的动量模是向右运动的模,在加了向左运动的模后,我们得到一个偏离原来临界黑洞的黑洞。有了向左运动的模,所有的超对称都破缺了,黑洞不再是稳定的,也有了霍金温度。黑洞不稳定性在 D 膜理论中有简单的解释,那就是,向右和向左的动量不是分别守恒的,一个基本的向左运动的模可以和一个基本的向右运动的模湮没,成为一个闭弦离开 D 膜的束缚态,这就是霍金辐射。标准的几何计算表明,霍金温度与向左运动的动量的平方根成正比。

卡伦和马德西纳不但在 D 膜理论中计算了加入向左运动模后的熵的变化,还计算了霍金温度。计算霍金蒸发就是计算辐射一个闭弦的几率,这由两个开弦的湮没振幅给出，还要在可能的初态中做平均。涉及的要做平均的算符是向左运动的数目算符，这样平均的结果是普朗克分布，其中的温度就是霍金温度。当然，如果向右运动的动量不是比向左运动的动量大很多，霍金温度就不这么简单。其实，如果我们将向左（右）运动的动量模看成一个气体，就可以定义温度。这样就有两个温度，向左温度和向右温度。由于向右的模多，向右温度也高。霍金温度的倒数是这两个温度倒数的和，所以，如果向左温度远远低于向右温度，霍金温度就接近向左温度。

我们回来谈谈施特劳明格和瓦法的原始文章。这篇文章也是利用了 D5 膜和 D1 膜，但紧化的方式稍有不同，是将ⅡB 理论紧化在一个 K3 流形和一个圆上面。这样，没有黑洞的时空中的超对称比紧化在环面上时少了一半。这里，仅考虑那些只破坏一半时空超对称的 D 膜位形，这些 D 膜位形可由一个整数来刻画，这个整数很类似我们前面例子中的 D5 膜和 D1 膜数目的乘积。在 K3 理论中，这相当于所有闭合子流形的交合点的数目，如 K3 与一个点，或者两个垂直相交的 2 维子流形。第一个例子对应于 4 个维度绕在 K3 上的 D5 膜和在 K3 上只处在一点的 D1 膜，它们的其余 1 个维度绕在圆上。第二个例子对应于一些绕在一个 2 维子流形上的 D3 膜和一些绕在另一个正交子流形上的 D3 膜，同样它们剩下的 1 个维度绕在圆上。

这样获得的 D 膜构形破坏时空超对称的一半，剩下的超对称和我们前面环面上的 D 膜构形一样多。现在，假定 K3 的尺度比圆小很多，D 膜上的有效理论就是一个 1+1 维的理论。如果只考虑无质量的激发态，我们会得到一个 2 维共形场论，其中心荷就是那个交合点数目。现在，激发 D 膜理论中的向右动量，我们计算熵的结果和黑洞的几何熵完全一致。

我想，施特劳明格和瓦法的合作正好利用了他们各自的长处，前者对弦论中的黑洞很熟悉，后者刚做完 K3 上 D 膜的有效理论。但这个工作也有一些猜测的地方，如 D 膜位形上的共形场论是一个轨形共形场论。这个猜测是正确的，后来有更严格的证明。

后来发现，上面介绍的施特劳明格和瓦法的工作以及卡伦和马德西纳的工作在数黑洞的微观态时都有一个很大的缺陷，那就是，D 膜上的有效理论的中心荷太大，原来用以计算态数的方法不能给出正确的结果。这个问题是马德西纳和萨斯坎德发现的，他们指出，正确的物理图像是，D5 膜和 D1 膜的束缚态其实形成了在圆上的单个绕态，而不是许多绕数为 1 的膜的简单组合。这样，我们就有一个非常长的膜，其上的中心荷是一个固定的数，也就是 6。这样，通常用来计算态数的渐近公式是适用的。这个物理图像同时解释了另一个问题，就是 D 膜上激发态的能隙。根据黑洞的预测，这个能隙很小，这和很长的 D 膜有关，因为当 D 膜很长时，其第一激发态的能量与长度成反比。

我们接着解释一个重要的问题,就是为什么要集中讨论临界黑洞?其实,弦论中讨论D膜上的有效理论时,我们必须假定这个理论是弱耦合的,否则我们很难证明有效理论是我们想得到的那个共形场论。有效理论中的耦合常数与弦论的耦合常数成正比,同时也与D膜的个数成正比。当然,这是假定D膜没有形成一个单独的长膜。要获得宏观黑洞,这个有效耦合常数很大,所以黑洞的区域正好不是我们可以控制的情况。但如果所考虑的微观量子态保持一定的超对称,则这些量子态的存在不随耦合常数变化,因此我们可以人为地调节耦合常数到很小来计算态的数目,虽然此时没有宏观黑洞。这个计算结果当耦合常数变大时也成立,的确,黑洞的熵不依赖于弦论的耦合常数。

当D膜形成一个长D膜时,似乎耦合常数变小了,这是个假象。两个原因使我们还要面对强耦合问题:第一是形成长D膜本身是强耦合的结果;第二,虽然只有单个D膜,但D膜绕在圆上许多次,D膜上的激发态在真实空间上相遇的几率还是很大,所以有效耦合常数还是很大。

5维的黑洞虽然由D5膜、D1膜和动量模形成,但由于U对偶,也可以由其他构造得到。一个最简单的办法是在绕着D1膜的圆上做T对偶,从ⅡB理论过渡到ⅡA理论。在T对偶下,原来的D1膜变成D0膜,其绕数变成D0膜的个数。原来的D5膜变成D4膜,垂直于新的圆,而原来圆上的动量模变成新圆上的绕数模,这些绕数模是连接D4膜和D0膜开弦的绕数。直观地,我们可以想象,此时D4膜和D0膜均匀地分布在新圆上,而开弦则尽量地变成连接相邻膜的开弦,这就是所谓分数化的最简单的体现。这个ⅡA位形看起来像一个手链,D4膜和D0膜在新圆上是珠子,绕数模是串起这些珠子的链子。

由于U对偶,即使在ⅡA理论中,5维黑洞也有许多不同的构造。上面是用D4膜和D0膜以及开弦构造的位形。D0膜在M理论中是沿着第11维方向的动量模。现在我们换一个角度,从11维理论看这个位形,那么D4膜就是M理论中的M5膜,而开弦是M理论中的M2膜。这两种膜的共同特点是在第11维圆上绕了一圈,也就是说,M5膜与M2膜相交于一个圆,相交的地方是一根弦,现在,D0膜是沿着这个弦运动的动量。这样,M理论中的解释就很清楚了:M5膜与M2膜相交于一个弦,这个弦沿着M5膜剩余的4个方向做振动,振动以沿着弦方向的动量出现。

在11维理论中,我们有随意选取第11维的自由。现在,我们选M2膜上垂直于相交弦的那个方向作为第11维,M2膜在新的ⅡA理论中的解释还是弦,但原来的D4膜的5个空间方向都垂直于第11维,所以是新的ⅡA理论中的内沃-施瓦茨5膜,弦可以看成是内沃-施瓦茨5膜上的弦激发态(我们还没有仔细解释内沃-施瓦茨5膜上的激发态，现在我们将弦是基本激发态的这个事实直接接受下来），这个弦在5膜中剩余的4个方向做振动。这个5膜中弦的振动形成黑洞的图像是后来马德西纳给出的。

将M理论或者Ⅱ型弦论紧化到4维非紧时空，我们可以构造带4个独立荷的临界黑洞。和5维黑洞一样，为了得到有非零面积的视界，必须要有不同的荷，也就是不同的膜。现在，为了得到4维时空中的黑洞，我们要将弦论紧化在6维环面上，比5维的情况多了一个圆，从而，为了使得这个圆在视界上的周长不为零，我们需要另一个荷，即沿着这个圆方向上的动量来抵消别的荷的缩小效应。为了得到一个还有剩余超对称的黑洞，4个荷不能是任意的4个荷。

克列巴诺夫和赛特林（A. A. Tseytlin）在1996年4月的构造也许是最简单的。他们也是在M理论中直接考虑这个问题的，利用了M5膜。当两组M5膜相交于一个3维空间时，我们得到BPS位形，剩余超对称是原来的四分之一。在M理论中，这两组M膜需要的空间维度是7维，因为一组M5膜已经占了5维，另一组M5膜与前一组相交于一个3维空间，还需要2维垂直的空间。现在，加入第三组M5膜。第三组膜与第一组也相交于一个3维空间，这3维空间与原来两组相交的3维空间只有一个共同的空间。同样，第三组膜与第二组也相交于3维空间，我们不难看出，第三组膜的5个空间维度中的1维与前两组完全相交，其余的4维分别与两组膜相交。这样，三组M5膜占据了7维空间，完全相交于1维。这个三组M5膜的位形的剩余超对称是原来的八分之一。

将这个由三组M5膜形成的位形紧化在7维环面上，当然这个7维环面就是三组膜所占的空间的环面，我们得到一个4维的黑洞。由于只有3个独立的荷，这个黑洞的世界面积为我们现在激发三组膜相交的那个弦，使得沿着那个弦有动量出现。加上这个动量模，现在的黑洞带了4个荷，世界面积不为零了。这个带有4个荷的临界黑洞在1992年和1995年就有人解出，很容易利用这些解算出黑洞的熵。我们发现这个熵公式和5维黑洞的熵公式很类似。只要将4个整数荷乘起来开平方再乘以一个常数就获得了熵。这个4维临界黑洞的剩余超对称是原来的十六分之一。

这个位形在Ⅱ型弦论中有不同的解释。例如，取那个相交弦的方向作为第11维，三组M5膜在ⅡA理论中的解释是D4膜，在10维中相交于一点，而沿着第11维方向的动量模是与三组D4膜形成束缚态的D0膜。

三组M5膜的简单图像却不是可以用来计算统计熵的最好构造。可以用来计算统计熵的一种构造是马德西纳和施特劳明格在1996年3月的一篇短文中提出来的，其框架是ⅡA理论，所以和M5膜的构造差一个U对偶变换。在这个ⅡA构造中，理论紧化在6维环面上，有一组绕在6维环面上的D6膜，还有一组D2膜

(可以解释成D6膜上与其垂直的4维空间上的瞬子解)。如果没有其他的膜,搭在D6膜和D2膜上的开弦可以有激发,但这是一个2维空间上的激发,这2维空间就是D2膜和D6膜共有的空间。现在,我们加入一组内沃-施瓦茨5膜,与D2膜相交于一根弦。由于5膜的出现,原来的D2膜分数化,也就是说,D2膜变成了许多两端搭在5膜上的开膜,这样,原来搭在D6膜和D2膜上的开弦种类增多了,因为D2膜的种类增多了。这些开弦的激发是统计熵的来源。

虽然克列巴诺夫和赛特林的三组M5膜的图像不能用来直接计算统计熵,但他们提供的解释还是很有意思的。他们说,用来计算微观态的是一种开膜激发态。这种开膜是2维的,就是M2膜,其端点是1维的,可以搭在M5上。但是,现在有三组M5膜,所以相应的开膜有三个端点,每个端点搭在一种膜上,这样激发态的种类是两组M5膜个数的乘积。这样也能大概地解释统计熵。

我们过去没有解释开膜的概念,现在回过头来简单介绍一下。开膜的存在可以从开弦的存在用对偶的方法推出来。严格的推导要求考虑BPS位形,所以我们从两个平行的D膜和一根搭在两个D膜间拉直的开弦出发(如果这个开弦有振动,就不是一个BPS位形)。如果两个D膜是D3膜,在ⅡB理论的强弱对偶变换下,D3膜还是D3膜,开弦变成了有两个端点的D1膜,或者叫D弦。所以,D弦可以搭在D3膜上,在D3膜理论中,这个开D弦的解释是标准的磁单极。现在,我们沿着垂直于D3膜的一个方向做T对偶,D3膜变成D4膜,而开D弦变成开D2膜,与D4膜相交成一条直线。我们可以继续做这样的T对偶。

M2膜可以搭在M5膜上的这个事实也可以从D膜推出。我们从两个平行的D4膜出发,这是绕在第11维方向上的M5膜。考虑一个拉直的两端搭在D4膜上的开弦,我们知道,弦来自于M2膜,其一维绕在第11维的圆上,所以,这个位形在M理论中就是两个平行的M5膜,还有一个两端搭在M5膜上的开M2膜,其端点是一个圆。将这个圆无限拉大,开M2膜与M5膜相交于一条直线。

在1996年上半年,许多不同的临界黑洞被构造出来,除了前面所述的5维和4维的临界黑洞,带角动量的黑洞也被构造出来。例如,在5维非紧时空中,角动量由两个整数所描述。当两个角动量数值相等时,黑洞是一个临界黑洞。角动量量子数在D膜理论中对应于相应的共形场论的R对称性,如果量子数不为零,我们要激发带有这些R荷的激发态。具体的计算表明,黑洞的熵同样可以通过数D膜上有效理论的微观态获得。

同样,对临界黑洞的小偏离的微观数态也是很成功的,贝肯斯坦-霍金熵一再被微观计算所证实。

克列巴诺夫，二次革命中的主要工作是弦论中的黑洞的研究。他非常擅长做长而复杂的计算。他的一些关于黑洞的灰体辐射的计算后来在马德西纳猜想中得到应用。他也是给出马德西纳猜想中引力计算和场论计算的对偶方案的人之一。

比推广这些熵计算更有意思的是严格地计算霍金蒸发，计算方法已经由卡伦和马德西纳提出。具体的认真计算是达斯(S. R. Das)和马瑟(S. D. Mathur)完成的。他们先准确地计算了一个左手的开弦态与一个右手的开弦态湮没成一个带零动量的引力子(一个闭弦态)的几率，然后结合可能的初态(由对黑洞熵贡献的所有微观态给出)。这样得到辐射几率，与霍金的黑体谱吻合。不但如此，能量辐射谱前面的系数正比于黑洞的视界面积。所有这些，都与经典的黑洞辐射计算相同。能量辐射谱在(半)经典的计算中正比于黑洞吸收几率，他们也具体计算了这个吸收几率，因为计算结果与具体的黑洞解有关，这是前人还没有做过的。前人的计算一般是基于简单的施瓦茨希尔德黑洞和类似的推广。这样，黑洞在弦论中的微观实现不但能解释微观态，还能解释具体的动力学。这些计算不但体现了弦论在理解黑洞的量子性质上的成功，还为将来的一些发展如反德西特尔/共形场论的对应做了准备。

达斯和马瑟的计算最早是关于 5 维黑洞的，这当然很快被推广到其他黑洞情形，也包括带电粒子的辐射。

黑洞的微观考虑不但证实了在弦论中黑洞的存在并不破坏量子力学，还为弦论本身的发展提供了动力和洞察。例如，非临界 M 膜的熵就预言了一些 M 理论中非常微妙的东西。

黑洞的膜的理论到了马德西纳和施特劳明格的灰体谱计算可以说到了高潮。

我们在前面提到达斯和马瑟关于D膜辐射的计算,这个计算假定黑洞离临界黑洞不远,这样除了标准黑体谱中应有的普朗克公式外,还有一个和吸收截面成正比的因子。这个因子的存在是因为被辐射出的无质量粒子要克服黑洞的引力,辐射谱不再是简单的黑体谱。在黑洞的半经典计算中,计算这个因子比较复杂。而D膜的图像中,我们只要计算两个开弦合并成一个闭弦的几率,计算相对简单。这样简单的计算所给出的结果与半经典计算完全一样,不能不令人惊讶。在离临界黑洞不远处,对于一个被辐射出的标准标量粒子来说,当能量低于霍金温度时,这个吸收因子与黑洞视界的面积成正比,也就是说,对于长波来说,黑洞看起来像一个黑盘。

而马德西纳和施特劳明格则考虑黑洞离临界极限比较远的情况,同样考虑低能极限。在这种情况下,吸收因子是能量的一个复杂函数,不仅仅与黑洞视界面积有关。这个因子破坏了标准的黑体谱,所以这个因子被称为灰体因子。同样,吸收因子在黑洞背景下的半经典计算很复杂,因为黑洞的几何比较复杂。但是,他们的计算结果表明,灰体因子和D膜的简单计算结果完全一样。所以,简单的D膜图像不但能给出霍金辐射的黑体谱,同时还能给出与几何相关的灰体因子。为什么D膜图像能够给出黑洞的几何?这在当时没有真正答案,后来的反德西特尔/共形场论对应解开了这个谜。

当然,这些计算还是在一定的条件下才能成立的,这个条件叫做稀薄气体近似。在这个近似下,D膜上用来解释熵的开弦形成一个稀薄的气体。当这个气体不再稀薄时,我们真正地远离了临界黑洞,而且黑洞在某种意义下相当大。

从后来发展的反德西特尔/共形场论对应来看,我们比较容易理解1996年发表的黑洞文献中各种极限的意义。一般说来,如果某个极限可以放在反德西特尔/共形场论的对应之下,则两种计算结果的吻合是这种对应所保证的。共形场论是D膜上的理论,表面看来与黑洞的几何完全无关,但这个对应保证场论“知道”黑洞的几何,这是后来基于黑洞物理上的最重要的发展。

马德西纳和施特劳明格还计算了带电粒子的蒸发,这里的带电粒子所带的电与5维黑洞所带的第三种荷一样,这第三种荷就是开弦激发态沿着圆的动量。他们发现,带电粒子的辐射超过中性粒子的辐射,这个结果还是和半经典计算的结果完全一样。

所有这些计算都针对标准的标量粒子,也就是说,辐射出来的粒子是一个和引力场有着标准耦合的标量场。还有一种标量场,叫做固定标量场(fixed scalar),这种标量感受到一个有效的势,使得它在黑洞视界所取的值固定。对于这种标量场来说,灰体因子的计算与标准标量场不同,结果也很不一样。当能量很低时,固定标量场的灰体因子趋向于零,而标准标量场的灰体因子趋于黑洞的视界面积。当能量不为零时,固定标量场的灰体因子更复杂一些,对黑洞的几何更"敏感"一些。同样,半经典近似计算的结果和相对简单的弦论计算结果完全一样。

我们到目前讨论的5维黑洞和4维黑洞都有一个有效的弦的图像,例如4维黑洞可以看做三组不同的M5膜相交于一根弦,这根弦振动起来,就产生了黑洞。其实,以上描述的所有物理都可以由这根有效弦来描述。当我们激发这根弦上的向右运动的模时,就产生临界黑洞;当我们同时激发向右运动和向左运动的模时,就产生了一个偏离临界的黑洞,此时黑洞有了温度,从而有了霍金辐射。如果我们进一步将这根有效弦与引力场以及其他闭弦场耦合,就可以计算弦的振动模衰变成闭弦的几率,这个几率就是霍金辐射加上灰体因子。有效弦与闭弦场的耦合完全是过去已知的,不同的是,我们这里处理的不是基本弦而是有效弦,所以弦的张力不一样。要得到正确的霍金辐射,有效弦的张力必须与不同的D膜的数目成反比,这就是我们前面说过的分数化现象,弦不是简单的与D膜形成束缚态的弦,而是被D膜"切割"成很小很小的弦了。

以上我们讨论的黑洞是由不同D膜或者M膜形成的黑洞,这样我们留给大家的印象是弦论中必须用到不同的D膜,这并不是事实上的情形。事实是,我们可以用一种膜形成黑膜或者黑洞,只不过这类黑膜的弦论计算不容易实现。举例来说,我们可以由一种D膜出发在上面激发零质量的开弦态。当D膜是无限大时,我们就获得一个黑膜,这个黑膜只带一种荷,就是D膜所对应的拉蒙-拉蒙荷,与D膜的个数成正比,黑膜的能量是D膜的张力加上D膜上的激发态的能量。当我们紧化黑膜的所有纵向方向时,就获得一个低维时空中的黑洞。例如,由若干个D3膜出发,激发上面的零质量开弦态,然后紧化在一个3维环面上,我们就获得一个7维时空中的黑洞。这个黑膜或者黑洞解早在20世纪90年代初就知道了,所以可以很快算出黑洞的熵。这个熵与D膜个数的平方成正比,这很容易理解,因为D膜上的零质量开弦的低能有效理论是超对称规范理论,有$8\times N^2$个场,这里N是D膜的个数,8是每个D膜上场的数目。可是,D3膜的计算表明,熵似乎是由6个没有相互作用的无质量场所贡献的。这就说明,我们不能简单地将D膜上的量子场论看成是自由理论,否则应当有6个场。的确,黑洞解是宏观解的条件表明,D膜上的场论是强耦合的,超对称规范场不应当是自由场论。黑洞物理告诉我们,虽然场论是强耦合的,但是处于一个不动点,也就是说是一个共形不变的场论。我们可以说,D3膜上的场论是一个共形不变的有相互作用的理论,或者叫非阿贝尔不动点,其有效自由度是$6\times N^2$。这个结论应当是最早的黑洞告诉我们的有关场论的结果。由于我们对4维N等于4的超规范理论的了解有限,直到今天我们还不能在场论中直接证明这个结果。由其他D膜所获得的场论更为复杂,因为当D膜的空间维度小于3时,超对称规范场论在高能极限下是渐近自由的,或者用场论的术语,这些理论是超可重正的(super-renormalizable)。而在低能极限下,理论是强耦合的,所以我们也不能由量子场论的第一原理计算膜上热激发态的熵。当D膜的空间维度大于3时,理论在高能极限下是强耦合的,而且是不可重正的,这个时候我们要考虑到质量不为零的开弦态的贡献,从而场论不再可以信赖。在低能极限下,理论是自由的,可是,黑洞所对应的物理机制要求膜的数目很多,有效相互作用强度不可能趋于零。所有这些理论都有几个不同的区域,对应于黑洞也有几个不同的区域,这样理论中可能存在相变。

最后,我们介绍一下最为神秘的膜——M膜。在11维理论中,有两种膜,M2膜和M5膜。当这些M膜完全重叠在一起时,膜上的理论是共形场论,而且是有着相互作用的共形场论。这在M2膜的情形比较容易理解,毕竟是一个2+1维的量子场论,而且,我们可以通过D2膜上的理论来定义它。我们知道,M理论是ⅡA理论的强耦合极限,而M2膜可以由D2膜在这个极限下得到。D膜上场论的耦合常数的平方与弦论的耦合常数成正比,所以,在M理论的极限下,D2膜上的超对称规范理论是强耦合的,并且趋于一个共形不变点。可是,M5膜上的理论是一个高维量子场论,我们通常的量子场论知识告诉我们很难有高维的可重正的量子场论。M5膜上的理论的确是量子场论,由于M理论的存在性,我们可以确定这个量子场论的存在性,但是我们不知道如何描述它。很可能,这个量子场论不是通常的有着作用量的量子场论,我们要通过量子算符来定义它。

与M理论本身的神秘性一样,这些M膜上的量子场论也很神秘,可以称为小M理论。理解这些小M理论必定会带来对M理论本身的进一步理解。同样,黑洞物理已经能够告诉我们一些关于M膜上的量子场论的信息。在M2膜的情形,黑洞熵正比于膜的个数的3/2次方,这有别于D膜的平方。这个结果说明,在强耦合极限下(或者低能极限下),D2膜上的有效自由度由原来的N^2降低到$N^{3/2}$,说明低能极限下的共形场论的确很复杂,很难用一个自由理论来描述,或者说根本不可能。在D膜的相下,理论的自由度正比于N^2,说明有效自由度就是规范理论中的场,那些可以写成矩阵的场,而在M膜的相下,理论不可能用弱耦合的场来描述,因为谁也写不出$N^{3/2}$个场。

M5膜更加神秘,不仅因为这是个高维理论,而且还因为它根本不可能由强相互作用的拉氏量场论获得。第一,人们似乎可以说,M5上有张力为零的弦,因为我们知道,当两个M5膜分开时,M2膜可以搭在上面,端点是弦而不是点。当两个M5膜无限靠近时,开M2膜的长度越来越小,所以端点弦的张力越来越小。可是,我们知道,弦有无限多个激发态,这些激发态的质量的平方正比于弦的张力。无张力的弦似乎告诉我们应该有无限多个零质量的场,但这不是事实。事实是,黑洞物理告诉我们，黑洞的熵也就是M5膜上的自由度，正比于膜的个数的三次方。所以，M膜不可能是弦论，起码不是一个弱耦合弦论，同样也不是一个简单的场论，因为我们不知道场如何带三个指标而能使得场的个数与膜的个数的三次方成正比。

M2的理论一度成为弦论的研究焦点。确实，虽然它们上面的理论极其复杂，但人们终于可以写出作用量了。本来，我以为这个发现会带来M5理论的发现，进而为揭示M理论的本质提供信息，可惜迄今为止这方面没有多少进展。

第十三章 矩阵理论

M 理论在超弦理论中的地位自 1995 年威腾的文章开始变得越来越重要,但是,除了低能极限是 11 维超引力以及 5 维膜和 2 维膜的存在,人们对 M 理论的其他性质一无所知。特别是,我们无法量子化超引力,11 维微扰超引力到了一定的圈数是发散的。可以说我们没有一个 M 理论的微观理论。

泡耳钦斯基的 D 膜理论发表之后,我们对 M 理论中出现的 KK 引力子,也就是ⅡA 理论中的 D0 膜有了一定的理解。但这个理解也不出低能的范围,因为一个完备的 D 膜理论涉及所有的开弦激发态。令人惊讶的是,1996 年 10 月班克斯(T. Banks)等四人提出 M 理论的非微扰量子理论其实是多 D0 膜理论的一个极限,而需要的 D0 膜理论也只涉及低能理论。这个理论提出来时许多人不相信,因为这个理论也太简单了,怎么可能是包罗万象的 M 理论?

要理解当时四人提出这个理论的原因,我们需要了解提出这个理论的两个主要人物在当时对弦论的理解,这两个人就是申克和萨斯坎德。

先谈申克的背景。申克于 1996 年 8 月和另外三个人写了一篇关于 D0 膜性质的长文。据我所知,他们在这篇文章上断断续续花了近八个月时间。我在他们研究 D0 膜期间曾经两次访问洛特格斯大学,每次都见到申克和道格拉斯在黑板上讨论和 D0 膜有关的问题。在这种讨论中,我也看到了申克的研究风格,他很少做计算,但对物理的把握非常好。这篇 D0 膜文章的另外三位作者不是前述 1996 年 10 月发表的矩阵理论的另外三位作者。在这篇 D0 膜文章中,他们用低能理论,也就是矩阵量子力学——1 维的非阿贝尔规范理论,来研究 D0 膜相互作用的性质。他们得出结论,在 D0 膜散射振幅中,只有 11 维的普朗克长度出现。这个长度当弦是弱耦合时,远远小于弦的标度。这样,在弦论中,人们可以探测到小于弦标度的长度,这和微扰弦论的结论不同。

另外一个重要的结果是,用矩阵量子力学可以计算两个 D0 膜之间的相互作用势。这个势是长程力,但当两个 D0 膜相隔很远时,长程力有所有开弦的贡献,而矩阵力学中只有最低能模的贡献。这就说明,开弦的激发模的贡献互相抵消了。这个现象在我和道格拉斯的一篇文章中已经分析清楚,抵消的原因是超对称。

D0 膜之间的长程力其实是引力子之间的相互作用,所以能看到 11 维普朗克长度是自然的。申克一直相信 D0 膜在弦论中是特殊的,可以看成其他物体的基本组元,但在 D0 膜文章中他们没有走得这么远。

申克，第一次革命中与弗里丹的合作使得他成为当时的风云人物。20 世纪 80 年代末，他和道格拉斯一起提出 2 维弦论的矩阵模型。二次革命中，他成为新的矩阵理论的构造者之一。与萨斯坎德类似，他是一个注重物理直觉的人，应该是矩阵理论的主要倡导者，虽然我们无法知道他们四个人当时的工作情形。

萨斯坎德提出矩阵理论的动机完全不同，他的背景中 20 世纪六七十年代的粒子物理更多些。在 60 年代，强相互作用是粒子物理学家关心的主要问题。强子的相互作用非常复杂，很难用一个简单的理论来概括。后来，费曼介入强相互作用研究，提出了部分子(parton)的概念。后来我们知道，部分子不是别的，正是夸克和胶子。费曼的想法是，当一个强子的动量很大时，我们可以假定强子的动量无限大，这样，强子可以看成是带不同动量的部分子的束缚态，部分子的个数与动量成正比。强子的相互作用可以看成是部分子相互作用的结果。如果强子的动量不够大，我们总可以人为地选取一个参照系，在这个参照系中，强子的动量变成无限大了，这个参照系叫做无限动量参照系(infinite momentum frame)。在无限动量参照系中，部分子的相互作用比较简单，而强子的复杂相互作用来源于强子中的部分子分布函数以及部分子之间的相互作用。无限动量在这里并不是指动量的所有分量都是无限大的，而是一个固定的分量无限大。这个分量对应的方向叫做纵向方向，其余与纵向方向垂直的方向叫做横向方向。

物理上，在一个物理系统被沿着纵向方向加速到无限动量的情况下，由于相对论效应，横向方向的运动变得很慢，所以系统中的一切和横向运动有关的动力学都转化成非相对论动力学，即伽利略力学。这对动力学做了很大的简化，例如，在相对论场论中有一种粒子就有对应的反粒子,而非相对论场论中没有反粒子。在部分子模型中,每一个粒子都带有一个正的纵向动量,部分子之间的相互作用也是非相对论相互作用。

在最早的弦的一次量子化中,光锥坐标的选取也起了关键的作用。这里,光锥坐标等价于无限动量参照系,虽然严格地说在光锥坐标中弦的纵向动量不是无限大。而即使对一个相对论性粒子,我们也可以采用光锥坐标。在光锥坐标中,我们选取一个光锥时间,是时间与纵向坐标之和,另一个光锥坐标是时间与纵向坐标之差,其余为横向坐标。对于一个相对论性粒子,我们可以任意选取粒子的本征时间,或者叫仿射参数(affine parameter),而在光锥坐标中,我们选取标度粒子的本征时间为光锥时间。这是一个特别的选择,在这个选择下,粒子的作用量被简化为横向方向运动的作用量,并且采取非相对论形式。同样,在光锥坐标下,弦的作用量也变成了横向坐标的非相对论作用量。这种选择对于一次量子化弦尤其重要,因为我们不必处理非物理模了,所有作用量中出现的变量都是物理的。当然,直接处理物理模带来的坏处是系统失去了直接的相对论不变性,要证明弦的相互作用是相对论不变的就比较复杂。

因为弦在光锥坐标下只涉及物理模,所以最早的弦场论是光锥规范下的弦场论,理论看起来很正常,既有空间上的局域性也有时间上的局域性。弦在纵向方向的长度与纵向动量成正比,而在相互作用过程中纵向动量是守恒的,所以所有初始态中弦的纵向长度之和等于所有末态中弦的纵向长度之和,同样在任何中间过程中,所有弦的纵向长度之和也不变。这样,任何一个弦的圈图在光锥规范下都是一条带(开弦),我们在这个带上画出长短不一的平行线分割这条带,就会出现不同的初始弦、中间弦和末态弦。

对于单个弦来说,在光锥规范下,弦的振动模式也可以看成在一个长度与纵向动量成正比的弦上做振动。这个图像加上上述的相互作用图像使得我们猜测,如果弦是一些更基本物体的复合态,那么在光锥规范下这些更基本的物体应该带有最小的纵向动量。

以上一些关于部分子和光锥规范下的弦论的思考是萨斯坎德提出矩阵模型的主要动机。在 M 理论中,如果我们从ⅡA 弦论出发,逐渐增大弦耦合常数,第 11 维的半径会越来越大,M 理论的极限就是半径无限大的极限。由于 D0 膜是第 11 维方向上的 KK 模,即带有单位动量的模,所以当半径增大时,它们的动量和能量越来越小。如果我们考虑一个在第 11 维方向带有有限动量的物体,并且像部分子模型一样,假定这个物体是带有单位动量 D0 膜的束缚态,那么当第 11 维的半径越来越大时,该物体所含的 D0 膜就越来越多。我们想象,物体的束缚态模型在这个极限下越来越好。

这个猜测并不是非常令人惊讶。令人惊讶的是，班克斯等四人猜测描述束缚态所需要的动力学都含在D0膜的低能理论中，即非相对论矩阵力学。乍看起来，虽然非相对论符合我们前面解释的无限大动量参照系中的运动学，但D0膜本身在11维半径趋于无限大的极限下质量（从10维弦论的角度来看）越来越小。要满足非相对论要求，我们需要限制D0膜在横向方向的动量。在M理论极限下，D0膜的个数越来越多，可以做每个D0膜的横向动量越来越小的假定。

需要强调的是，D0膜的确是部分子的最佳选择，一是因为它们带有纵向（第11维）动量，二是弦论中的D0膜的动力学只涉及弦论中的空间方向，这些空间方向垂直于第11维，正是所有的横向方向。D0膜的动力学是矩阵量子力学，当矩阵也可以对角化时，本征值对应于D0膜在横向空间中的位置，非对角元没有很好的几何解释。当矩阵不能同时被对角化时，我们也就没有了D0膜在横向空间中的几何解释，而理论中的自由度远远大于D0膜本身的自由度，因为有更多的非对角自由度。当然，除了对应于横向空间的矩阵外，我们还有16个费米矩阵，这是超对称要求的。我们在下面将介绍矩阵理论可能是正确理论的两个理由。

班克斯等四人的矩阵理论提出不久，立刻就有许多人来验证这个理论。在他们的原文中，支持这个猜测有两个重要的检验：一个就是原来道格拉斯等人的关于D0膜的相互作用的计算，计算结果表明D0膜的矩阵力学的确给出D0膜作为11维时空中的引力子的相互作用。第二个证据是由若干个D0膜可以构造出M理论中的2维膜，D0膜的个数越多，这个构造就越精确。我们后面再仔细解释这个有趣的构造。

基于这些验证，萨斯坎德受到鼓舞，于第二年，也就是1997年4月，又提出了另一个猜想。同样是类比于原来的场论结果，萨斯坎德现在考虑的是将11维M理论紧化在一个类光坐标上（沿着一个类光坐标，本征时间为零）。现在只考虑M理论中的一个子系统，该子系统沿着类光方向的动量是固定的。由于量子力学，这个动量也是量子化的，是类光方向半径倒数的整数倍。萨斯坎德的第二个猜想是，描述一个带有固定类光动量系统的理论就是N个D0膜的低能矩阵力学。如果这个猜想是正确的，那么班克斯等人的猜想就是这个猜想的一个推论，我们只要取无限大类光半径和无限大类光动量极限就回到班克斯等人的猜想。

1997年的9月和10月，森和塞伯格分别提出了萨斯坎德猜想的一个“证明”。他们的论证当然不是什么严格的证明，只是一个相当有力的说明而已。后来泡耳钦斯基给出的一个论证更为明晰。我们稍后再谈泡耳钦斯基的论证。

森和塞伯格的论证本质上是一样的，我们这里解释一下后者的理论。光锥紧化在物理上不太容易被接受，因为我们很难想象一个闭合光线（在时空中闭合，而不是仅仅在空间中闭合）。所以，塞伯格稍稍变化了一下，将光锥的那个坐标加了小的空间分量,这样原来的光线圆变成了一个类空圆,这是我们可以接受的,光锥紧化是这个类空紧化的极限。可以看出,这个接近光锥的类空紧化是通常空间紧化的一个不同表述。在另一个坐标系中,我们得到一个纯空间紧化,紧化圆的半径很小,两个紧化相差一个洛伦兹推动。在光锥极限下,空间紧化圆的半径趋于零。换句话说,光锥紧化是零半径空间紧化的一个无限大洛伦兹推动。

撇开在一个紧化方向做洛伦兹推动这个复杂问题不谈,我们就得到一个结论,光锥紧化的 M 理论等价于 M 理论紧化在一个零半径的空间圆上。后者又等价于零耦合的ⅡA 弦论。微妙的问题在于,如果我们想保持前者的"寻常"物理,如有限的普朗克长度和有限能量,我们就得考虑后者——弦论中的一些特别的物理,如无限大的弦长度和接近零的能量系统,这是我们不熟悉的。好在一个理论中的物理只依赖于那些有量纲量的无量纲比例,我们可以将弦论中无限大的弦长度变成有限的,而能量也变成有限的。这样变换的结果是,弦论中的无限多的振动模式全部成了无限大能量模。如果我们只考虑 D0 膜(带有固定的纵向动量的系统),理论就简化成 D0 膜的矩阵力学,因为无限大的能量模脱耦了。

非常有趣的是,当一部分人开始相信以上证明而另一部分人还在迷惑时,1997 年 10 月出了两篇否定萨斯坎德新猜想的文章。一篇是道格拉斯和大栗(H. Ooguri)的文章,他们声称在 K3 面(其实是放大后的 K3 面)上的 D0 膜计算不符合引力子之间的相互作用,这个矛盾至今没有解决。另一篇文章是戴恩(M. Dine)和他的一个学生的文章,他们考虑的是三个引力子的相互作用,也发现 D0 膜矩阵力学的计算不符合引力预言。好在这个所谓的矛盾后来被米谷民明等人解决了:戴恩等人犯了两个错误,一个出在 D0 膜相互作用的计算上,另一个出在引力子相互作用的计算上。仔细地将两种情形算出,这两个结果实际上完全一致。米谷等人的文章几乎是一年之后才出现的,在他们的工作出现之前,许多本来就怀疑矩阵理论的人更不相信这个理论了。

时至今日,几乎没有人再公开地怀疑矩阵理论了,这不是因为矩阵理论有了什么证明,而是因为还没有人能够找到真正的矛盾。我们前面说过,矩阵理论最明晰的"论证"是泡耳钦斯基给出的,这是 1999 年 3 月的事。泡耳钦斯基直接在ⅡA 弦论中取零耦合极限,同时固定 M 理论中的普朗克长度,这样,弦的张力趋于零。看起来,所有弦的激发态的能量都趋于零,而 D0 膜的质量趋于无限大。但是,如果我们固定 D0 膜的动量(从而其横向速度趋于零),D0 膜的动能也趋于零,与弦激发态相比,其趋于零的速度更快。如果我们只对 D0 膜在横向空间的动力学感兴趣,我们就可以忽略弦的各种激发态。同样,在 D0 膜之间的拉直的开弦的能量也趋于零,其趋于零的速度与 D0 膜的动能一样。如果我们重新标度能量,让 D0 膜的动能有限,这样 D0 膜和其间的拉直的开弦都幸存下来,而动力学完全由矩阵力学给出。

上面的讨论也说明，一旦D0膜的数量给定，我们不能改变这个数量，原因是多出一个D0膜需要无限大的能量，因为与D0膜的动能相比，D0膜的质量无限大。这也说明了为什么萨斯坎德的猜想可能是正确的，因为在这个极限下，不同数目的D0膜系统完全不同，相互之间没有动力学联系，这就是我们熟悉的超选择分支(super-selection sectors)。

泡耳钦斯基的论证虽然最为明晰，但如果仅仅这样我们还不能和班克斯等人的猜想联系起来，因为后者讨论的是11维理论，也就是无限大耦合ⅡA弦论，另外，能量在后者的猜想中一开始就是有限的，而不是趋于零再通过重新标度得到有限的结果。解决第一个矛盾，也就是零耦合与强耦合的矛盾，我们可以借助塞伯格的无限大洛伦兹推动手续达到目的。其实，泡耳钦斯基接着做的事情也类似这个手续，但更加物理和更加可以接受了：他利用马德西纳猜想将强弱耦合的两个极限联系起来。我们将在讨论了马德西纳猜想后再回到他的讨论。

在矩阵理论和马德西纳猜想的提出期间，许多人从看起来不同的角度讨论了矩阵理论和各种奇怪极限的联系。这些不同极限看起来很不同，其实是一样的，泡耳钦斯基在他的文章中做了很精彩的讨论。由于这个讨论过于技术，我们不做介绍了。

说了这么多矩阵理论成立的理由，现在该谈谈理论的动力学。我们在讨论D膜时已经解释了一般D膜的动力学，这里要特别回顾一下D0膜的动力学。从ⅡA弦论的角度看，D0膜是9维空间中的点粒子，而从M理论的角度来看，D0膜是10维空间中的引力子，带有纵向方向的单位动量，也在9维横向空间中运动。对单个D0膜来说，动力学极其简单，只是9维空间中的一个非相对论性自由粒子，因为我们假定动能远远小于质量。原则上，单个D0膜的世界线理论中有一个规范场，只有时间分量(因为世界线是1维的)，所以完全规范等价于零规范场。除了9维坐标外，还有16个费米子场，量子化之后，这些费米场使得粒子可以带不同的自旋，这就是引力子及其超对称伙伴。

有了若干个D0粒子，动力学就完全不同了，9个坐标变成了9个矩阵。当这些矩阵可以同时对角化时，矩阵的对角元就是各个D0膜在横向空间中的坐标。如果矩阵不能同时对角化，并且非对角元相对于对角元来说并不小，矩阵就完全失去了空间坐标的解释。我们在这里看到了非对易几何的起源。当矩阵可以近似对角化时，我们还可以认为对角元对应于D0膜的位置，非对角元就是D0膜之间的开弦激发态。完全不可对角化时，区分D0膜和开弦就失去了意义。和单个D0膜的另一个不同点是规范场有了物理意义，虽然我们还是可以将其等价于零规范场，但规范场诱导一个限制，就是多个D0膜所形成的物理态必须是“色单态”。

和单个D0膜一样,多个D0膜同样存在超对称,也就有16个费米矩阵。这么多的费米矩阵使得D0膜的物理态大大增多。超对称的存在使得D0膜的动力学变得更加复杂,另一方面,却是不可或缺的,否则我们不可能得到最简单的要求:D0膜之间的相互作用必须与引力子一样。

矩阵理论的两大验证之一,即引力子之间的相互作用,道格拉斯等人已经算出,班克斯等人要做的是重新解释。在10维的ⅡA弦论中,D0膜有9个横向方向,如果相对静止,相互作用完全抵消,这是BPS态的必然结果。如果两个D0膜有相对运动,整个体系不再是BPS态,相互作用就显露出来。人们过去研究过超对称规范理论中磁单极的相互作用,发现最重要的一项与速度的平方成正比。用数学语言来说,在两个磁单极的模空间上,度规不是平坦的,所以磁单极的相对运动自由度的作用量多出一个与速度平方成正比的项,正比系数是两个磁单极距离的函数,在4维时空中,这个系数与距离成反比。ⅡA弦论与N等于4的超对称规范理论相比又多了一半超对称,所以两个D膜之间没有与速度成正比的相互作用,最重要的一项与相对速度的4次方成正比,正比系数与距离的7次方成反比。

班克斯,矩阵理论的构造者之一。他的研究兴趣非常广泛,从粒子物理到宇宙学,再到弦论。目前,他的主要研究兴趣是超对称破缺与宇宙学的关系。

与距离的7次方成反比是正常的,因为这是10维时空中点粒子之间的格林函数。这个结果,道格拉斯等人证明,是在单圈层次上积出D0膜之间的开弦的结果。从矩阵力学来看,就是积出二乘二矩阵中的非对角元。如果我们仅仅用玻色矩阵,我们将得到与随着距离增大的相互作用,这和局域性矛盾。这里,超对称起了关键作用,非对角元的玻色部分与费米部分抵消的结果是随着距离增大而减小的相互作用。后来的发展说明,两圈图没有贡献,这其实是超对称的一个“非重正化”定理。

这样的相互作用在M理论中有直接的解释。在光锥坐标中,引力子的相互作用的确与距离的7次方成反比。11维超引力也预言两个引力子的相互作用与相对横向速度的4次方成正比。有趣的是,引力的效应完全是树图的效应,也就是经典效应,而在矩阵理论中,是单圈图的效应。用萨斯坎德的话说,没有量子力学就没有引力。

矩阵理论的第二个验证是横向的2维膜可以看成是D0膜的束缚态,横向的意思是指2维膜的两个空间维度都在9维的横向空间中。其实严格说来,2维膜不能叫D0膜的束缚态,因为D0膜在这个态中没有准确的含义,原因是,矩阵的非对角元在这里起到关键的作用。一个2维膜的解是矩阵理论中的经典解,其中两个矩阵不为零,这两个矩阵对应于2维膜所在的空间。并且,两个矩阵不对易,且满足一个交换关系。这两个矩阵定义了一个所谓的非对易2维环面,因为当矩阵的阶变成无限大时,我们的确得到一个光滑的经典环面,而当矩阵的阶数有限时,2维环面上的坐标不对易,对易反比于矩阵的阶数。如果将其中一个矩阵对角化,我们可以清楚地看到D0膜均匀地分布在这个方向上,可是,另外一个矩阵不是对角的,可以说D0膜在第二个空间方向完全是非经典的。我们也可以将第二个矩阵对角化,D0膜也是均匀地分布在这个方向上,但D0膜在第一个方向上就没有位置的解释了。可以说,非对易几何是在这里第一次出现在弦论中的。

我们将这个解代入矩阵理论的能量公式中去,就会发现能量正好是一个带有一定纵向动量的2维膜的光锥能量。其实,如果我们一开始就从D2膜和D0膜的束缚态出发,不难发现将总能量减去D0膜的能量,就得到一个与2维膜能量成正比的结果,也就是光锥能量。所以,矩阵理论的结果虽然在当时看起来很神奇,但事后看来是很自然的结果。

矩阵理论在某种程度上也受到了德威特(B. de Wit)等人关于超膜的量子化结果的影响。在其发表于1989年的文章中,德威特等人尝试将超膜的作用量离散化,因为超膜的协变作用量是一个3维的非线性作用量,从而是一个3维的不可重正的理论,只有离散化之后才可能量子化。他们发现,在光锥规范下,作用量的确是一个矩阵力学。这个矩阵力学和D0膜的作用量完全一样,他们缺乏的是D0膜的解释。事后看来,班克斯等人的2维膜解并不新奇,新奇的是在矩阵理论的解释下,他们能从D0膜的参数得到正确的2维膜的参数,如2维膜的张力。

接下来的一件最自然的事是寻找5维膜的解。受到2维膜解的启发,那时我想可以假定四个矩阵满足一个代数关系,这个代数关系应当类似于 4 维规范理论中的瞬子解。这个解的正确解释是一个纵向 5 维膜,就是说,其一个空间方向在纵向方向,其余的四个方向对应于四个满足代数关系的矩阵。我将这个想法告诉道格拉斯,原因是他和伯库兹(M. Berkooz)在此之前写了一篇关于矩阵理论中纵向 5 维膜的文章,完全将 5 维膜看成是独立于矩阵理论之外的自由度。可惜,道格拉斯不相信这个解释,所以我错失了写一篇好文章的机会。这个解后来由另外两组人独立地提出。

如果 5 维膜的五个空间方向完全在 9 维横向空间之中,如何在矩阵理论中构造这个解?班克斯、塞伯格和申克证明,由矩阵理论中的超对称出发,可以构造许多荷,包括 2 维膜的荷,就是没有横向 5 维膜荷。但一般的考虑说明,矩阵理论应该包含横向 5 维膜,只是解很复杂而已。我们至今还不知道如何构造这个解,谁能构造出来,毫不夸张地说,这将会是一个非常重要的工作,因为矩阵理论和弦论中许多重要问题可能由此得到解决。

接下来许多人写了许多关于矩阵理论的文章,其中不少是从各种膜解出发计算膜之间的相互作用的。矩阵理论的计算结果在大 N 极限下和弦论的预言吻合。

再后来,一些非 BPS 态也被构造出来,例如一个球状的 2 维膜。这个解由三个矩阵表达出来,三个矩阵可以看成是群 SU(2)的表示,这就是非对易 2 维球面。更有意思的是,假定一个纵向 5 维膜在横向空间的四个空间组成一个 4 维球,泰勒(W. Taylor)等人构造了一个解,其中四个矩阵满足的代数关系可以看成是一个非对易 4 维球的定义。

当横向空间是紧致的时候,矩阵理论该怎么写?例如,将一个横向空间紧致化,这个时空就是 10 维的了,对应于ⅡA 弦论,现在只剩下八个横向空间。我们现在的问题是ⅡA 弦论的非微扰定义是什么。请注意,为了方便我们将矩阵理论的纵向空间紧致化了,所以得到 D0 膜,但我们应该记得最后要将这个纵向空间的半径推向无限大。将一个横向空间紧化,得到"第二个"M 理论的 11 维方向,但在已有第 11 维的情况下,我们可以将它看成是第 10 维,这样,原来的 D0 膜自然成了 D1 膜,矩阵理论成了一个 2 维矩阵场论,也就是有着极大超对称的 2 维超对称规范理论。得到这个理论后,我们再将原来的 11 维方向看成是纵向方向,而将第 10 维看成第 11 维。

泰勒说明,不通过以上的图像也能得到一个 2 维规范理论。他回答的问题是如何用矩阵将那个紧致化的维度表示出来。要做到这一点,我们要对每一个 D0 膜引入在紧化方向上的无限多个镜像,这样自然将矩阵的阶数变成无限大。然后,将对应于那个紧化方向的矩阵写成一个协变微分形式,微分的对象就是上述 D1 膜的空间。所有其他矩阵由于是无限阶的,都可以看成是 D1 膜空间上的函数。经过这个手续，原来的矩阵力学自然成了一个 2 维场论。

如果紧化的维度不止一个，我们可以做类似的处理，最后得到一个高维超对称规范理论。所以，M 理论的环面紧化的非微扰理论是大 N 超对称规范理论。

当矩阵理论紧化时，我们得到的是场论。如果紧化维度低于 5 维，这些场论都有很好的定义。例如，紧化在 3 维环面上的矩阵理论是大 N 超对称 4 维规范理论，这个理论是有限的，而且还有强弱对偶。这个强弱对偶对应于弦论中的 T 对偶。当紧化维度达到 4 维时，就得到一个 5 维的场论。按照常识，5 维的场论一般是不可重正的。的确，如果我们假定这个理论是 D4 膜上的规范理论，场论在高能区没有定义。我们知道，D4 膜在 ⅡA 弦论中来自于 M 理论的 M5 膜，一个自然的猜测是，尽管 D4 膜上的场论不可重正，我们并不需要全部的开弦理论（从而也就需要闭弦理论）在高能区使得理论完备化，只需要考虑 M5 膜理论就可以了。在一定的极限下，M5 膜理论的确可以与整个 M 理论脱耦，从而是一个有定义的场论。当所有 M5 膜重合时，这个场论是一个 6 维的共形场论。

费西勒（右），矩阵理论的四个构造者之一。他目前的研究兴趣和班克斯非常接近，所以两个人的合作很频繁。他们正在试图构造出一个满足全息原理的宇宙学。

这里，我们又看到了 M 理论的一个特别现象，就是，在一定区域，理论生长出一个新的空间维度。在 M 理论中，当 10 维的 ⅡA 弦论的耦合强度变大时，10 维不再是一个好的近似，时空成了 11 维，这是 M 理论。同样，当 5 维的规范理论中的能量超过一定的域值时，理论变成了 6 维理论。在这个 5 维的场论中，耦合强度有长度量纲,所以有效耦合强度应当是这个长度乘以能量(这样我们得到了一个无量纲的耦合强度),高能区其实就是强耦合区,生长出的新维度在弱耦合的微扰展开中当然看不到。

这个新的维度也有类似 M 理论中新的维度的解释。后者中,新维度方向中的动量量子数对应于一个孤子量子数,这个孤子正是 D0 膜。在 D4 膜场论中,原来的欧氏 4 维规范理论中的瞬子可以解释为一个孤子(因为空间是 4 维的,所以瞬子在这里是一个静态解),瞬子数对应于新维度方向上的动量量子数。

我们进一步将空间紧化在 5 维环面上,同样能得到一个不可重正的 D5 膜规范理论。这里,耦合常数有长度平方的量纲,高能区同样是强耦合区。如果我们利用 ⅡB 理论中的强弱对偶,D5 膜被变成内沃-施瓦茨 5 维膜。后者在 ⅡB 理论中可以脱耦于整个弦论,这个脱耦的 6 维理论不再是场论。根据塞伯格的理论,我们得到了一个 6 维的弦论,这个弦论不含有引力,而且耦合强度基本是固定的。直到现在,我们对这个所谓的小弦理论还不是很了解。由于小弦理论不含引力,人们自然会联想到量子色动力学中的弦。的确,在一定的极限下,内沃-施瓦茨 5 维膜上的小弦理论和量子色动力学中的弦有关系。

当 M 理论紧化在 6 维环面上时,矩阵理论在低能极限下是 D6 膜上的场论。在这里,矩阵理论完全失败,因为我们不知道怎么将这个场论在高能区完备化。以上的所有情形都可以用森-塞伯格的公式化办法找到脱耦的理论,而 D6 膜理论到了高能区不再有一个脱耦的理论。

我们最感兴趣的当然是一个 4 维的时空,对应于将 M 理论紧化在 7 维环面上。这里,甚至光锥规范都成了问题,因为在光锥坐标下,横向空间是 2 维的,有著名的红外问题。其中反映出的一个问题是,利用矩阵理论计算出的引力子相互作用在横向空间中与距离的对数成正比,明显破坏了局域性。

M 理论紧化在环面上之后,就有了 U 对偶。这些对偶在矩阵理论中都得到了解释,往往与超对称场论中的各种对偶有关,场论中的一些非微扰结果也有了新的解释。过去关于大 N 场论的一些结果在这里也有了应用。

在矩阵理论的启发下,过去我们很不了解的一些理论也有了矩阵力学的构造,例如 M5 膜上的共形场论和内沃-施瓦茨 5 膜上的小弦理论有了量子力学的构造。然而,和矩阵理论一样,这些"小"矩阵理论也存在着许多计算上的困难。

矩阵理论虽然表面上看起来简单,其实很不简单,而且不是一个完备的理论。我们不但在紧化上遇到困难,在没有紧化时,原来的矩阵力学中已经遇到了很多困难。首先,我们还不知道如何构造横向 5 维膜。其次,我们不能证明这个在光锥规范下的理论其实含有隐藏的洛伦兹不变性。后者和矩阵理论中如何处理纵向动量这个困难问题有关。

矩阵理论中的基本组元是纵向方向上带有单位动量的量子。如何构造带有更高纵向动量的引力子？一个基本假定是，这些引力子是单位动量引力子的束缚态。由于引力子的能量等于动量，所以这些束缚态的能量是所有单位动量引力子的能量之和，也就是说，束缚能为零。在量子力学中，没有束缚能的束缚态叫做临界束缚态，通常很难处理。幸运的是，人们能够证明这样的束缚态在矩阵理论中是唯一的（当然扣除了超对称多重态）。不幸的是，即便是两个 D0 膜的束缚态也很复杂，根本不知道如何构造它的波函数，而波函数在处理带有高动量引力子的相互作用中是不可或缺的。

也许矩阵理论是一个暂时的理论，一个真正的 M 理论的非微扰理论不但看起来简单，在做基本的计算时也应该简单，并且，应该很容易地得到各种不同紧化的理论。

矩阵理论在本质上是一个全息（holography）理论，因为理论涉及的维度小于所描述对象的维度。在矩阵理论中，只有时间和横向空间，加起来是 10 维，而 M 理论是 11 维的。矩阵理论中的纵向空间的出现非常隐秘，是通过 D0 膜形成束缚态，再将束缚态解释成纵向方向的动量模而出现的。横向空间的出现也不同于传统的场论，因为矩阵理论只是量子力学，空间出现在矩阵中，矩阵的对角元解释为物体的横向位置。在场论中，空间直接出现，而动力学量是定义在空间点上的场。所以，矩阵理论非常不同于场论中的二次量子化。

许多人考虑过如何构造类似矩阵理论的洛伦兹协变理论。一个协变理论很难直接由矩阵理论本身获得，因为纵向空间在矩阵理论中是隐秘的。一个可能的办法是将 M2 膜的世界体理论离散化。我们前面说过，矩阵理论就可以通过对 M2 膜的光锥规范下的世界体理论离散化得到。如果直接将 M2 膜的协变世界体理论离散化，就必须将时间也用矩阵来代替，3 维的泊松括号用离散的代数取代。我和米谷民明等人尝试过用南部力学来代替通常矩阵的对易子，没有取得完全的成功，因为还没有人能够构造出南部括号的矩阵形式。这个方向还是值得物理学家进一步去研究。

且不论其缺点，矩阵理论还是给了人们一个很大的心理安慰，就是原则上 M 理论的量子理论是存在的，虽然目前存在的形式不够令人满意。1996 年之后，矩阵理论的发展还带来了许多其他发展，例如马德西纳的反德西特尔空间引力和场论的对偶就直接受到了矩阵理论的影响。

最后，黑洞物理在矩阵理论中也有很好的解释，可惜由于矩阵理论本身的困难，黑洞研究还只是半定量的。

最近一些年，日本人利用计算机对 D0 膜的动力学的研究有了一定的深入推进。

第十四章　全息原理的实现

贝肯斯坦关于黑洞熵的研究直到今天还是量子引力中最为重要的工作。他和霍金获得的黑洞熵公式不依赖于具体的量子引力理论,却是任何量子引力理论必须满足的。我们前面谈到的在弦论中理解这个公式的进展就是对弦论的一个极大支持,正因为如此,霍金本人才由对弦论的质疑态度改变为支持弦论。注意新闻的人知道,霍金到中国时大谈 M 理论和膜世界,甚至使得不了解内情的人以为 M 理论就是霍金本人的理论。当然我们不能责怪霍金的态度变来变去,相反,我们应该欣赏这种态度,一种对新进展采取开放观点的态度。霍金对公众的影响之大,大概超过任何一个活着的物理学家。

自由度是一个基本理论的重要性质。在场论中,给定一个空间体积,原则上没有对自由度的任何限制。场论中的紫外发散的来源就是因为任意高能或者任意小的空间都有自由度。当引力介入,自然的想法是普朗克长度带来距离上的限制,理论有一个紫外截断。紫外截断的引入使得一定空间体积中的自由度成为有限的,很类似将连续的空间变成格子,所以自由度的个数与体积成正比。普通热力学也支持这种看法,因为一般地说能量是一个空间上的延展量,也就是说能量与体积成正比。给定一个体积和一个紫外截断,最大的能量的载体是一个达到普朗克能标的量子。将最小能量的量子到最大能量的量子加起来,熵也与体积成正比,从而也是一个空间上的延展量。

贝肯斯坦曾经考虑过一个问题:给定一个系统的尺度(假定三个空间方向上的尺度一样大)以及一个能量,该系统最大可能的熵是多少?如果没有引力介入,或者引力的作用是微弱的,他的结论是,熵的上限是系统的尺度乘以系统的能量。这看起来似乎与前面说的熵是空间上的延展量矛盾,因为假如能量与体积成正比,贝肯斯坦熵的上限就与尺度的四次方成正比。其实这里没有矛盾,因为我们还没有计及引力的作用。当引力存在时,贝肯斯坦上限依然有效,但能量不再是空间上的延展量。

这就是黑洞的作用。能量足够大,引力使得整个系统成为不稳定系统,系统塌缩形成黑洞。我们知道,黑洞的能量,也就是质量,与视界半径成正比。将这个结果代入贝肯斯坦公式,我们发现,熵的上限与系统尺度的平方成正比,也就是和黑洞的视界面积成正比,这就是贝肯斯坦-霍金熵公式。

这是很奇怪的结论,黑洞的作用使得我们通常的微观直觉失效,从而熵不再是空间延展量。由于黑洞本身是宏观的，所以这个结论与空间的最小截断无关。我们看到，黑洞的存在揭示了量子引力的一个反直觉的性质：微观与宏观不是独立的，体系的基本自由度与宏观体积有关。由于贝肯斯坦-霍金熵公式中出现普朗克长度，直观上黑洞视界似乎是一个网，每个网格的大小是普朗克长度。如果我们相信量子力学在黑洞物理中依然有效，那么黑洞内部的所有可能为外部观察者看到的自由度(通过霍金蒸发等过程)完全反映在视界上。特霍夫特在 1993 年猜测，这是一个全息效应，不但黑洞本身，任何一个系统在量子力学中都可以由其边界上的理论完全描述。1994 年，萨斯坎德将这个猜测提升为一个原理，任何含有引力的量子系统都满足全息原理。萨斯坎德还提供了一些支持这个原理的直观论证。

虽然特霍夫特本人有一段时间致力于构造类似元胞自动机(cellular automaton)的模型，试图实现全息原理，但在很长的一段时间内，很少有人将这个原理当真。直到 1997 年底和 1998 年初，情况才彻底改变。

最开始促成这种改变的是马德西纳的著名文章，出现于 1997 年 11 月。在 1998 年 2 月之前，人们对这篇文章的普遍看法是，想法很大胆，但肯定是错的。时至今日，马德西纳的文章已成为弦论中引用率最高的文章。马德西纳的工作部分起源于矩阵理论。在验证矩阵理论的看法是否在高维膜上成立时，马德西纳计算过膜之间的相互作用，以及在什么情况下仅仅计及最低能的开弦的计算是正确的。这个极限就是他在 11 月的文章中采取的极限，他将这个极限看成是猜想的重要证据。今天看来，虽然在当时启发他想到这个猜想时这个极限起到了一定的作用，但它在物理上却不见得是站得住脚的。

马德西纳猜想经常被称为反德西特尔/共形场论对偶(AdS/CFT 对偶)，因为他的猜想说，一定的反德西特尔空间上的量子引力，准确地说，弦论或者 M 理论，对偶于比反德西特尔空间维度更低的共形场论。举例来说，5 维反德西特尔空间上的弦论对偶于 4 维 N 等于 4 超对称规范理论。

为了理解这个猜想，我们还是以 5 维反德西特尔空间为例。先解释一下什么是反德西特尔空间。人们在研究宇宙学时，应用爱因斯坦的宇宙学原理，总是假定空间有极大对称性。例如，3 维欧几里得空间就是一个极大对称空间，有平移对称性和转动对称性。球面也是一个极大对称空间，对称群与欧几里得空间的对称群不同，其实就是比球面高一维的欧氏空间中的转动对称群，因为我们可以想象将球面嵌入欧氏空间。除了欧氏空间和球面外，还有一类空间也是极大空间，这就是罗巴切夫斯基空间，空间具有负曲率。罗巴切夫斯基空间不能被嵌入比其高一维的欧氏空间中，却能被嵌入比其高一维的闵可夫斯基空间中，所以对称群不是转动群，是高一维闵氏空间中的洛伦兹群。

在宇宙学中有一类更加特别的时空，不但空间有极大对称性，整个时空也有极大对称性。闵氏空间就是一个具有极大对称的时空,对称群是洛伦兹群加上时空平移群。闵氏空间是欧氏空间的直接推广,球面的推广叫做德西特尔空间,对称群是比其高一维的闵氏空间中的洛伦兹群。因为德西特尔空间也可以被嵌入闵氏空间,但嵌入的方法与前面的罗巴切夫斯基空间嵌入的方法相反,所以德西特尔空间不但有时间,时空的曲率也是正的。那么,具有负曲率的极大对称时空是什么?这就是反德西特尔空间。反德西特尔空间有时间,曲率是负的,所以不能被嵌入高一维的闵氏空间中,但可以被嵌入比其高一维的具有两个时间方向的时空中。

反德西特尔空间只有一个时间方向,由于曲率是负的,如果要成为爱因斯坦场方程的解,必须有一个负的宇宙学常数作为负曲率的源。而通常的暴涨宇宙很类似于德西特尔空间,对应于一个正宇宙学常数。我们现在的时空,根据天文观测,也有一个正的宇宙学常数,所以也接近德西特尔空间,而不是反德西特尔空间。尽管反德西特尔空间与闵氏空间同样不是我们世界的时空,但研究它是弦论中的一个重要方向,虽然理由与粒子物理中研究闵氏时空的理由不同。

马德西纳及其夫人。马德西纳猜想在提出之初几乎无人相信。在威腾等人的对偶方案提出之前,这一猜想被一些人看成是游戏之作,因为那时马德西纳已经得到了哈佛的助理教授位置。在提出这个猜想之前,马德西纳在弦论中的黑洞研究方面做出了许多贡献。

现在,我们看看反德西特尔空间如何出现在弦论中。回到 5 维反德西特尔空间这个例子。许多年前,施瓦茨在构造ⅡB 型 10 维超引力时,就注意到存在反德西特尔解，在ⅡB超引力中，有一个四阶反对称张量场，这个张量场的场强是自对偶的，是一个五阶张量场。当这个场强不为零且有极大对称时，时空不再是10维闵氏空间。最简单的情形是，时空分离为两部分，一部分是5维球面，有正曲率，另一部分是5维反德西特尔空间，具有负曲率。

ⅡB超引力中的反德西特尔空间解在当时不过是11维超引力中的4维和7维反德西特尔解的推广。11维超引力中存在一个三阶反对称场，场强是四阶张量，根据不同情况，反德西特尔空间可以是4维的，也可以是7维的。在4维的情形，另一部分是7维球面，而当反德西特尔空间是7维时，另一部分是4维球面。在当时，这个“机制”被用来做自发紧化。遗憾的是，如果我们要求球面，也就是内部空间的半径足够小，那么反德西特尔空间的“半径”也很小，从而曲率太大了。

ⅡB理论中的四阶反对称张量场对应的荷是D3膜。D3膜存在时，张量场自然不为零，但如果有一个球面，似乎不要求存在D3膜作为反对称张量场的源，因为球面是一个常曲率的球面，不会缩小为一个点，所以反对称张量场的通量不起源于一个点。但这仅仅是假象。

我们上面说到D3膜存在时，四阶反对称张量场不为零。由于四阶反对称张量场是自对偶的，这个场将时空分成两部分，当五阶场强的指标完全与其中一部分重合时，场强不为零。这两部分中，一部分包含D3膜的四个时空方向加上与D3膜垂直的径向方向，有五个时空指标，另一部分既与D3膜垂直，也与径向方向垂直，是五个球面指标。这个5维球上有一个不为零的五阶场强的通量。

当我们非常靠近D3膜时，时空不但可以如上所述分为两部分，而且这两部分完全达到分离，也就是说，这两部分的度规互相独立，一部分成为带有正的常曲率的5维球面，另一部分，即包含D3膜和径向方向的部分，成为带有负的常曲率的5维反德西特尔空间。所以许多人说，这样的解是D3膜的近视界解。

现在，反德西特尔空间上的反德西特尔对称性可以解释为D3膜上的共形不变性。4维空间的共形对称性包括4维空间的庞加莱对称性、标度不变性以及特殊共形变换，正好是5维空间中的反德西特尔不变性。在超弦第二次革命之前，我们并没有一个严格地具有共形不变性的4维量子场论。在第二次革命中，许多这样的量子场论被发现，而D3膜上的场论——N等于4的超对称规范理论，是第一个共形不变场论。很久以前就有证据说明，这个量子场论的耦合常数没有微扰重正化，也就是说，在微扰论中这个理论有标度不变性。如果这个理论具有强弱对偶，那么标度不变性在非微扰理论中也是成立的。

5维球面上的对称性就是6维欧氏空间中的转动不变性，4维N等于4的规范理论中正好有这个对称性。这个对称性作用在理论中的六个标量场上，正如6维空间中的转动。这样，D3膜的近视界10维时空的对称性完全在4维时空的场论中得到体现,这是马德西纳推测场论完全等价于10维时空上的弦论的重要理由。他利用这些对称性证明,当我们用一个D3膜来探测其他D3膜产生的空间时,探测子的作用量完全可以由探测子和其余D3膜上的场论计算得到。

当D3膜相距很近时,膜上的开弦变得很轻,所以在许多动力学过程中起主导作用。如果要求这些场完全主导所有的过程,我们同时也要求涉及闭弦的过程发生在D3膜附近,这是取近视界极限的原因。一旦取了这个极限,我们会发现,除了零质量闭弦激发态,所有有质量的闭弦激发态在有限长的时间内都不可能由反德西特尔空间进入远离D3膜的空间,所以,D3膜之外的时空与近视界时空脱耦,这大概是马德西纳猜测最令人信服的证据之一。

反德西特尔空间的大小与D3膜的个数有关。我们很容易就能看出,D3膜诱导的几何与D3膜的个数有关,同时和弦耦合常数有关。正好,个数和耦合常数同时出现在一个乘积中,这是因为几何与总张力有关,也与牛顿耦合常数有关,总张力与牛顿耦合常数的乘积正好正比于膜的个数与弦耦合常数的乘积。另外,弦耦合常数是开弦耦合常数的平方,后者又是D3膜上场论的耦合常数。这样,几何同膜个数与规范耦合常数的平方的乘积有关。这个乘积不是别的,正是特霍夫特耦合常数,出现在大N展开中。

马德西纳的猜测毫无疑问是全息原理的实现。一方面,德西特尔空间上是一个10维的弦理论,自然含有引力和黑洞;另一方面,D3膜上是一个4维量子场论,不含引力理论。当然,这个实现与我们从黑洞物理出发的预期不一样。黑洞物理要求黑洞视界上的一个场论完全可以描述黑洞中发生的一切,所以前者的空间维度只比后者的空间维度低一维。

在弦论方面有三个参数,即反德西特尔空间的大小、弦耦合常数、弦标度。在场论方面,只有两个常数,即特霍夫特耦合常数、规范群的秩。由于反德西特尔不变性,弦论中实际起作用的只有两个参数,就是反德西特尔空间与弦标度的比以及弦耦合常数,前者对应于特霍夫特耦合常数,或者是特霍夫特耦合常数与规范群的秩的比。因此,弦论中的微扰展开对应于场论中的大N展开,因为以弦耦合常数作为参数的展开级数正是以$1/N$作为参数的展开级数。

当马德西纳的文章于1997年11月出现在洛斯阿拉莫斯的高能资料库时,几乎没有人相信他是对的。我记得芝加哥超弦小组还专门开了个讨论会,结论是这个猜测不可信。库塔索夫(D. Kutasov)甚至评论说,因为马德西纳新近到哈佛做助理教授,可以不担心前途问题了,才变得这么大胆。

那年11月,网上同时还出现了道格拉斯等人关于弦论中非对易几何实现的文章,引起了更多人的注意。因为这是一篇相当技术的、结论可以很快验证的文章,所以相信的人多些。后来我听说,威腾其实是不相信道格拉斯等人的工作的,虽然事隔近两年后他和塞伯格合作大大推进了弦论中对非对易几何的理解,从而引发了另一场研究热潮。

我猜想当时威腾还是被马德西纳的工作占据了更多的精力,所以他能在次年的2月写出一篇非常重要的支持马德西纳猜想的文章。吴咏时曾经跟我讲过他当时的一些见闻。那时,马德西纳被邀请到普林斯顿介绍他的工作,吴咏时正好在访问普林斯顿高等研究院,参加了这个报告会。在报告过程中,威腾和玻利雅可夫的问题最多。事实证明,他们同时都在思考同样的问题,所以在1998年的2月,玻利雅可夫和另外两人也发表了支持马德西纳的文章,他们比威腾早了四天。

玻利雅可夫等人的文章基于玻利雅可夫一直以来都在尝试的一个想法。玻利雅可夫在20世纪80年代研究弦论时主要精力放在寻找一个强相互作用的弦论上,但一直没有成功。到了20世纪90年代,他认识到,一个强相互作用的弦论一定不是一个4维弦论,而应该是一个5维弦论。这个第5维是一个量子维度,与弦的世界面上本征几何的量子涨落有关。由于第5维方向的曲率很大,所以我们看不到这个第5维。他指出,4维世界的强相互作用的弦论应该是5维弦论的一个投影。

在马德西纳的猜想中,他们发现,这个第5维不是别的,正是那个与D3膜垂直的径向方向。他们提出5维空间的引力与4维规范理论的一个对应:对于4维理论中的一个算子,存在一个5维空间中的场,这些场在反德西特尔空间的边界上给定一个边界条件,我们就可以计算有效作用量,这个作用量就是4维理论中算子关联函数的生成泛函,因为场的边界取值正好可以和算子耦合起来。当然,弦论中真正的空间维度是10,5维球面在这里被作为"内部空间"处理,也就是说,5维反德西特尔空间中的场实际上是10维时空中的场在球面上约化的结果。

四天后的威腾文章给出了完全一样的对应。威腾走得更远,他不但讨论和计算了两点关联函数,还讨论了4维场论中的反常与超引力中陈-西蒙斯耦合的关系,并进一步讨论了反德西特尔空间中的黑洞与热场论的关系。他指出,所谓的霍金-佩奇(Hawking-Page)相变,也就是反德西特尔空间中从有限温度的热激发到黑洞的相变,在场论中的解释是色单态到胶子等离子态的相变。威腾工作的细致再次反映了他的特点:像坦克车一样碾过一个主题,给其他人留下的只是推广的空间。

威腾的文章一发表,整个弦论界就行动起来了,一改对马德西纳甚至对玻利雅可夫等人的怀疑态度。当时加州的圣巴巴拉的理论物理所正在举行超弦专题讨论会。据一个当时在场的人说,威腾文章出来的那天早上,几乎所有的人都躲在自己的办公室盯着电脑的屏幕仔细读这篇文章。不久就有许多文章出笼,使得本来不平静的弦论更加热闹起来。现在回想,这是弦论第二次革命的最后的高潮了。

我在 1998 年 3 月也去加州参加了那次专题讨论会。在去之前,我已经跟风写了一篇关于马德西纳猜想的文章,是关于特霍夫特涡旋在 D 膜上实现的一篇文章。马德西纳的文章将几个平时不甚往来的领域联系了起来:弦论、场论、黑洞理论以及量子色动力学。他的文章应该是弦论中引用率最高的文章,引用率高正是因为他的猜想涉及的领域较多。

在 AdS/CFT 对偶中,根据威腾、玻利雅可夫等人的建议,反德西特尔空间中的一个场对应于共形场论中的一个有固定共形指标的算子,这里算子的共形指标就是在坐标重新标度下算子的变换权重,也就是算子的真实量纲。例如,一个标量场在 4 维时空中有质量量纲,那么它的指标就是 1,一个费米场的量纲是质量的 3/2 次方,它的指标是 3/2。更一般地,算子是基本场的复合算子,其真实量纲不但有基本场的那些量纲的贡献,也有量子修正。这些量子修正在一个强耦合的场论中很难计算。当有效耦合常数很小时,可以做微扰计算,但当耦合常数很大时,就要将所有高阶贡献加起来。

在 N 等于 4 的超对称规范理论中,有一类算子的指标没有量子修正,这类算子叫做手征初级算子(chiral primary operator)。这类算子很像 BPS 态,所以指标没有量子修正。同样,在反德西特尔空间上的弦论中,有一类场,形成超共形变换的短表示,其质量也没有量子修正。这两组对象是一一对应的,从而我们可以验证马德西纳猜想在这里是否成立。威腾等人的对应告诉我们算子的指标与相应的场的质量有一个关系,的确,这个关系对于手征初级算子来说严格成立。

还有一组比较特别的场,来源于弦的激发态。这些场的质量的平方与弦的张力成正比。通过质量/指标公式,我们得到,当场论的有效耦合常数(也就是特霍夫特耦合常数)很大时,相应算子的指标是有效耦合常数的 1/4 次方。很明显,这个结果在场论中不可能通过有限的微扰计算得到,因为在微扰论中,算子的指标是耦合常数的泰勒级数,只有将整个泰勒级数求和,然后取强耦合极限,才有可能得到这个非解析性质。最近,马德西纳等人通过对反德西特尔空间取极限(叫做 pp 波极限),对一类算子验证了这个结果。

在规范理论中,有一类非局域算子,就是传统的威尔逊圈(Wilson loop)算子,这些算子是规范场沿着一个路径的排序积分,也是规范不变的。1998 年 3 月,马德西纳本人指出,这些非局域算子在反德西特尔空间中的对应就是两个端点都在反德西特尔空间上的开弦。例如,如果我们需要计算场论中一个形状为圆的威尔逊圈算子的真空期望值,在反德西特尔空间中,我们只需要计算以这个圆为边界的开弦的世界面的极小曲面的面积。同样,如果我们想计算两个平行的无限长的威尔逊圈算子的关联函数(从而给出试验夸克和反夸克的相互作用势能),则只要计算以这两个平行直线为边界的极小曲面的面积即可。

反德西特尔空间有两个经常用到的坐标系统：一个叫做庞加莱系统，无限远的边界是一个闵氏空间，场/算子对应通常是在这个坐标系统里完成的。庞加莱系统不能覆盖所有的反德西特尔空间，所以这个对应比较特别。另外一个常用的坐标系是整体坐标系，无限远的边界是一个 3 维球面空间和一个时间的直积。反德西特尔空间/场论对应中的许多物理问题用这个坐标系统讨论最为方便。在场论一方，由于空间是紧致的，所以能量谱是分立的。球面加时间这个拓扑与普通的闵氏空间相差一个共形变换，后者在原点的一个算子经过共形变换后成为前者中的一个量子态，这是常见的共形场论中的算子/态对应。因此，闵氏空间的算子指标变换为球面上量子态的能量。反德西特尔/场论对偶要求球面上的一个量子态对应于反德西特尔空间上的一个量子态，并且双方的能量是相等的。在整体坐标系中，有一个整体时间，这个时间同时又是场论的时间，所以能量应该相等。

在研究马德西纳猜测的初期，许多人有一个疑惑：场论来自于 D 膜，这些 D 膜在反德西特尔空间中的位置究竟在哪里？根据威腾的建议，场论中的关联函数都是在反德西特尔空间的边界上计算的，所以看起来 D 膜似乎都在边界上。根据另外一些性质，有些人认为 D 膜在整个反德西特尔空间中做量子涨落。萨斯坎德和威腾的一篇文章解决了这个疑惑。他们建议，D 膜在反德西特尔空间中的径向位置对应于 D 膜上的场论的高能或者短距离截断。D 膜越是接近边界，这个短距截断越小。从反德西特尔的角度，越接近边界，我们面对的物理越是长波物理，所以，这个对应又叫红外/紫外对应。

萨斯坎德和威腾的红外/紫外对应有两个最基本的证据。第一个证据是，当我们计算场论中的算子之间的关联函数时，我们需要反德西特尔空间中场的传播子。这个传播子需要进行正规化，也就是说，传播子所涉及的两个点不能完全位于边界上，否则会得到无限大的结果。将这个传播子代入关联函数计算时，我们就会看到这个正规化等同于场论中的正规化，正规化越是接近边界，场论的短距截断越小。第二个证据是自由度的个数。根据贝肯斯坦的公式，如果我们考虑离开边界一些，计算在这一点之内反德西特尔空间可能包含的熵，这个熵是有限的。同时，假如我们将离开边界的截断与场论中的短距截断等同起来，我们可以计算在这个短距截断下场论中的自由度（如果没有短距截断，场论的自由度当然是无限的），得到的计算结果完全一样。

上面的第二个证据说明，D 膜本身在反德西特尔空间中的位置不确定。如果我们想描述整个反德西特尔空间，必须考虑 D 膜上场论中的所有自由度。如果我们只想描述反德西特尔空间在某个径向位置之内的部分，我们只需要考虑 D 膜在相应截断以上的自由度。这个红外/紫外对应很神奇，有点类似黑洞物理揭示的一些量子引力的基本性质。例如，当我们做粒子散射实验时，如果粒子的能量非常高,就会有黑洞产生。能量越高,产生的黑洞越大,从而我们就不可能无限制地探测短距离,恰恰相反,也许我们需要讨论的是长距离的物理,这也是一种高能/长距离对应。前面我们谈到,当我们对比受到超对称保护的物理量时,场论和反德西特尔的计算完全吻合。一旦我们考虑不受超对称保护的物理量时,我们很难在两边同时做精确的计算。例如,计算两个平行的威尔逊圈算子的相互作用,相当于计算试验夸克和反夸克的势能,在反德西特尔一边,我们得到的势能与耦合常数的平方根成正比,而在场论的一边,我们只能做微扰计算,只有对无限级数求和才可能得到这个结果。

同样,当我们考虑反德西特尔空间中的黑洞时,黑洞的熵与场论一边的计算不同。黑洞在场论中的解释是有限温度场论,也就是所有的规范场以及超对称伙伴被激发到一个有限温度,这个温度就是黑洞的霍金温度。自由场论的熵太大,是黑洞熵的 4/3 倍。因此,我们应当考虑高阶量子修正的贡献。因为每一级的量子修正都与耦合常数有关,我们不能指望一个有限级数会给出黑洞熵的正确结果,只有当我们将无限级数求和然后取强耦合极限,我们才能得到正确的结果。遗憾的是,直到今天,这个计算还没有完成。

一个有趣的问题是,当我们从弱耦合过渡到强耦合时,熵作为耦合常数的函数是不是一个光滑函数?如果不是,这将意味着场论有一个相变。当然,这个相变不是我们熟悉的相变。我们所熟悉的相变通常发生在我们调节温度的时候,而不是我们调节耦合常数的时候。作为耦合常数的函数,这样的相变过去的确被发现过。最简单的模型是单矩阵模型,发生在单矩阵模型中的相变叫大 N 相变。对于单矩阵模型来说,如果矩阵的秩是有限的,则相变不可能发生,因为我们需要无限多个自由度才能得到热力学极限,所以矩阵的秩必须是无限的。同样,如果在有限温度时,超对称规范理论中的熵作为耦合常数的函数也会发生相变的话,这个相变也是一种大 N 相变。我在 1998 年曾做过会有相变发生的猜测并提供了一些证据。直到今天,这个相变的存在与否还没有完全确定。

当我们考虑一个球面上的有限温度场论时,由于多了一个无量纲常数(温度与球面半径的乘积),热力学更加丰富了。当温度足够高时,有限温度场论对应于反德西特尔空间中的黑洞,此时熵与规范群的秩的平方成正比。我们叫这个相为胶子等离子体相,因为所有的基本场都被激发了。当温度很低时,熵不再与群的秩有关,这时我们可以说场论处于一个"禁闭"相,对应于反德西特尔空间中有一个有限温度的背景,而不是黑洞。这个相变就是霍金-佩奇相变。很明显,霍金-佩奇相变的温度是耦合常数的函数。如果耦合常数为零,就没有这样的相变。这个相变非常可能在一个有限的耦合常数的地方就消失了。如果这样,这个有限的耦合常数可能就是我们上面说的大 N 相变的地方。应该承认,虽然反德西特尔空间中的黑洞看起来比平坦时空中的黑洞简单,但我们还没有真正理解反德西特尔黑洞。

AdS/CFT 对偶有很多应用和推广,我们先介绍一下已知的一些推广。

首先,是我们着重介绍过的 5 维反德西特尔空间到别的维度的反德西特尔空间的推广。被讨论得最多的推广是 3 维反德西特尔空间,这个情形可以通过取我们前面介绍黑洞时提到的 5 维临界黑洞或者 6 维临界黑弦的近视界极限得到。在ⅡB 弦论中考虑一些平行而且重合的 D5 膜,再加入一些平行而且重合的 D1 膜。D1 膜的空间方向与 D5 膜的一个空间方向一致,再令 D5 膜的其余 4 个方向紧化在一个 4 维紧致空间上,这个紧致空间可以是 4 维环面或者 K3 曲面。环面紧化可以保证最多可能的超对称,这个时候由于 D5 膜和 D1 膜分别破缺一半的超对称,只有 1/4 超对称保留下来,也就是一共有 8 个超对称生成元。如果紧化在 K3 曲面上,只有 4 个超对称生成元被保留下来。如果想获得黑弦,我们必须在 D1 膜的方向加上动量模,这样在环面的情形超对称只剩下 4 个生成元。为了获得 3 维反德西特尔空间,我们不加动量模。取近视界极限,我们得到一个 3 维反德西特尔空间、一个 3 维球面以及一个 4 维的紧致空间。4 维的紧致空间直接来自于 D5 膜的紧化空间。3 维反德西特尔空间和 3 维球面来自于 6 维非紧致空间:3 维反德西特尔空间中的 2 维来自于 D1 膜的时空,径向方向来自于 4 个与 D1 膜垂直的空间的径向方向,而剩余的 3 个空间维度就是 3 维球面。

与 5 维反德西特尔空间类似,这里除了非平庸的时空外,还有反对称场的通量。D1 膜带有两阶反对称场的荷,所以产生一个三阶反对称场强。在近视界极限下,这个“电场”场强在 3 维球面上有一个正比于 D1 膜个数的通量。D5 膜带有二阶反对称场的磁荷,其场强是一个七阶反对称场,其对偶也是一个反对称场,这个三阶反对称场在 3 维球面上也有一个正比于 D5 膜个数的通量。

3 维反德西特尔空间的半径以及 3 维球面的半径与 D1 膜个数和 D5 膜个数的乘积有关,这是我们介绍黑洞时提到过的分数化,因为看起来有许多“基本”的 1 维物体支撑出这个反德西特尔空间,其个数是 D1 膜个数与 D5 膜个数的乘积。同样,对偶于这个空间的场论,现在是一个 2 维的共形场论,有许多基本自由度。这个共形场论比较复杂,但可以由一个简单的共形场论得到。考虑一个以 4 维紧致空间(4 维环面或者 K3 曲面)为靶空间的 2 维超对称非线性西格马模型,在 4 个玻色自由度外,还有 4 个费米场,这是一个有着 8 个超对称生成元的超对称共形场论。现在,将若干个这样的场论做直积,然后再做轨形构造,轨形构造中用到的分立群是置换这些场论的置换群。如此构造出来的 2 维超对称共形场论就是对偶于 3 维反德西特尔空间的场论。3 维反德西特尔空间的特别之处是共形对称性在边界上得到扩张,原来的有限维的共形群变成了一个无限维的共形群,也即 2 维共形场论的共形对称。

3 维反德西特尔空间中也有黑洞,这就是著名的 BTZ 黑洞。这个黑洞解是在 1992 年就构造了的,那时已经知道只有在反德西特尔空间 3 维时空中才有黑洞解。直到 1998 年,这些黑洞在量子力学中才得到了很好的理解,这是马德西纳猜想的一个引理。

我们也可以由 4 维临界黑洞出发获得 2 维反德西特尔空间。2 维反德西特尔空间非常特别,因为其边界是 1 维的,只有时间。因此,2 维反德西特尔空间加上一些紧致空间应该对偶于量子力学,而这个量子力学应该是矩阵理论。后来,施特劳明格提出了一个这样的量子力学的模型。在他的模型中,矩阵理论很像所谓的老矩阵模型,就是在 20 世纪 80 年代末被广为讨论的模型。这个矩阵模型可以约化成自由费米子理论,每个费米子在一个特别的势垒中运动。矩阵模型的对偶反德西特尔空间是ⅡA 弦论中的解。有趣的是,他的模型构造受到了最近对老矩阵模型的重新解释的启发,而老矩阵模型的重新解释基于玻色弦论中 D0 膜上的快子理论。快子理论是最近两年弦论界中的一个新话题,我们不多涉及。

在 11 维超引力中,4 维和 7 维反德西特尔空间解早已存在。4 维反德西特尔解尤其著名,因为那时人们想找到一个从 11 维过渡到 4 维的机制。弗罗因德和罗宾(P. Freund,M. Rubin)在 1980 年发现,如果让四阶反对称场强的对偶(也就是七阶反对称场强)有一个真空期待值,这些分量的指标只局限于 11 维的一个 7 维子空间,那么自然地这个子空间就可以紧化在一个球面上。四阶反对称场强在与这个 7 维球面互补的 4 维空间中也不为零,由于场强的指标布满整个 4 维时空,所以这个 4 维时空有极大对称性,就是 4 维的反德西特尔对称性。这样,这个解就是一个 4 维反德西特尔空间与一个 7 维球面的直积。

后来人们发现了 11 维超引力中有 2 维膜解,2 维膜带有四阶反对称场强的荷,因此,取近视界极限,我们得到 4 维反德西特尔空间。反德西特尔空间的半径与 M2 膜的个数的 1/6 次方成正比。马德西纳猜测可以推广到这个情形,在 4 维反德西特尔空间和 7 维球面上的 M 理论应该对偶于 M2 膜上的场论。M2 膜上的场论是一个 3 维共形场论,对这个场论我们了解得不多。我们知道,D2 膜在ⅡA 理论的强耦合极限下成为 M2 膜,所以 D2 膜上的超对称规范理论的强耦合极限应该是 M2 膜上的超对称共形场论。

4 维反德西特尔空间自然也存在黑洞。这些黑洞就是过去黑 M2 膜的近视界极限,所以热力学性质也很清楚:黑洞的熵与温度的平方成正比(正好是 3 维场论在有限温度时的性质),同时也与 M2 膜个数的 3/2 次方成正比。这说明 3 维共形场论的自由度与膜个数的 3/2 次方成正比。这个奇怪的结果至今在场论中没有得到很好的解释,当然,直接的原因是随着 3 维规范理论的耦合常数变大,越来越多的自由度因为相互作用被“禁闭”了,使得原来的指数 2 变成了 3/2。

11 维超引力中也存在 7 维反德西特尔空间解，另外的 4 维是一个 4 维球面。此时，四阶反对称场强在 4 维球面上有一个通量。和上面的情况一样，这个解可以通过对 M5 膜解求近视界极限得到，因为 M5 恰好带有四阶反对称场强的磁荷。M5 膜自身的时空是 6 维的，加上径向方向，其近视界时空就是 7 维反德西特尔空间。因此，平行且重合的 M5 膜上的低能理论是一个共形场论，因为这个理论必须对偶于 7 维反德西特尔空间上的超引力，所以应该有共形对称性。反德西特尔空间的半径与 M5 膜的个数的 1 /3 次方成正比。如果我们考虑 7 维反德西特尔空间中的黑洞，黑洞的熵自然与温度的 5 次方成正比(6 维共形场论的性质)，同时，也与 M5 膜的个数的 3 次方成正比。后面这个事实同样没有得到满意的解释，而且几乎没有定性的解释，因为，我们可以想象一个规范理论，其自由度个数与规范群的秩也即膜的个数的平方成正比，但很难想象与膜个数的 3 次方成正比。有人提出，M5 膜上的基本自由度是一些开 M2 膜，这些 M2 膜有 3 个边界(每个边界是一个圆)，每个边界可以独立地在一个 M5 膜上运动，这样的开 M2 膜的种类数与 M5 膜的个数的 3 次方成正比。虽然这个解释很直观，却很难定量地描述，因为没有人知道如何对开 M2 膜做量子化。

到现在为止，我们谈的都是反德西特尔空间以及球面的直积。有许多可能来变形反德西特尔空间或者球面，这样得到的引力理论应该对偶于变形后的共形场论。如果反德西特尔空间本身不变，对偶的场论还是共形场论，但超对称或者内部对称性改变了，场的内容也改变了。最有意思的是改变反德西特尔空间，这样对偶的场论不再是共形场论，场论更丰富。

一个最重要的情形是完全使超对称破缺，得到与量子色动力学类似的场论。这个方向是大家花最多精力的地方。我们可以获得与量子色动力学非常接近的场论，例如，将 M5 膜紧化在一个 2 维环面上，在其中的一个方向令费米场取反周期条件，这样超对称完全破缺了，4 维费米子得到质量。如果这个方案类似有限温度场论，标量粒子通过量子修正也能得到质量，那么 4 维无质量粒子完全是规范场。我们期望，量子色动力学可以通过这个方案来研究。这是威腾首先建议的，我们也的确看到了色禁闭。遗憾的是，这个场论还不完全是量子色动力学，因为在我们感兴趣的能标上，得到质量的费米子和标量场都变得很重要，不能完全脱耦。

总之，马德西纳猜想不但重要，也有很广泛的应用，它既和量子引力有关，也与一些未被解决的场论问题有关。一方面，对偶中的场论原则上提供了反德西特尔空间上的弦论或者 M 理论的一个完整的量子定义；另一方面，如果我们对量子引力有足够的了解，我们可以反过来对场论做出令人惊讶的预言。AdS/CFT 对偶成为了最近十年来进展最大，应用最多的领域，已经涵盖了量子色动力学，乃至凝聚态物理中的某些现象。必须说明的是，虽然我们对这个猜想做了十几年研究，许多关键问题仍有待解决。

兰德尔(L. Randall)。马德西纳的工作影响很大,从引力到宇宙学以至粒子唯象学都有这个猜想的影响。兰德尔和桑德拉姆(R. Sundrum)构造的引力膜的模型就受到马德西纳猜想的影响。引力膜是5维时空中的一种3维膜,可以"禁闭引力子",这是一度非常流行的一个理论。目前在弦论中实现引力膜还很困难。

第十五章　结语与展望

可以说，弦论的第二次革命自 1994 年场论和弦论中的强弱对偶的发现始，至 1998 年的马德西纳猜测结束。1998 年之后，虽然弦论中每年或多或少还有一些新的进展，但概念上的变化和进展基本上没有了。

超弦的第二次革命不但带来弦论本身研究的极大变化，也影响了许多临近的领域，如数学、粒子物理唯象学以及宇宙学等。在这最后一章中，我们不会再提对数学的影响，但会提及对粒子物理和宇宙学的一些影响。

我们不准备另立专章介绍 1998 年以后的一些重要进展，在本章中，我们扼要介绍一下这些发展，同时也强调第二次革命带来的一些深刻的问题。

与马德西纳猜测提出的同时，道格拉斯等人指出，在矩阵理论中可以实现非对易几何。他们的具体例子是，将 M 理论紧化在一个 2 维环面上，同时三阶反对称张量场在这个 2 维环面以及纵向方向（就是矩阵理论中所有物体都带有动量的那个方向）有一个不为零的常量分量，那么矩阵理论就是一个 3 维的非对易超对称规范理论。这里非对易的意思不是指规范群（规范群一般都是非对易的），而是指定义规范理论的空间本身是非对易的。

与道格拉斯一同完成这篇文章的作者之一孔耐（A. Connes）是一位有名的数学家，也是数学中非对易几何的创始人。他有一个完整的非对易几何的定义。早在 1985 年威腾就将他的非对易几何概念应用到弦场论中去了。而在孔耐等人的文章中，非对易几何以最为简单的形式出现。简单地说，3 维规范理论中的那个 2 维空间是一个非对易环面，是海森伯 2 维相空间在环面上的推广。我们知道，量子力学中，坐标与其共轭动量不对易，坐标与动量的对易子是一个常数。现在，2 维环面上的两个坐标的对易子也是一个常数。

很容易在一个非对易环面上定义场论。在寻常环面上的经典场是环面上两个坐标的函数，现在，环面坐标不再是普通数，而是算子了，所以经典场应该是两个算子的函数。尽管是经典场，其表现形式是算子，取值范围是海森伯代数。当然，这个场还没有被量子化。我们知道，2 维相空间的另外一种量子化方式是外尔（H. Weyl）的几何量子化，算子被还原成相空间上的普通函数，但两个算子的乘积不是两个普通函数的乘积，而是一种叫做星乘积的非对易乘积。普通函数的乘积是一种局域乘积，所得的函数在一点的值是原来两个函数在这一点值的乘积，而星乘积是非局域乘积，所得函数在一点的值与原来两个函数在整个空间的行为有关。利用星乘积,非对易环面上的场论就成为普通的量子场论,不同于局域量子场论的地方是作用量中的所有场的乘积是星乘积。

虽然非对易场论一开始是定义在环面上的,且与矩阵理论有关,但后来人们发现D膜在一个有着二阶反对称场的背景下的有效理论也是非对易规范理论。这一点可以从道格拉斯等人的工作中看出来,因为当我们将纵向方向紧化后,原来的三阶反对称场就变成弦论中的两阶反对称场。非对易量子场论也可以通过对D膜上的开弦直接量子化获得。贺培铭和朱创新在这方面做了原创性的工作。这个工作在1999年塞伯格和威腾的长文中得到了极大的扩展,他们的工作也触发了弦论中新一轮的时髦。

非对易几何是一个非常老的概念,许多人也一直觉得在一个量子引力理论中,经典几何应该被类似非对易几何这样的概念取代,但也一直没有具体模型。弦论中D膜在一定背景场下的理论是第一次在一个自洽的理论中实现非对易几何。由于弦论本身的自洽性,D膜上的理论是一个有定义的量子理论。如果非对易量子场论与闭弦以及开弦激发态脱耦,其本身就是一个完备的量子理论,特别地,这个场论是可重正的。

虽然人们做了许多工作,但非对易几何却一直没有直接地在引力理论中实现。一个比较接近这样的实现是AdS/CFT对应中球面的非对易性。这些球面叫做模糊球面,模糊性的来源是引力子在反对称场的通量的影响下成为一个有限尺度的物体,其大小和位置被量子化了,与一个模糊球面的描述吻合。

一个非对易场论在量子化后有一个非常有趣的性质,叫做紫外/红外混合。过去的所有的关于一个局域量子场论的经验告诉我们,量子场论在红外的性质与紫外的具体行为无关,紫外的所有影响可以被总结在几个参数中,这些参数决定红外的有效作用量。非对易量子场论不是一个局域场论,所以紫外物理影响红外行为并不令人惊讶。塞伯格等人的具体发现是,量子涨落中的高能模直接影响与这些涨落联系的低能物理过程。现在对这种现象有一个非常直观的理解:场在非对易场论中其实是一个偶极矩的激发,偶极矩又在一个磁场中运动(磁场这个背景场直接导致非对易性),偶极矩的动量越大,磁场的作用使得偶极矩的尺度越大,从而影响大尺度也就是红外物理。

紫外/红外混合很像我们前面讨论过的紫外/红外对应,所以人们希望类似非对易场论的理论可以解释宇宙学常数为什么这么小。宇宙学常数决定我们的宇宙的尺度,所以是一个红外参数,如果紫外/红外混合在量子引力中是一个重要效应,那么极高能的量子引力效应很有可能导致一个非常小的宇宙学常数。可惜,这个想法还是很难用一个具体模型实现,但我们预期,弦论的下一个重要突破很可能与这个问题相关。

过去十几年中出现的另一个热门话题是不稳定膜和快子，这个方向几乎是森一个人独力开发的。也是在1998年，当弦论界的大部分人赶热闹研究马德西纳猜测时，森开始研究弦论中的非BPS态。他从研究稳定的非BPS态开始，然后研究不稳定的非BPS态，再到研究不稳定的BPS态如何衰变，以及衰变成的稳定的BPS态。这个方向经过很多人的努力，已经派生出许多令人意想不到的应用。

最有意思的是不稳定的非BPS态，这些态通常是弦论中的经典解，不带任何守恒荷，从而是不稳定的。在森研究这些物体之前，我们已经知道了一些不稳定的膜系统，一个最简单的例子是一个稳定的D膜和一个平行的反D膜组成的系统。在D膜和反D膜之间存在吸引力，所以即使当两个对象相隔比较远时，这个系统也是不稳定的。当两个对象之间的距离很近时，班克斯和萨斯坎德早就指出，端点分别搭在两个膜上的开弦中出现一个不稳定模，其质量的平方是负的，这就是一个快子。和传统的相对论一样，快子的出现并不意味着因果律的破坏，只是说明系统不稳定，快子本身是不稳定性的表现：当系统出现扰动时，扰动增大的部分就是快子的激发。在D膜和反D膜系统中，当两个物体靠得很近时，快子被激发，其表现形式是两个物体互相湮没。D膜和反D膜系统可以看成是弦论树图层次上的严格解，因为可以用2维共形场论来描述这个系统。森后来指出，当我们在超弦理论中研究D膜-反D膜上的开弦时，廖舍奥投射与两个平行的D膜不一样，所以快子就保留了下来。虽然单独的D膜或者单独的反D膜都带有守恒荷，但整个系统的荷是零，所以守恒律不保证这个系统不湮没。

森的研究中出现一些新的不稳定系统，就是单个不稳定D膜。例如，在ⅡA弦论中，我们知道存在稳定的空间维度是偶数的D膜，这是因为理论中存在相应的反对称规范场，这些反对称场的阶是奇数，等于对应的D膜的时空维度。可是，当我们在开弦微扰论中用边界条件来定义D膜时，边界条件本身的共形不变性与D膜的时空维数无关，从而，在ⅡA理论中我们可以定义空间维度是奇数的D膜。这些D膜由于不破坏开弦的共形不变的边界条件，所以是弦论中的树图解。D膜的时空维度与超对称有关，空间维度是奇数的D膜在ⅡA理论中完全破坏超对称，所以不再是BPS态。同样，ⅡB弦论中存在空间维度是偶数的不稳定D膜。

快子的质量平方是用弦的张力来量度的，所以快子的有效作用量应该包含弦激发态的效应。奇怪的是，快子的作用量可以有效地用一个推广的玻恩-英费尔德(Born-Infeld)形式来描写，这样弦激发态的效应似乎可以忽略。森假定当不稳定膜处于其最简单的状态时，快子的“真空”期待值是零。他证明，当快子期待值处于势能最低值时，不稳定膜完全消失。这样，快子可以用来有效地描述不稳定膜的衰变。

因为快子本身带有势能，有人建议可以将快子看成早期宇宙暴涨过程中的暴涨子(inflaton),驱动宇宙的暴涨过程。这是一个很有意思的建议,因为这个建议假定在宇宙早期,可能存在膜和反膜的湮没过程。可惜,将快子作为暴涨子的一些理论上的困难还没有完全被克服。

快子的研究引出了很多有趣的进展,如开弦可能是一种描述整个弦论的基本单元,闭弦以及 D 膜等等都可以用开弦理论来描述,这个猜测带来新一轮的弦场论的研究。玻色弦中的 D 膜是不稳定的,当存在许多 D 膜时,开弦的低能理论可以用快子的矩阵模型来研究,因为此时快子是一个矩阵。这个图像可以用来重新解释老矩阵模型,老矩阵模型是一个 2 维弦理论,其中矩阵的物理意义在 20 世纪 80 年代末并不清楚,只是弦世界面上三角剖分的一个对偶描述。现在的解释很清楚了,矩阵模型其实是一种开弦理论,其矩阵变量是不稳定 D0 膜上的快子。虽然这是开弦理论,在大 N 极限下,这个理论自动含有闭弦。

在第二次革命之后,除了上面列出的两个热门话题外,还有几个其他或多或少热门过的话题。例如马德西纳等人在反德西特尔空间中取所谓的彭罗斯(R. Penrose)极限,得到一个保有极大超对称的时空。这个时空除了两个类光方向外,还有横向方向,粒子或者弦在这些横向方向感受到一个线性力,所以横向方向的有效尺度是有限的。弦在这个时空背景中可以严格地被量子化,所以,人们第一次可以对比弦的谱和规范场论的预言。在规范场论中,也只是一些特别的态需要考虑。后来,人们开始将规范场论中这个特别的分支与可积模型联系起来。

还有一个热了一阵子的话题是超对称场论与老的矩阵模型的联系。这些猜想首先由瓦法和戴格拉夫(R. Dijkgraaf)提出,被许多人推广。

一个潜在的,非常值得注意的方向是超弦宇宙学。最近十几年,观测宇宙学取得了令人惊讶的进展。先是通过对ⅠA 型超新星的哈勃图的分析,人们得出我们的宇宙正在加速的结论,然后是一系列对微波背景辐射的各向异性的分析导致对宇宙暴涨论的直接支持。这些实验也与ⅠA 超新星的结果一致。综合这些实验的结果,我们对宇宙学的一些关键常数已经有了比较精确的数据。例如,我们可以肯定,宇宙的曲率和其他的因素相比较,可以完全忽略,也就是说,宇宙在空间上是平坦的。这就要求,除了可见物质(占总能量 4%左右)以及暗物质(占总能量的 23%左右),还有很可观的暗能量存在,应该占总能量的 73%左右。这个暗能量很可能就是宇宙学常数。

宇宙学常数一直是量子引力特别是弦论中的一个难题。过去的宇宙学常数问题是一个零问题,就是,为什么宇宙学常数是零。在经典物理中这不是一个问题,因为宇宙学常数在这里是一个真正的常数,一旦选定了,永远就这样了。但在量子论中,能量不完全是经典的,有量子涨落的贡献,所以我们面对的问题是,为什么经典的宇宙学常数和量子涨落对宇宙学常数的贡献完全抵消?传统上,当我们遇到一个零常数，我们用对称性来解释。例如，零质量的中微子用手征对称性来保证，同样，接近零质量的粒子我们用强相互作用的手征对称破缺来解释。对于宇宙学常数，最令人满意的对称性是超对称，因为超对称保证真空的经典能加上量子能为零。可是，我们的宇宙没有超对称，超对称即使存在也是破缺的，所以宇宙学常数不能保证为零。

虽然解释宇宙学常数为零是一个很难的问题，却可以想象是一个可以解决的问题，例如过去就有用量子宇宙学来说明宇宙学常数的最可几值是零值的研究。然而，一个不为零的，且大小接近所谓宇宙的临界密度的宇宙学常数就很难想象会存在一个解释。一个不是解释的解释是人择原理。人择原理说，我们所在的宇宙必须是一个容许智能生物存在的宇宙。虽然这个说法很牵强（温伯格说过，没有智能生物的宇宙当然不会有科学，但很难想象一个没有科学的宇宙不会存在），但一个弱人择原理的确可以用来给出宇宙学常数的上限。如果宇宙学常数太大，我们的宇宙很早就进入暴涨期，那么宇宙中我们观测到的结构就不会形成。细心的计算表明，这个上限很接近我们现在观测到的值。

弦论学家们一如既往地高傲，大多数人认为我们应该可以在弦论中计算宇宙学常数。但到目前为止，尽管许多有意思的机制被提了出来，但还没有一个能说服许多人的机制被发现。

除了宇宙学常数这个难题外，最近的观测宇宙学结果以及今后几年的宇宙学观测给我们提供了从来没有过的机会。非常有可能，弦论的第一个实验证据将来自于宇宙学。例如，微波背景辐射的更精确的测量不但将限制可能的暴涨宇宙模型，甚至可能带来早期量子引力效应的信息。就我个人来说，弦论宇宙学可能比任何其他暂时热门的话题都更重要。

尽管弦论还不断地冒出一些热门话题，客观地说，弦论第二次革命带来的一些大问题和从来就没有被解决过的一些大问题还没有得到解决。以下我们给出一个很不完全的这些领域的名单，以二次革命中的主要进展分类。

对偶。目前我们了解的强弱对偶几乎没有例外地都有超对称，一旦失去超对称，我们对谱就没有控制。虽然不稳定膜的研究有很大的进展，但还不能够被直接应用到没有超对称的 M 理论解的对偶上面。当然，不稳定膜研究的一个偶然副产品是 2 维玻色弦论的重新解释，这是一种闭弦/开弦对偶，但这毕竟是一个特殊情况。同样，对偶在非超对称理论中的发展也和超对称的破缺机制有关。我们对超对称的破缺机制了解甚少，对在我们的世界中实际发生的超对称破缺机制更是没有任何了解。

D 膜。D 膜方面的研究与其他方向相比最为成功，几乎没有大的问题是尚未解决的。一个潜在的将来有用的问题是如何实现 D 膜的非阿贝尔作用量，这应该是单个D膜的玻恩-英费尔德作用量的推广。也许和如何将矩阵理论协变化有关。另外,D膜可能会给人们在D膜有极大应用的各方向上带来意想不到的进展,例如黑洞物理、马德西纳猜想等。当然,不稳定D膜在弦论中的作用还有很大的研究余地。

黑洞物理。黑洞物理的研究,特别在弦论中,为我们提供了许多意想不到的启发,反德西特尔/共形场论的对偶就是黑洞物理的一个副产品。尽管黑洞物理的研究取得了很大的进展,特别是弦论中一类BPS黑洞的熵得到了寻常的微观解释,但弦论目前还不能解释最普通的黑洞,也就是没有任何荷而只有质量的中性黑洞的熵以及相关物理。我们有足够的理由相信,一旦人们在这个方面取得进展,就会有更多的意想不到的副产品。与黑洞物理密切相关的是紫外/红外关系,这是过去场论中所没有的新现象。萨斯坎德甚至预言,这将是21世纪新物理的主导原理。有人猜测,也许对黑洞物理的理解将与对宇宙学常数的理解联系起来,因为两者的特点都是紫外/红外关系。

矩阵理论。我们已有的矩阵理论有着很大的不足:一方面,这个表面上看起来简单的理论其实一点也不简单,一个简单的问题就需要做几乎不可能的计算。另一方面,矩阵理论还不能囊括一切可能的情形,例如我们就不知道该怎么写下4维时空的矩阵理论。与此类似,矩阵理论也是在一个特殊参照系中写出的,我们需要一个协变的矩阵理论。也许,低维矩阵理论的困难与协变理论的困难密切相关。

马德西纳猜想。就事论事,我们还没有证明这个猜想,虽然我们已经积累了许多证据。马德西纳猜想的中心问题,就是边界上的场论如何具体地描述反德西特尔空间中的局域物理,到现在还是一个谜。萨斯坎德指出,这个困难与矩阵理论如何描述局域物理的困难是类似的。找到一个对引力局域物理的场论描述,无疑将带来人们对量子引力的深刻理解。

最后,我们有必要提一下场论中的问题。无论是当初的强弱对偶,还是马德西纳猜想,它们引起人们很大兴趣的原因之一是可能解决标准模型中的一个大问题,也就是量子色动力学的非微扰计算,包括证明夸克禁闭和计算强子谱。遗憾的是,每一次我们看到一些希望,最终还是失望。即使在有超对称的情况下,我们对强弱对偶本身的理解还很肤浅,例如我们根本不能将强弱对偶的两个理论中的物理量的直接关系写下来。也许没有超对称的强耦合问题与这个问题相关,也许完全无关。解决夸克禁闭不仅是一个深刻的理论问题,也是非常现实的问题。

与二次革命没有直接关系的一些大问题也没有得到解决。一个最大的问题是,弦论或者M理论到底有没有一个原理性的构造,类似广义相对论?如果有,这些原理是什么?二次革命为人们带来的一个原理是全息原理,这个原理似乎是量子引力理论所特有的,因为所有的直觉来自于黑洞物理。另一个将来可能变得越来越重要的原理是时空测不准原理。与这个原理直接相关的问题是,存在不存在弦论的一种表述方法,在其中测不准原理有直接的数学上的实现?

与构造性原理相关的一个问题是,到底存在不存在与背景无关的弦论?无论是矩阵理论还是马德西纳猜想,这些非微扰理论都与背景密切相关,我们完全不知道两个背景下的理论如何过渡,更谈不上如何从与背景无关的理论中导出这些理论。

还有一些重要问题我们就不一一列举了。作为结语,一句话,这里提到的任何一个或者几个问题的解决,都会引起弦论的新的一场革命。